普通高等职业教育计算机系列规划教材

SQL Server 2012 数据库应用教程

刘勇军　张　丽　蒋文君　主　编

刘亚飞　王俊海　冉　娜　林　静　副主编

刘甫迎　主　审

电子工业出版社

Publishing House of Electronics Industry

北京·BEIJING

内 容 简 介

本书是以工作过程为导向，以当前流行的 SQL Server 2012 为平台（也介绍了 2016 版）的实用教程，内容包括：数据库基础知识、SQL Server 教程、SQL Server 实训项目和附录。主要介绍了数据库的概念，关系数据模型的初步建立；SQL Server 的主要功能，建立管理数据库、表（包括使用 PD 建立）、视图、索引、用户等，以及使用 SQL Server 完成查询和建立简单的存储过程和触发器，还有微软云计算数据库 SQL Azure 等；通过实训项目对主要内容进行操作和编程训练；附录部分给出了安装 SQL Server 的步骤和完整的学校综合管理数据库系统示例。本教程提供免费下载电子教学课件、所有源文件、教学及实训数据库。

本书可作为各高职高专院校和各类培训学校计算机及其相关专业的教材，也可作为数据库初学者的入门教材，并可使用 SQL Server 进行应用开发的人员学习参考。

未经许可，不得以任何方式复制或抄袭本书之部分或全部内容。
版权所有，侵权必究。

图书在版编目（CIP）数据

SQL Server 2012 数据库应用教程/刘勇军，张丽，蒋文君主编. —北京：电子工业出版社，2016.1
（普通高等职业教育计算机系列规划教材）
ISBN 978-7-121-27467-1

Ⅰ.①S… Ⅱ.①刘… ②张… ③蒋… Ⅲ.①关系数据库系统－高等学校－教材 Ⅳ.①TP311.138

中国版本图书馆 CIP 数据核字（2015）第 258824 号

策划编辑：徐建军（xujj@phei.com.cn）
责任编辑：徐建军　　特约编辑：俞凌娣　张祖凤
印　　刷：涿州市京南印刷厂
装　　订：涿州市京南印刷厂
出版发行：电子工业出版社
　　　　　北京市海淀区万寿路 173 信箱　邮编 100036
开　　本：787×1 092　1/16　印张：18.5　字数：473.6 千字
版　　次：2009 年 8 月第 1 版
　　　　　2016 年 1 月第 2 版
印　　次：2016 年 1 月第 1 次印刷
印　　数：3 000 册　定价：38.00 元

凡所购买电子工业出版社图书有缺损问题，请向购买书店调换。若书店售缺，请与本社发行部联系，联系及邮购电话：（010）88254888。
质量投诉请发邮件至 zlts@phei.com.cn，盗版侵权举报请发邮件至 dbqq@phei.com.cn。
服务热线：（010）88258888。

前　　言

数据库技术是计算机科学技术中发展最快的领域之一，已经成为计算机信息应用系统的核心技术。数据库技术课程已是高职高专计算机类专业（非计算机类专业计算机等级考试）的主干必修课程。在数据库领域，SQL Server 系列产品在性能上可以和 DB2、Oracle 等媲美，并且其运行速度更快，在中小企业的市场占有率和学生学习的普及率方面是当之无愧的。

写作原则

本着高职高专教学突出理论知识的应用和实践能力的培养，基础理论以必需、够用为度，专业教学加强针对性和实用性等原则，将本书的相关内容分为第 1 部分（基础篇）、第 2 部分（应用篇）、第 3 部分（提高篇）和附录篇。

本书力求通过简明扼要、深入细致的讲解和良好的文章结构设计，充分平缓初学者的学习曲线。其目标是让数据库的初学者在应用最广的版本 SQL Server 2012 领域易于上手、勇于探索，让有一定基础的学习者敢于深入、快速把握。基于此，本书在编写时不求速度，只求精华，仔细推敲每段文字。第 1 版出版后深受读者欢迎，实践也证明了这些编写原则的可行性。

内容安排思路

从微观来看，本书将 SQL Server 的技术人文化，在章节安排过程中，十分注重各章节之间的联系和学习曲线的平缓性。从数据库开发的阶段来看都是从需求分析、概念结构设计、逻辑结构设计、数据库的物理实现到数据库的实施和运行维护的过程。

写作特色

在写作的时候，我们特别重视本书与同类书相比的特色，综合起来，在以下几方面做了坚持不懈的努力。

（1）基于工作过程导向的教学方法是一种全新的模式，本书正是基于这一模式进行编写的，这是全体教师教学方法和经验的精粹。

（2）开创新的教材编写体例，全书所有的讲解和例题都基于一个完整的工作实例，贯穿全书。

（3）寓教于学，学生在学习的同时可以自己开发实训项目，全书也提供了一个完整的项目引导学生实践。

（4）多位一线教师的经验集萃，在新的基于工作过程导向模式下的总结，让教师的教学更高效，学生的兴趣更高昂。

（5）图文并茂，条理清晰，尤其是更注重细节，增加了很多分析、思考、练习和注意事项等。

（6）免费下载本书电子课件、所有源文件、教学及实训数据库。

与现在市场上介绍 SQL Server 的教材相比，本书最大的优点是除了在选题的考究、编写过程下足工夫之外，还将知识的讲解融入每个实例中，将全新的基于工作过程导向的教学方法融入教材中，使学生的学习更高效。另外，本书在介绍一般学习方法的同时也进行引申讲解，称得上是一本难得的好书。

学期和学时安排

本书可在第二学期使用，读者最好有一点编程基础，或者直接开设本门课程作为数据库技术。

建议授课学时为 72 学时，具体学时安排如下。

学时安排			
序　号	授课内容	讲　课	实　践
1	数据库基础知识	2	2
2	关系数据库	2	2
3	SQL Server 系统概述	1	0
4	创建和管理数据库	4	3
5	创建和管理表	6	6
6	数据检索	6	8
7	索引和视图	2	2
8	T-SQL 编程基础	2	2
9	存储过程	6	6
10	触发器	4	4
11	SQL Server 安全管理	1	1
12	*数据库并发控制及实现、云计算数据库 SQL Azure	可做选读	0
总学时 72		36	36

学习结构图

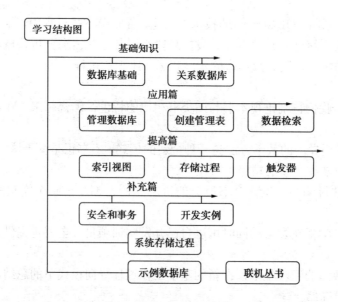

资源下载

本书中实例（灰色底纹）部分的代码都是经过调试的。另外，本书配套的电子课件、所有源文件、教学及实训数据库，请读者登录华信教育资源网 www.hxedu.com.cn 免费下载。

特别感谢

本书由刘勇军、张丽、蒋文君担任主编，由刘亚飞、王俊海、冉娜、林静担任副主编。其中，第 1、5、11 章由蒋文君编写；第 2 章、第 5.4 节由林静编写；第 3、4、6、12 章的内容由冉娜编写；第 7、8、10 章和附录 C 由王俊海编写；第 9 章和附录 B 的内容由张丽编写；第 13 章、第 2.4.2、3.3 节和附录 A 由刘亚飞编写；刘勇军、张丽、蒋文君对全书进行统稿，刘甫迎教授主审。

由于编者水平有限，加之编写时间仓促，书中难免有不妥之处，欢迎读者斧正。

编者

目 录
Contents

第 1 部分　基础篇

第 1 章　数据库基础知识 (2)
- 1.1 数据库技术概述 (3)
  - 1.1.1 数据库相关概念 (3)
  - 1.1.2 数据库技术的产生和发展 (4)
  - 1.1.3 数据库系统的模式结构 (4)
- 1.2 数据模型 (5)
  - 1.2.1 数据模型的组成要素 (5)
  - 1.2.2 层次模型 (6)
  - 1.2.3 网状模型 (7)
  - 1.2.4 关系模型 (7)
- 1.3 数据库设计 (8)
  - 1.3.1 概述 (8)
  - 1.3.2 数据库设计步骤 (8)
- 1.4 概念模型 (10)
  - 1.4.1 基本概念 (10)
  - 1.4.2 概念模型的表示（E-R 建模） (11)
- 1.5 数据库技术新发展 (12)
  - 1.5.1 数据库领域现状 (12)
  - 1.5.2 数据库新技术 (12)
- 1.6 本章小结 (13)
- 1.7 思考与练习 (13)
- 1.8 实训项目 (14)

第 2 章　关系数据库 (17)
- 2.1 关系模型的概述 (18)
  - 2.1.1 关系 (18)

  2.1.2 关系术语 (19)
2.2 概念模型向关系模型的转换 (19)
  2.2.1 联系 (19)
  2.2.2 模型转换 (20)
2.3 关系的完整性 (21)
  2.3.1 实体完整性 (21)
  2.3.2 域完整性 (21)
  2.3.3 参照完整性 (21)
  2.3.4 完整性检查 (22)
2.4 函数依赖与规范化 (23)
  2.4.1 函数依赖 (23)
  2.4.2 规范化设计 (24)
2.5 本章小结 (26)
2.6 思考与练习 (26)
2.7 实训项目 (28)

第 2 部分　应用篇

第 3 章　SQL Server 系统概述 (32)
3.1 SQL Server 简介 (33)
3.2 SQL Server 基本功能 (34)
  3.2.1 易管理性 (34)
  3.2.2 安全性 (35)
  3.2.3 扩展语言的支持 (35)
  3.2.4 开发工具 (36)
3.3 SQL Server 2016 新增功能 (36)
3.4 体验 SQL Server Management Studio (38)
  3.4.1 启动 SQL Server Management Studio (38)
  3.4.2 配置 SQL Server Management Studio 环境 (39)
3.5 系统数据库和示例数据库 (41)
  3.5.1 系统数据库 (41)
  3.5.2 示例数据库 (42)
  3.5.3 成绩管理数据库 CJGL (42)
3.6 SQL Server 工具简介 (42)
  3.6.1 执行 T-SQL 语句 (42)
  3.6.2 使用 sqlcmd 工具 (43)
3.7 本章小结 (44)
3.8 思考与练习 (44)

第 4 章　创建和管理数据库 (45)
4.1 创建数据库 (45)
4.2 管理数据库 (48)

4.3 备份与恢复 (50)
  4.3.1 数据库备份 (50)
  4.3.2 数据库还原 (51)
4.4 数据库分离和附加 (52)
  4.4.1 分离数据库 (52)
  4.4.2 附加数据库 (52)
4.5 本章小结 (53)
4.6 思考与练习 (53)
4.7 实训项目 (54)

第 5 章 创建和管理表 (56)

5.1 表 (57)
  5.1.1 表的基本概念 (57)
  5.1.2 数据类型 (57)
  5.1.3 创建表 (60)
  5.1.4 管理表 (64)
5.2 表数据操作 (66)
  5.2.1 操作表数据 (66)
  5.2.2 数据的导入/导出 (70)
5.3 表数据完整性的实现 (74)
  5.3.1 约束的概述 (74)
  5.3.2 主键约束（PRIMARY KEY） (75)
  5.3.3 唯一性约束（UNIQUE） (76)
  5.3.4 检查约束（CHECK） (76)
  5.3.5 默认约束（DEFAULT） (78)
  5.3.6 外键约束（FOREIGN KEY） (79)
5.4 用 Power Designer 建模创建表 (81)
  5.4.1 Power Designer（PD）简介 (81)
  5.4.2 用 PD 建模创建库表 (82)
5.5 本章小结 (88)
5.6 思考与练习 (88)
5.7 实训项目 (89)

第 6 章 数据检索 (94)

6.1 SQL 概述 (95)
6.2 使用 SELECT 语句的简单查询 (95)
  6.2.1 SELECT 子句 (95)
  6.2.2 FROM 子句 (99)
  6.2.3 WHERE 子句 (100)
  6.2.4 GROUP BY 子句 (102)
  6.2.5 HAVING 子句 (103)
  6.2.6 ORDER BY 子句 (105)

6.3 常用的其他关键字 ……………………………………………………………… (105)
6.3.1 LIKE 关键字 …………………………………………………………… (105)
6.3.2 NULL 关键字 ………………………………………………………… (107)
6.3.3 TOP 关键字 …………………………………………………………… (108)
6.3.4 BETWEEN…AND…关键字 ………………………………………… (109)
6.3.5 CASE 关键字 ………………………………………………………… (110)
6.4 高级查询 ………………………………………………………………………… (111)
6.4.1 连接查询 ………………………………………………………………… (111)
6.4.2 子查询 …………………………………………………………………… (116)
6.4.3 联合查询 ………………………………………………………………… (118)
6.5 本章小结 ………………………………………………………………………… (120)
6.6 思考与练习 ……………………………………………………………………… (120)
6.7 实训项目 ………………………………………………………………………… (121)

第 3 部分　提高篇

第 7 章　索引和视图 …………………………………………………………………… (126)
7.1 索引 ……………………………………………………………………………… (127)
7.1.1 索引基础知识 …………………………………………………………… (127)
7.1.2 建立索引 ………………………………………………………………… (128)
7.1.3 管理索引 ………………………………………………………………… (130)
7.1.4 索引分析和维护 ………………………………………………………… (134)
7.2 视图 ……………………………………………………………………………… (137)
7.2.1 视图基础知识 …………………………………………………………… (138)
7.2.2 创建视图 ………………………………………………………………… (138)
7.2.3 管理视图 ………………………………………………………………… (145)
7.3 本章小结 ………………………………………………………………………… (152)
7.4 思考与练习 ……………………………………………………………………… (153)
7.5 实训项目 ………………………………………………………………………… (153)

第 8 章　T-SQL 编程基础 …………………………………………………………… (155)
8.1 T-SQL 基础知识 ………………………………………………………………… (156)
8.1.1 用户定义数据类型 ……………………………………………………… (156)
8.1.2 规则和默认 ……………………………………………………………… (160)
8.1.3 索引基础知识 …………………………………………………………… (162)
8.2 函数 ……………………………………………………………………………… (165)
8.2.1 常用系统函数 …………………………………………………………… (165)
8.2.2 自定义函数 ……………………………………………………………… (169)
8.2.3 常用系统存储过程 ……………………………………………………… (171)
8.3 批处理和流程控制语句 ………………………………………………………… (172)
8.3.1 语句注释 ………………………………………………………………… (172)
8.3.2 批处理 …………………………………………………………………… (173)

8.3.3　流程控制语句 ………………………………………………………………（173）

8.4　本章小结 …………………………………………………………………………………（176）

8.5　思考与练习 ………………………………………………………………………………（177）

8.6　实训项目 …………………………………………………………………………………（177）

第9章　存储过程 ………………………………………………………………………………（179）

9.1　存储过程概述 ……………………………………………………………………………（180）

　　9.1.1　存储过程的概念 ……………………………………………………………………（180）

　　9.1.2　存储过程的优点 ……………………………………………………………………（180）

　　9.1.3　存储过程的类型 ……………………………………………………………………（180）

9.2　创建和执行存储过程 ……………………………………………………………………（181）

　　9.2.1　存储过程的创建 ……………………………………………………………………（181）

　　9.2.2　执行存储过程 ………………………………………………………………………（184）

9.3　存储过程中的参数 ………………………………………………………………………（186）

　　9.3.1　在存储过程中使用参数 ……………………………………………………………（186）

　　9.3.2　带输入参数的存储过程 ……………………………………………………………（186）

　　9.3.3　在存储过程中使用默认参数 ………………………………………………………（188）

　　9.3.4　带输出参数的存储过程 ……………………………………………………………（188）

9.4　存储过程的管理 …………………………………………………………………………（189）

　　9.4.1　查看存储过程 ………………………………………………………………………（189）

　　9.4.2　修改存储过程 ………………………………………………………………………（191）

　　9.4.3　重命名存储过程 ……………………………………………………………………（192）

　　9.4.4　删除存储过程 ………………………………………………………………………（193）

9.5　系统存储过程和扩展存储过程 …………………………………………………………（193）

　　9.5.1　常用的系统存储过程 ………………………………………………………………（194）

　　9.5.2　扩展存储过程 ………………………………………………………………………（195）

9.6　游标 ………………………………………………………………………………………（196）

　　9.6.1　游标的概念 …………………………………………………………………………（196）

　　9.6.2　游标的基本操作 ……………………………………………………………………（196）

9.7　本章小结 …………………………………………………………………………………（199）

9.8　思考与练习 ………………………………………………………………………………（199）

9.9　实训项目 …………………………………………………………………………………（200）

第10章　触发器 …………………………………………………………………………………（202）

10.1　触发器 ……………………………………………………………………………………（203）

　　10.1.1　为何要使用触发器 ………………………………………………………………（203）

　　10.1.2　触发器和外键约束 ………………………………………………………………（203）

　　10.1.3　触发器的分类和特点 ……………………………………………………………（205）

　　10.1.4　inserted 虚表和 deleted 虚表 …………………………………………………（211）

10.2　管理触发器 ………………………………………………………………………………（215）

10.3　本章小结 …………………………………………………………………………………（221）

10.4　思考与练习 ………………………………………………………………………………（221）

10.5 实训项目 ……………………………………………………………………………（222）

第 11 章 SQL Server 安全管理 ………………………………………………………（223）

11.1 数据库的安全性 ……………………………………………………………………（224）

11.1.1 安全性概述 …………………………………………………………………（224）

11.1.2 SQL Server 安全机制 ………………………………………………………（224）

11.2 用户管理 ……………………………………………………………………………（225）

11.2.1 创建登录 ……………………………………………………………………（225）

11.2.2 创建数据库用户 ……………………………………………………………（228）

11.3 权限管理 ……………………………………………………………………………（229）

11.3.1 权限范围 ……………………………………………………………………（230）

11.3.2 授予权限 ……………………………………………………………………（231）

11.3.3 收回权限 ……………………………………………………………………（232）

11.4 本章小结 ……………………………………………………………………………（232）

11.5 思考与练习 …………………………………………………………………………（232）

11.6 实训项目 ……………………………………………………………………………（232）

第 12 章 数据库并发控制及实现 ………………………………………………………（234）

12.1 事务 …………………………………………………………………………………（235）

12.1.1 事务的概念和特性 …………………………………………………………（235）

12.1.2 事务操作 ……………………………………………………………………（235）

12.2 并发控制 ……………………………………………………………………………（237）

12.2.1 并发操作与数据的不一致性 ………………………………………………（237）

12.2.2 SQL Server 中的锁 …………………………………………………………（239）

12.3 本章小结 ……………………………………………………………………………（239）

12.4 思考与练习 …………………………………………………………………………（239）

12.5 实训项目 ……………………………………………………………………………（240）

第 13 章 微软云计算数据库 SQL Azure ………………………………………………（241）

13.1 SQL Azure 架构 ……………………………………………………………………（242）

13.2 SQL Azure 的特点及优势 …………………………………………………………（242）

13.2.1 使用 SQL Azure 的理由 ……………………………………………………（242）

13.2.2 使用 SQL Azure Database 的好处 …………………………………………（243）

13.2.3 使用 SQL Azure 与 SQL Server 比较 ……………………………………（244）

13.3 SQL Azure 的关键技术 ……………………………………………………………（246）

13.4 在应用程序中使用 SQL Azure ……………………………………………………（255）

13.5 本章小结 ……………………………………………………………………………（257）

13.6 思考与练习 …………………………………………………………………………（257）

13.7 实训项目 ……………………………………………………………………………（257）

附录 A 安装 SQL Server 2012 …………………………………………………………（258）

A.1 SQL Server 2012 版本 ………………………………………………………………（258）

A.2 安装 SQL Server 2012 ………………………………………………………………（259）

A.2.1 安装 SQL Server 2012 的软件和硬件要求 …………………………………（259）

A.2.2　SQL Server 2012 的安装步骤 ··(259)

附录 B　学校综合管理数据库系统示例 ··(265)
　B.1　学校管理数据库系统的需求分析 ··(265)
　B.2　概念模型设计 ··(266)
　B.3　逻辑模型 ··(266)
　B.4　创建 College 数据库的脚本文件 ··(268)
　B.5　创建 College 中表的脚本文件 ···(269)
　B.6　各表的参考数据 ···(271)

附录 C　常用函数和系统存储过程 ···(275)
　C.1　常用函数列表 ··(275)
　　　C.1.1　常用聚合函数 ··(275)
　　　C.1.2　日期和时间函数 ···(276)
　　　C.1.3　数学函数 ··(276)
　　　C.1.4　元数据函数 ···(277)
　　　C.1.5　行集函数 ··(277)
　　　C.1.6　安全函数 ··(278)
　　　C.1.7　字符串函数 ···(278)
　　　C.1.8　文本和图像函数 ···(279)
　　　C.1.9　其他系统函数 ··(279)
　C.2　系统存储过程 ··(280)

第1部分

基础篇

第1章 数据库基础知识

学习目标

1. 了解数据库技术的常用术语。
2. 理解数据模型和数据库设计的步骤。
3. 掌握概念模型的表示方法（E-R 模型）。
4. 了解数据库未来的发展趋势。

知识框架

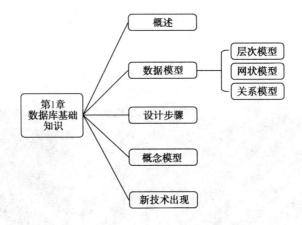

任务引入

数据库技术是计算机发展的一个重要领域，为计算机应用领域拓展出一片崭新而又广阔的空间。现代生活的各个领域无不充斥着数据库的应用，数据库技术为社会的各个单元高效地完成信息管理提供了可能，因此，必须学习和理解数据库技术的基础知识。

1.1 数据库技术概述

数据、数据库、数据库管理系统和数据库系统是数据库领域中常用的概念术语。

1.1.1 数据库相关概念

1. 数据（Data）

数据是数据库中存储的基本对象，广义的数据并不局限于数字，还包括文字、图像、图形、声音和视频等，即图文声像。

数据库中常说的数据都是指记录，例如：在员工管理数据库中，记录一个员工的信息应该包括该员工的员工号、姓名、性别、工作岗位、工作部门、工资和津贴等，在数据库中实现应该写成：

（0272，奥凯恩，男，对外联络，对外投资，2000，800）

以上就是一条数据记录。在数据库中的数据应该有效，要去掉无效的数据和不常用的冗余数据。

2. 数据库（Database）

数据库中的数据都按照一定的模型组织和存储，具有较小冗余度、较好的数据独立性和扩展性，为各种用户共享数据提供便利。

【思考与练习】 请读者思考数据库和数据仓库的区别。

3. 数据库管理系统（Database Management System，DBMS）

DBMS 的本质是管理数据的一个平台，实际就是一个软件平台。DBMS 是位于用户与操作系统之间的一层数据管理软件。DBMS 的主要功能有：数据定义、数据操纵和数据保护功能。

我们常用的 DBMS 有 Microsoft 公司的 SQL Server 系列、Oracle 公司（甲骨文公司）的 Oracle 系统和 IBM 公司的 DB2 等，这些都是关系数据库管理系统。

4. 数据库系统（Database System）

数据库系统是指在计算机系统中引入数据库后的系统，一般由数据库、数据库管理系统、应用软件、数据库管理员和用户构成，如图 1.1 所示。数据库的建立、使用和维护等工作还要由专业的人员来完成，这些人员被称为数据库管理员。

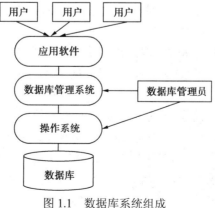

图 1.1 数据库系统组成

1.1.2 数据库技术的产生和发展

数据库技术就是数据管理技术，是对数据的分类、组织、编码、存储、检索和维护的技术。数据库技术的发展和计算机技术的发展紧密相连，从最初管理农场牛奶的订单到今天处理各个领域的海量数据，数据库的发展大致经历了人工管理阶段、文件管理阶段、数据库和海量数据库阶段。

1. 人工管理阶段

20 世纪 50 年代中期以前，计算机的应用主要是科学计算。硬件只有磁带、卡片，没有磁盘等直接存取的设备；软件没有操作系统，没有管理数据，采取批处理数据处理方式。

人工管理的主要特点是：数据不会长期保存；应用程序管理数据；数据不能用于共享和不具备独立性。

2. 文件管理阶段

20 世纪 50 年代后期到 60 年代后期，计算机的硬件出现了磁盘和磁带等直接存取的设备，在操作系统方面已经出现了专门的数据管理软件，处理事务的过程可以联机处理。

文件管理的特点是数据可以长期保存，由文件系统管理数据，数据的共享性差，冗余度大，数据的独立性差。

3. 数据库和海量数据库阶段

自 20 世纪 60 年代后期以来，计算机用于管理的规模越来越大，应用越来越广泛，数据量也越来越大，同时多种应用程序共享数据集合的要求也越来越强烈。

计算机的硬件价格越来越低，而软件价格却上升，虽然性能大幅度提高，但开发和管理维护软件的成本却越来越高。从处理方式上来看，多台设备联机实时处理任务的要求可以变成现实。在这种背景下，以文件系统来管理数据已经不能满足应用的需要，为了解决多用户、多应用程序共享数据，数据库技术由此产生，也由此出现了统一管理数据库的专门软件——数据库管理系统（DBMS）。

数据库系统对数据的管理相对文件系统来说优点明显，从文件系统到使用计算机管理数据库，标志着数据管理技术质的飞跃。数据之间的关系清晰，共享程度高，冗余度低，独立性强，数据由 DBMS 来管理，数据的安全性、完整性及恢复更易实现。

1.1.3 数据库系统的模式结构

从逻辑上来描述数据库全体数据的特征和逻辑结构的方法称为模式（Schema）。它仅仅是指某一类数据的结构和属性的说明。

虽然实际的数据库管理软件很多，但是在体系结构上通常都具有共同的特征，即采用了三级模式和两级映像。数据库的三级模式结构是指外模式、模式和内模式。

1. 外模式

外模式也称子模式或用户模式，它是用户能够看见和使用的局部数据逻辑结构和特征的描述，是用户的数据视图，是与某一应用程序相关的数据的逻辑表示。

外模式通常是模式的子集，一个数据库可以有多个外模式。由于它是各个用户的数据视图，根据用户对数据的需求存在差异，其表现出来的视图（外模式）也不同；另外，同一个外模式也可以被某一用户的多个应用系统使用。

外模式是保证数据库安全性的一个有力措施。每个用户只能看见和访问所对应的外模式的数据，数据库中的其余数据是透明的。

2. 模式

模式也称逻辑模式，是数据库中全体数据的逻辑结构和特征的描述，所有用户的公共视图是数据库系统模式结构的中间层，既不涉及数据的物理存储细节和硬件环境，又与具体的应用程序、开发语言工具无关。

模式实际上是数据库数据在逻辑上的视图。一个数据库只有一个模式。定义模式不仅要定义数据的逻辑结构，例如数据记录由哪些数据项构成，数据项的名字、类型、取值范围等，还要定义数据之间的联系，定义数据相关的安全性、完整性要求。例如：

员工（工号，姓名，性别，年龄，入职时间，工作岗位，备注）

还要定义各个数据项的类型、完整性等，比如工号是字符类型，入职时间是时间类型，年龄必须是整数等。

DBMS 提供模式描述语言 DDL 来严格定义模式。

3. 内模式

内模式也称存储模式，它是关于数据在物理存储结构和存储方式的描述，是数据在数据库内部的表示方式。因此，一个数据库只有一个内模式。例如，数据的存储方式是顺序存储、B*树结构存储还是位图偏移存储、数据是否压缩、是否加密，数据的存储记录结构有何规定等。

数据库系统的模式结构如图 1.2 所示。

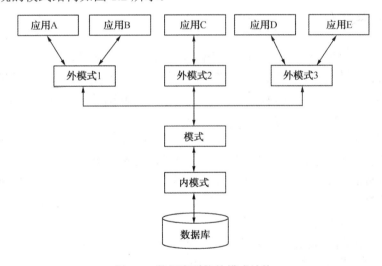

图 1.2　数据库系统的模式结构

1.2　数据模型

1.2.1　数据模型的组成要素

模型是现实世界特征的模拟和抽象。数据模型也是一种模型，它是现实世界数据特征的抽象。数据库是根据数据模型建立的，因而数据模型是数据库的基础和关键。

严格而言，数据模型都是由严格的概念集合组成的。这些概念必须能够精确描述系统的静态特性，能够完整、准确地描述现实世界的抽象。因此，数据模型通常都由数据结构、数据操作和完整性约束三个要素组成。

1. 数据结构

数据结构是描述一个数据模型性质最重要的方面，是对系统静态特性的描述。因此，在数据库系统中，通常按照其数据结构的类型来命名数据模型。例如层次结构、网状结构和关系结构的数据模型分别被命名为层次模型、网状模型和关系模型。

2. 数据操作

数据操作是指对数据库中各种对象（型）的实例（值）允许执行的操作的集合，包括操作及其相关的操作规则。数据库主要有检索和更新（包括插入、删除、修改）两大类操作。数据模型必须定义这些操作的确切含义、操作符号、操作规则（如优先级）以及实现操作的语言。数据操作是对系统动态特性的描述。

3. 完整性约束

数据的约束条件是一组完整性规则的集合。完整性规则是给定的数据模型中数据及其联系所具有的制约和依存规则，用以限定符合数据模型的数据库状态及其状态的变化，以保证数据的正确有效。

下面介绍几种常用的数据模型，其中有 20 世纪 60 年代之前流行的层次模型和网状模型，也有现代主流关系数据库使用的关系模型。

1.2.2 层次模型

层次模型（Hierarchical Model）是最早出现在数据库设计中的数据模型。用树形结构表示实体之间联系的模型称为层次模型。层次模型是最早用于商品数据库管理系统的数据模型。其典型代表于 1969 年问世，是 IBM 公司开发的信息管理系统 IMS（Information Management System）。

层次数据库模型是将数据组织成一对多（或双亲与子女）关系的结构。层次模型的表示方法是：树的节点表示实体集，节点之间的连线表示相连两实体集之间的关系，这种关系只能是"1—M"的。通常把表示 1 的实体集放在上方，称为父节点，表示 M 的实体集放在下方，称为子节点。层次模型的结构特点如下：

（1）有且仅有一个根节点。

（2）根节点以外的其他节点有且仅有一个父节点。

一个使用层次模型实现的数据库结构如图 1.3 所示。

图 1.3　使用层次模型实现的数据库结构

层次数据库结构特别适用于文献目录、部门机构等分级数据的组织。例如，全国—省—县—乡是有向树，其中"全国"是根节点，省以下都是子节点。

层次模型的优点是层次和关系清楚，检索路线明确。

层次模型的缺点是不能直接表示多对多的联系。对树中的任一节点，只有一条自根节点到达它的路径。若想知道雇员的出生日期，只有通过部门找到该雇员的部门后才能找到。

1.2.3 网状模型

在网状模型（Network Model）中，各记录类型间可具有任意多连接的联系。一个子节点可有多个父节点；可有一个以上的节点无父节点；父节点与某个子节点记录之间可以有多种联系（一对多、多对一、多对多）。

使用网状模型实现的数据库结构如图 1.4 所示。

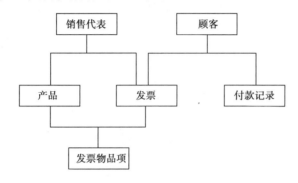

图 1.4　使用网状模型实现的数据库结构

网状模型的优点是可以描述实体间复杂的关系。网状数据库结构的缺点是：由于数据间联系要通过指针表示，指针数据项的存在使数据量大大增加，当数据间关系复杂时，指针部分会占用大量数据库存储空间。另外，修改数据库中的数据，指针也必须随着变化。因此，网状数据库中指针的建立和维护可能成为系统相当大的额外负担。

1.2.4 关系模型

关系模型的基本思想是用二维表形式表示实体及其联系。二维表中的每一列对应实体的一个属性，其中给出相应的属性值；每一行形成一个由多种属性组成的多元组，或称元组，与特定实体相对应。实体间联系和各二维表间联系采用关系描述或通过关系直接运算建立。元组（或记录）是由一个或多个属性（数据项）来标识的，这一个或一组属性称为关键字，一个关系表的关键字称为主关键字，各关键字中的属性称为元属性。关系模型可由多张二维表形式组成，每张二维表的"表头"称为关系框架，所以关系模型是由若干关系框架组成的集合。

使用关系模型实现的数据库结构如图 1.5 所示。

关系模型的优点如下：

（1）结构灵活，可满足所有用布尔逻辑运算和数学运算规则形成的询问要求。

（2）能搜索、组合和比较不同类型的数据。

（3）加入和删除数据方便。

（4）适宜于地理属性的模型（如 GPS、GIS 等）。

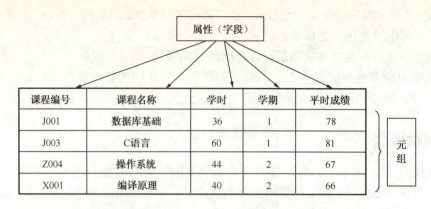

图 1.5 使用关系模型实现的数据库结构

关系模型的缺点是：许多操作都要求在文件中顺序查找满足特定关系的数据，若数据库很大，这一查找过程要花费很多时间。

另外，目前出现了面向对象的数据模型，面向对象的定义是指无论多么复杂的事物都可以准确地由一个对象表示。

面向对象数据库技术的根本缺点是这项技术还不成熟，还不广为人知，而且理论还需完善，但是工程中的一些问题对关系数据库来说显得太复杂，若不采取面向对象的方法很难实现。这种新的理论还有待在实际的应用中进一步完善和成熟。

1.3 数据库设计

1.3.1 概述

数据库设计（Database Design）要求根据用户的需求，在某一具体的数据库管理系统上，设计数据库的结构和建立数据库的过程。

数据库设计是指对于一个给定的应用环境，构造最优的数据库模式，建立数据库及其应用系统，有效存储数据，满足用户信息要求和处理要求。

数据库设计中需求分析阶段综合各个用户的应用需求（现实世界的需求），在概念设计阶段形成独立于机器特点、独立于各个 DBMS 产品的概念模式（信息世界模型），用 E-R 图来描述。在逻辑设计阶段将 E-R 图转换成具体的数据库产品支持的数据模型（如关系模型），形成数据库逻辑模式。然后根据用户处理的要求，出于安全性的考虑，在基本表的基础上再建立必要的视图（VIEW），形成数据的外模式。在物理设计阶段，根据 DBMS 特点和处理的需要进行物理存储安排，设计索引，形成数据库内模式。

1.3.2 数据库设计步骤

一般而言，数据库的设计大致可分为以下 6 个步骤，如图 1.6 所示。

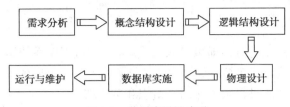

图 1.6　数据库设计步骤

1. **需求分析**

需求分析的重点是调查、收集与分析用户在数据管理中的信息要求、处理要求、安全性与完整性要求。

需求分析的方法：调查组织机构情况，调查各部门的业务活动情况，协助用户明确对新系统的各种要求，确定新系统的边界。

常用的调查方法：跟班作业，开调查会，请专人介绍、询问，设计调查表请用户填写，查阅记录。

2. **概念结构设计**

对用户要求描述的现实世界（可能是一个工厂、一个商场或者一个学校等），通过对事物的特征进行分类、聚集和概括，建立抽象的概念数据模型。这个概念模型应反映现实世界各部门的信息结构、信息流动情况、信息间的互相制约关系，以及各部门对信息储存、查询和加工的要求等。

所建立的模型应避开数据库在计算机上的具体实现细节，用一种抽象的形式表示出来。形成一个独立于具体 DBMS 的概念模型，可以用"实体—联系"（E-R）图表示。

3. **逻辑结构设计**

逻辑结构设计的主要工作是将现实世界的概念数据模型设计成数据库的一种逻辑模式，即适应于某种特定数据库管理系统所支持的逻辑数据模式。与此同时，可能还需为各种数据处理应用领域产生相应的逻辑子模式。这一步设计的结果就是所谓的"逻辑数据库"。

将概念结构转换为某个 DBMS 所支持的数据模型（如关系模型），并对其进行优化。设计逻辑结构应该选择最适于描述与表达相应概念结构的数据模型，然后选择最合适的 DBMS。将 E-R 图转换为关系模型，实际上就是将实体、实体的属性和实体之间的联系转化为关系模式（具体的转换方法将在第 2 章探讨）。

4. **物理设计**

根据特定数据库管理系统所提供的多种存储结构和存取方法等依赖于具体计算机结构的各项物理设计措施，对具体的应用任务选定最合适的物理存储结构（包括文件类型、索引结构和数据的存放次序与位逻辑等）、存取方法和存取路径等。这一步设计的结果就是所谓的"物理数据库"。

为逻辑数据模型选取一个最适合应用环境的物理结构（包括存储结构和存取方法）。根据 DBMS 特点和处理的需要，进行物理存储安排，设计索引，形成数据库内模式。

5. **数据库实施**

运用 DBMS 提供的数据语言（如 SQL）及其宿主语言（如 C 语言），根据逻辑设计和物理设计的结果建立数据库，编制与调试应用程序，组织数据入库，并进行试运行。数据库实施主要包括以下工作：用 DDL 定义数据库结构、组织数据入库、编制与调试应用程序，以及数据库试运行。

6. 运行与维护

数据库应用系统经过试运行后即可投入正式运行。在数据库系统运行过程中必须不断地对其进行评价、调整与修改。其包括：数据库的转储和恢复，数据库的安全性、完整性控制，数据库性能的监督、分析和改进，数据库的重组织和重构造。

1.4 概念模型

概念模型也称信息模型，它是按用户的观点来对数据和信息建模。概念模型是以现实世界到机器世界的一个中间层次。

表示概念模型最常用的是 E-R 图。概念模型是对真实世界中问题域内的事物的描述，不是对软件设计的描述。概念的描述包括：记号、内涵、外延。其中，记号和内涵（视图）最具实际意义。

1.4.1 基本概念

1. 实体和属性

在 E-R 模型中，微型世界被划分成一个个实体，由其属性来描述实体性质，并通过联系互相关联。实体是指客观存在的能相互区别的事物。实体是物理上或者概念上独立存在的事物或对象。实体由属性来刻画性质。例如，Name 是实体 FOREST 的属性。唯一标识实体实例的属性（或属性集）称为码（Key），属性可以是单值和多值。

2. 联系

除了实体和属性外，构成 E-R 模型的第三个要素是"联系"。实体之间通过联系相互作用和关联。虽然多个实体可以同时参与一个给定的联系，但我们只讨论二元联系，即两个实体间的联系。有三种基于基数约束的联系：一对一，多对一，多对多。

（1）一对一（1∶1）。在一对一的联系中，一个实体中每个实例只能与其他参与实体的一个实例相联系。如一个部门只有一个经理。

（2）多对一（N∶1）。多对一联系可将一个实体的多个实例与另一个参与该联系的实体的一个实例相连接。如一个教师教授多门课程，一个班级由多个学生组成。

（3）多对多（M∶N）。有时候，一个实体的多个实例会与另一个参与该联系的实体的多个实例相联系。有时候联系也可以拥有属性。如供应商和零件的关系，多个供应商供应多个零件。

3. 主码

唯一表示实体的属性集（可以是单个属性，也可以是多个属性）称为主码（Primary Key）。例如，学生实体的主码是学号，雇员实体的主码是工号。

4. 域

域（Domain）是指属性的取值范围。例如，人类性别的域为（男，女），年龄的域为大于零的正整数等。

1.4.2 概念模型的表示（E-R 建模）

对于概念数据建模来说，有许多可用的设计工具，E-R 模型是其中最为流行的工具之一。E-R 模型同关系模型无缝地整合在一起，为加快数据库设计 E-R 模型的设计速度，目前有很多数据库辅助工具，如 Rational 公司的 Rational Rose，CA 公司的 Erwin 和 Bpwin，Sybase 公司的 PowerDesigner，以及 Oracle 公司的 Oracle Designer 等。

E-R 图的基本组成见表 1.1。

表 1.1 E-R 图的基本组成

类 型	E-R 图表示	示 例
实体	实体名	职 工
属性	属性名	员工编号
联系	联系名	工作

【例 1.1】 建立学生成绩管理系统，其中有学生实体（学号，姓名，性别，入学时间，出生时间，班级名称，籍贯），课程实体（课程号，课程名，种类，学分，开课学期，任课教师），班级实体（班级编号，班级名称，所属系，班级人数）等，学生和课程通过选修进行联系，选修有自己的属性（成绩）；一个学生可以选修多门课程，一门课程可以由多个学生选修。一个学生只能分配在一个班级，一个班级可以有多个学生。根据以上信息设计的 E-R 模型如图 1.7 所示。

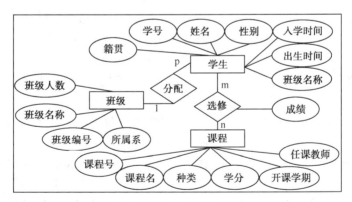

图 1.7 学生成绩管理系统 E-R 模型

【例 1.2】 图书借阅系统 E-R 模型设计。实体读者（编号，姓名，性别，读者类型），实体图书（编号，书名，作者，出版社，出版日期，定价），两个实体集通过借阅联系，借阅有自己的属性（借期，还期），一位读者可以借阅多本图书，一本图书可以经多个读者借出（不同时间段借给多个读者）。其 E-R 模型如图 1.8 所示。

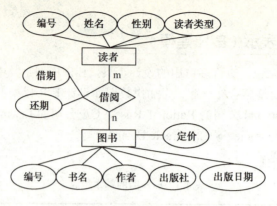

图 1.8　图书借阅系统 E-R 模型

1.5　数据库技术新发展

数据库管理系统经历了 30 多年的发展与演变，已经取得了辉煌的成就，发展成了一门内容丰富的学科，形成了一个总量达数百亿美元的软件产业。数据库已经发展成为一个规模巨大、增长迅速的市场。

1.5.1　数据库领域现状

目前，市场上具有代表性的数据库产品包括 Oracle 公司的 Oracle、IBM 公司的 DB2，以及微软的 SQL Server 等。在一定意义上，这些产品的特征反映了当前数据库产业界的最高水平和发展趋势。因此，分析这些主流产品的发展现状，是了解数据库技术发展的一个重要方面。

据权威调研机构 IDC 初步数据显示，2006 年全球数据库市场规模达到了 165 亿美元。其中，Oracle 的销售额为 73 亿美元，占 44.4%，排名首位。IBM 位居第二，其 DB2 数据库的销售额为 35 亿美元，同比增长 11.9%。略低于 Oracle 的 14.7%，以及业内 14.3%的平均水平。微软排名第三，营业额达 31 亿美元，涨幅高达 25%，市场份额为 18.6%。此外，Sybase 和 NCRTeradata 分别列居第四位和第五位。

关系数据库技术出现在 20 世纪 70 年代，到 20 世纪 90 年代已经比较成熟，在 90 年代初期曾一度受到面向对象数据库的巨大挑战，但是市场最后还是选择了关系数据库。无论是 Oracle 公司的 Oracle 11G、IBM 公司的 DB2，还是微软的 SQL Server 等都是关系型数据库，RDBMS 仍然是当今最为流行的数据库软件。当前，由于互联网应用的兴起，XML 格式数据的大量出现，学术界也有一部分学者认为下一代数据库将是支持 XML 模型的新型数据库。

从最早的关系型数据库到今天的数据管理、信息管理，这是数据库在过去 20 年里所完成的轨迹——一个以数据库为核心，并且将内容管理、商业智能、数据挖掘等功能集于一体的数据库家族产品。在下一个 20 年，数据库的下一个方向在哪里呢？

1.5.2　数据库新技术

数据、计算机硬件和数据库应用，这三者推动着数据库技术与系统的发展。数据库要管理的数据的复杂度和数据量都在迅速增长；计算机硬件平台的发展仍然实践着摩尔定律；数据库应用迅速向深度、广度扩展。尤其是互联网的出现，极大地改变了数据库的应用环境，向数据库领域提出了前所未有的技术挑战。这些因素的变化推动着数据库技术的进步，出现了一批新的数据库技术，如 Web 数据库技术、并行数据库技术、数据仓库与联机分析技术、数据挖掘与商务智能技术、内容管理技术、海量数据管理技术等，限于篇幅，本文不可能逐一展开阐述这些方面的变化，只是从这些变化中归纳出数据库技术发展呈现出的突出特点。

未来的 DBMS 要求具有高可靠性、高性能、高可伸缩性和高安全性。数据库是企业信息系统的核心和基础，其可靠性和性能是企业领导人非常关心的问题。最典型的例子就是证券交易系统，在一个行情来临的时候，如果由于交易量的猛增，造成数据库系统的处理能力不足，导致数据库系统崩溃，将会给证券公司和股民造成巨大的损失。

在我国计算机应用的早期，由于计算机系统还不是企业运营必要的部分，人们对数据库的重要性认识不足，而且为了经费上的节约常常采用一些低层次的数据管理软件，或者盗版的软件。但是，随着信息化进程的深化，计算机系统越来越成为企业运营不可缺少的部分，这时，数据库系统的稳定和高效已是必要的条件。在互联网环境下还要考虑支持几千或上万个用户同时存取和全天不间断运行的要求，提供联机数据备份、容错、容灾以及信息安全措施等。

IBM 认为，信息管理必须以服务企业的核心业务为导向，进入全新的信息服务时代。因此，信息服务化也是 DB2 支持 SOA（Service Oriented Architecture，面向服务的架构）的重要策略。而 Oracle 公司正准备向云计算和大数据方面发展。

在 2015 年 5 月 29 日，微软如期发布了 SQL Server 2016，这款产品被加入了多项新技术，并且在企业级支持、商业智能应用、管理开发效率等方面有了显著的增强。甚至，它还提供了最受关注的一个新特性就是集成了 PolyBase，也就是说，现在可以直接使用 T-SQL 来将 SQL Server 2016 和 Hadoop 对接起来。而挺进高端，一直是微软的期望，从操作系统到数据库，无一例外。

在大的发展趋势上，未来数据库还将朝两个方向发展：一是超大容量，支持海量数据处理，支持数据仓库、数据挖掘、分析等；二是"更小"，如嵌入式数据库，作为一个完整的商用数据库更灵活、方便地使用。尽管全面部署和实现尚需时日，但这些发展趋势是显而易见的。

1.6 本章小结

本章主要介绍数据库的基本知识，读者要了解数据库的相关概念，理解数据模型和数据库设计的步骤，掌握概念模型（E-R 模型）的设计方法，了解数据库发展的现状和发展趋势。

1.7 思考与练习

一、选择题

1．长期存储在计算机内的，有组织的、可共享的数据的集合称为（　　）。
  A．数据　　　　　　B．DBMS　　　　　　C．数据库　　　　　　D．数据库系统
2．（　　）是数据库中全体数据的逻辑结构和特征的描述，所有用户的公共视图是数据库

系统模式结构的中间层。

　　A．用户模式　　　　B．逻辑模式　　　　C．内模式　　　　D．存储模式

　3．（　　）的基本思想是用二维表形式表示实体及其联系。

　　A．层次模型　　　　B．网状模型　　　　C．面向对象模型　　D．关系模型

　4．要想成功地运转数据库，就要在数据处理部门配备（　　）。

　　A．部门经理　　　　B．数据库管理员　　C．应用程序员　　　D．系统设计员

　5．在数据库技术中，实体—联系模型是一种（　　）。

　　A．逻辑数据模型　　B．物理数据模型　　C．结构数据模型　　D．概念数据模型

　6．E-R方法的三要素是（　　）。

　　A．实体、属性、实体集　　　　　　　　B．实体、键、联系

　　C．实体、属性、联系　　　　　　　　　D．实体、域、候选键

　7．一个仓库可以存放多种零件，每种零件可以存放在不同的仓库中，仓库和零件之间为（　　）的联系。

　　A．一对一　　　　　B．一对多　　　　　C．多对多　　　　　D．多对一

二、填空题

　1．数据模型都是由严格的概念集合而成。这些概念必须能够精确描述系统的静态特性，能够完整、准确地描述现实世界的抽象。因此，数据模型通常都由_____、_____和_____组成。

　2．关系数据库是采用_____作为数据的组织方式。

　3．数据库的设计过程大致可分为6个步骤：_____、概念结构设计、_____、物理设计、数据库实施和_____。

　4．_____按用户的观点来对数据和信息建模。概念模型是从现实世界到机器世界的一个中间层次。

三、设计题

　1．有一员工管理模块，有实体集员工（工号，姓名，性别，出生时间，所在部门，入职时间，住址），实体集部门（部门编号，部门名称，办公地址，联系电话），员工之间有领导—被领导的关系，每个员工在一个部门，一个部门有多个员工。请设计该模块的概念模型。

　2．假设有一家百货商店，已知信息如下：

　（1）每个职工的数据是职工号、姓名、地址和其所在的商品部门。

　（2）每一商品部门的数据有：职工、经理和经销的商品。

　（3）每种经销的商品的数据有：商品名、生产厂家、价格、型号（厂家定的）和内部商品代号（商店规定的）。

　（4）关于每个生产厂家的数据有：厂名、地址、向商店提供的商品价格。

　请设计该百货商店的概念模型。注意某些信息可用属性表示，其他信息可用联系表示。

1.8　实训项目

一、实验目的

掌握进行数据库概念结构设计的方法（建立E-R模型）。

二、准备工作

理解 E-R 模型的建立要素（实体、联系、属性等）。

三、实验相关

1．参考网上下载内容中第 1 章的实训项目。

2．实验预估时间：50 分钟。

四、实验设置

无。

五、实验方案

1．问题的提出。

人力资源管理是一门新兴的学科，问世于 20 世纪 70 年代末。人力资源管理的历史虽然不长，但人事管理的思想却源远流长。从 18 世纪末开始的工业革命，一直到 20 世纪 70 年代，这一时期被称为传统的人事管理阶段。自 20 世纪 70 年代末以来，人事管理让位于人力资源管理。

如何帮助管理人员高效无误地来管理这么多的人力信息？我们以设计人力资源数据库 HR 来实现。

2．系统需求分析。

通过对管理人员和员工的交流和调查，对用户的需求分析总结如下：

（1）实现对企业员工、部门等信息的管理。

（2）实现对工资，考勤的管理。

（3）实现员工考勤和假期登记。

（4）为数据库中相关的表定义参照完整性约束。

3．概念模型设计。

该系统中所涉及的概念模型设计如图 1.9～图 1.14 所示。

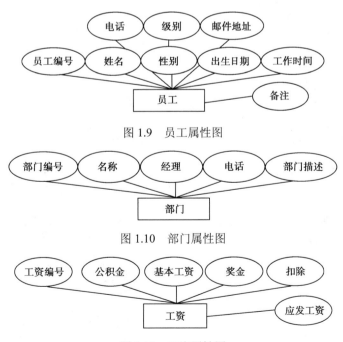

图 1.9　员工属性图

图 1.10　部门属性图

图 1.11　工资属性图

图 1.12 考勤属性图

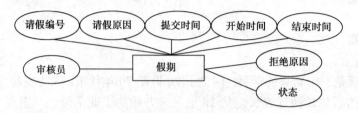

图 1.13 假期属性图

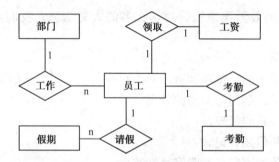

图 1.14 HR 数据库的 E-R 图

第 2 章 关系数据库

学习目标

1. 了解关系模型的常用概念。
2. 掌握概念模型（E-R 模型）向关系模型的转换方法。
3. 理解关系模型的完整性约束。
4. 理解函数依赖和规范化理论。

知识框架

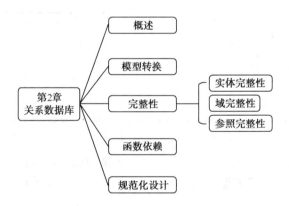

任务引入

关系数据库技术出现在 20 世纪 70 年代，到 20 世纪 90 年代已经比较成熟，且曾在 90 年代初期一度受到面向对象数据库的巨大挑战，但是市场最后还是选择了关系数据库。如今，RDBMS 仍然是最为流行的数据库软件。

2.1 关系模型的概述

关系数据库系统是支持关系模型的数据库系统。
关系模型由关系数据结构、关系操作集合和关系的完整性约束三部分组成。

1. 关系数据结构

单一的数据结构——关系。现实世界的实体以及实体间的各种联系均用关系来表示。
数据的逻辑结构——二维表。从用户角度，关系模型中数据的逻辑结构是一张二维表。

2. 关系操作集合

关系操作包括选择、投影、差、并、交、乘、除、连接等操作，以及数据的插入、删除和修改操作。

3. 关系的完整性约束

（1）实体完整性，通常由关系系统自动支持。
（2）参照完整性，早期系统不支持，目前大型系统能自动支持。
（3）域完整性（用户定义的完整性），反映应用领域需要遵循的约束条件，体现了具体领域中的语义约束，用户定义后由系统支持。

2.1.1 关系

通常将关系模型称为关系或表；将关系中的行称为元组或记录；将关系中的列称为属性或字段，见表 2.1。

表 2.1 公司部门一览表

部 门 号	办 公 地 址	部 门 概 况		
		部门名称	经理	电话
102	陕西街 20 号	生产部	莫伊	8265356
105	南京路 4 号	研发部	李爽	5895462
106	春熙北街 13-4 号	销售部	张力	8458254

【思考】表 2.1 是一个关系模型吗？说出你的理由。

表 2.1 不是关系模型，因为部门概况还可以分为部门名称、经理和电话 3 列，不满足关系模型中每一列都是不可再分的数据项这个条件。表 2.2 是一个关系模型。

表 2.2 关系模型

部 门 号	办 公 地 址	部门名称	经 理	电 话
102	陕西街 20 号	生产部	莫伊	8265356
105	南京路 4 号	研发部	李爽	5895462
106	春熙北街 13-4 号	销售部	张力	8458254

2.1.2 关系术语

1. 属性（Attribute）

关系中不同列可以对应相同的域，为了加以区分，必须对每列起一个名字，称为属性。

2. 候选码（Candidate Key）

若关系中的某一属性组的值能唯一地标识一个元组，则称该属性组为候选码。

在最简单的情况下，候选码只包含一个属性，称为全码（All-key）。

在最极端的情况下，关系模式的所有属性组是这个关系模式的候选码，称为全码（All-key）。

3. 主码（Primary Key）

若一个关系有多个候选码，则选定其中一个为主码，主码的诸属性被称为主属性（Prime Attribute）。不包含在任何候选码中的属性称为非码属性（Non-key Attribute）。

2.2 概念模型向关系模型的转换

2.2.1 联系

概念模型向关系模型转换实际就是将 E-R 图转换为关系模型，要将实体、实体的属性和实体之间的联系转化为关系模式，这种转换一般遵循如下原则：

（1）一个实体转换为一个关系模式。实体的属性就是关系的属性。实体的码就是关系的码。

（2）一个 m∶n 联系转换为一个关系模式。与该联系相连的各实体的码以及联系本身的属性均转换为关系的属性。而关系的码为各实体码的组合。

（3）一个 1∶n 联系可以转换为一个独立的关系模式，也可以与 n 端对应的关系模式合并。如果转换为一个独立的关系模式，则与该联系相连的各实体的码以及联系本身的属性均转换为关系的属性，而关系的码为 n 端实体的码。

（4）一个 1∶1 联系可以转换为一个独立的关系模式，也可以与任意一端对应的关系模式合并。

（5）三个或三个以上实体间的一个多元联系转换为一个关系模式。与该多元联系相连的各实体的码以及联系本身的属性均转换为关系的属性。而关系的码为各实体码的组合。

（6）同一实体集的实体间的联系，即自联系，也可按上述 1∶1、1∶n 和 m∶n 三种情况分别处理。

（7）具有相同码的关系模式可合并。

为了进一步提高数据库应用系统的性能，通常以规范化理论为指导，还应该适当地修改、调整数据模型的结构，这就是数据模型的优化。确定数据依赖，消除冗余的联系，确定各关系模式分别属于第几范式，确定是否要对它们进行合并或分解。一般来说，将关系分解为 3NF 的标准，即：

- 表内的每一个值都只能被表达一次。
- 表内的每一行都应该被唯一标识（有唯一键）。
- 表内不应该存储依赖于其他键的非键信息。

2.2.2 模型转换

【例2.1】 将图2.1中的学生成绩管理系统的E-R模型转换为关系模型。

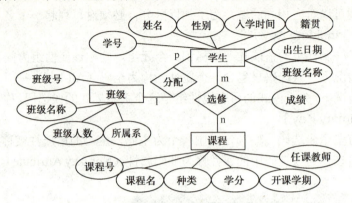

图2.1 学生成绩管理系统的E-R模型

【分析】 该模型只有三个实体,学生实体和课程实体之间是多对多的联系,班级实体和学生实体是一对多的联系,按照以上方法,将学生实体和课程实体两个实体转为两个关系,联系也需要转换为一个关系,这里将选修转换为一个关系,要加上两端实体的码分别是"学号"和"课程号",以及联系自身的属性"成绩"。学生和班级的联系,按照以上方法转换,联系"分配"没有属性,学生实体在转换时要加上"1端"班级的"班级名称"。

因此,转换出来的关系模型是:

学生(学号,姓名,性别,班级名称,入学时间,籍贯,出生日期)
课程(课程号,课程名,种类,学分,开课学期,任课教师)
选修(学号,课程号,成绩)
班级(班级号,班级名称,所属系,班级人数)

【例2.2】 授课系统中,有课程、教师与参考书三个实体型,它们通过讲授联系起来,其E-R模型如图2.2所示。

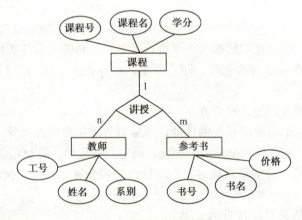

图2.2 授课系统E-R模型

【分析】 在图2.2中显示的是一个三元关系,可以看到课程和教师、课程与参考书是一对多的联系。按照以上讲述的转换方法，将联系划到多（n）端实体，然后转换成关系，到 n 端实体时要加上联系的属性和 1 端实体的码。

转换完成后如下：

课程（课程号，课程名，学分）

教师（工号，姓名，系别，课程号）

参考书（书号，书名，价格，课程号）

讲授（课程号，工号，书号）

2.3 关系的完整性

数据的完整性由完整性规则来定义，关系模型的完整性规则是对关系的某种约束条件。关系模型有三类完整性约束，即实体完整性、域完整性和参照完整性。

2.3.1 实体完整性

规则：若属性 A 是关系 R 的主属性，则 A 不能取空值。

实体完整性规则规定关系的所有主属性都不能取空值，而不仅是主码不能取空值。例如学生选课关系"选修"（学号，课程号，成绩）中，学号和课程号是主码，则这两个属性都不能取空值。

这一规则实际是根据实体的定义得来的，实体的定义是客观存在并能相互区别的事物，如果主属性取空值，则不能表明事物是客观存在的。

2.3.2 域完整性

域完整性也称用户自定义完整性，如数据类型、格式、值域范围、是否允许空值等。

域完整性限制了某些属性中出现的值，把属性限制在一个有限的集合中。例如，如果属性类型是整数，那么它就不能是 1.23012 或任何非整数或字符。例如，学生表或员工表中的性别取值只能限定为"男"或"女"，不能是其他值，年龄只能是大于"0"的正整数。

2.3.3 参照完整性

1. 参照关系和被参照关系

设 F 是关系 R 的一个或一组属性，但不是 R 的主码（或候选码）。如果 F 与关系 S 的主码 K 对应，则称 F 是关系 R 的外码，并称基本关系 R 为参照关系，基本关系 S 为被参照关系。

例如，有以下关系模型：

学生（学号，姓名，性别，入学时间，出生日期，籍贯）

课程（课程号，课程名，学分，开课学期，任课教师）

选修（学号，课程号，成绩）

其中，选修关系中的学号和课程号联合作为主码，属性学号不是主码，该属性与关系学生中的主码"学号"相对应。因此，"学号"是关系学生的主码，是"选修"关系的外码。关系

"学生"是被参照关系，关系"选修"是参照关系。

【注意】 外码与主码不一定同名，例如，选修关系中外码是"学号"，而关系学生中的主码可能是"学生号"，但表之间的关系还是存在的。

【思考】 在员工管理系统的关系模型中，有以下两个关系：

员工（工号，姓名，性别，岗位，薪水，部门号，经理工号）

部门（部门号，部门名，办公地址，电话）

思考两个关系的外码和参照关系及被参照关系。

2. 参照完整性规则

参照完整性规则：若属性 F 是基本关系 R 的外码，它与关系 S 的主码 K 对应（关系 R 与关系 S 可能是同一个关系），则对于 R 中的每个元组（记录）在 F 上的值必须为：

- 取空值（F 的每个属性都为空值）。
- 等于 S 中主码 K 上某个元组的值。

例如，在学生选课模型中，选修中的外码学号取值。

（1）空值（NULL），则说明还没有登记学生选课情况。

（2）非空值，该值必须是从学生关系的主码学号中选取出的值，也就是说，登记到选课关系中的学生记录前提必须是该学校的学生，是该学校的学生就是学生关系中有登记该学生的情况。

【注意】 由于我们学习的是关系数据库，所以读者必须掌握参照关系和被参照关系，有必要多举例加深对该知识的了解。

2.3.4 完整性检查

保证数据的完整性应该遵循以下规则：

（1）执行插入（INSERT）操作时，首先检查实体完整性，符合实体完整性规则后，执行参照完整性检查。当对主键表执行插入操作时，没有限制；而对外键表执行插入操作就要先保证插入值是来源于主键表的主键列。然后检查插入值的域完整性。

例如，在学生关系和选课关系中：

学生（学号，姓名，性别，入学时间，出生日期，籍贯）

选修（学号，课程号，成绩）

向学生表中插入学生没有限定，向选课表中插入学号时，首先要求不能为空值 NULL，还要求学号这个值是学生关系中学号列的某一个值，也就是选修关系插入的学号必须是在学生关系中存在的。

（2）执行删除（DELETE）操作时，不检查实体完整性和域完整性，仅检查参照完整性。在删除主表的数据行时，一定要注意：要删除的该行的主关键字是否被从表（外键表）使用，如果被使用，则禁止删除该行或连同从表中引用的该行级联删除。而删除从表的数据不检查参照完整性。

例如，对删除选修关系中的某个学生的选课情况没有限制。如果删除主表学生关系中的某个学生的情况，则要检查该学生是否有选修课（选修关系中是否存在该学生的学号）。如果该学生有选课，则要么不能删除该学生，要么将该学生的选课记录级联删除。

（3）执行（UPDATE）是以上两个过程的结合，先删除，再插入记录，读者可以自己结合以上示例加深理解。

2.4 函数依赖与规范化

2.4.1 函数依赖

函数依赖是数据依赖的一种，它反映属性或属性组之间互相依存、互相制约的关系，即反映现实世界的约束关系。

（1）函数依赖（Functional Dependency）的概念。

设 R（U）是属性 U 上的一个关系模式，X 和 Y 均为 U={A1，A2，…，An}的子集，r 为 R 的任一关系，如果对于 r 中的任意两个元组（u，v），只要有 u[X]=v[X]，就有 u[Y]=v[Y]，则称 X 函数决定 Y，或称 Y 函数依赖于 X，记为 X→Y。

例：参数为 sno-学生 ID，tno-教师 ID，cno-课程 ID，sname-学生姓名，tname-教师姓名，cname-课程名称，grade-成绩，则

sno→sname，cno→cname，（sno，cno）→grade 成立。

sname→sno，tno→cno，sno→tname 不成立。

（2）说明。

① 函数依赖不是指关系模式 R 的某个或某些关系实例满足的约束条件，而是指 R 的所有关系实例均要满足的约束条件。

② 函数依赖是语义范畴的概念。只能根据数据的语义来确定函数依赖。

例如"姓名→年龄"这个函数依赖只有在不允许有同名人的条件下成立。

③ 数据库设计者可以对现实世界做强制性的规定。例如规定不允许同名人出现，函数依赖"姓名→年龄"成立。所插入的元组必须满足规定的函数依赖，若发现有同名人存在，则拒绝插入该元组。

例：Student（Sno，Sname，Ssex，Sage，Sdept）

假设不允许重名，则有：

Sno→Ssex，Sno→Sage，Sno→Sdept，

Sno←→Sname，Sname→Ssex，Sname→Sage

Sname→Sdept。

但 Ssex—\→Sage，

若 X→Y，且 Y→X，则记为 X←→Y。若 Y 函数不依赖于 X，则记为 X—\→Y。

（3）平凡和非平凡的函数依赖。

在关系模式 R（U）中，对于 U 的子集 X 和 Y：

① 如果 X→Y，但 Y 不是 X 的子集，则称 X→Y 是非平凡的函数依赖。

例：在关系 SC（Sno，Cno，Grade）中，非平凡函数依赖：（Sno，Cno）→Grade。

② 若 X→Y，但 Y 是 X 的子集，则称 X→Y 是平凡的函数依赖。

平凡函数依赖：（Sno，Cno）→Sno，（Sno，Cno）→Cno。

（4）部分和完全函数依赖。

① 若 X→Y，并且存在 X 的真子集 X1，使得 X1→Y，则 Y 部分依赖于 X。

例：在学生表（学号，姓名，性别，班级，年龄）关系中，部分函数依赖：（学号，姓名）→性别，学号→性别，所以（学号，姓名）→性别是部分函数依赖。

② 若 X→Y，并且对于 X 的任何一个真子集 X1，都不存在 X1→Y，则称 Y 完全依赖于 X。

例：成绩表（学号，课程号，成绩）关系中，完全函数依赖：（学号，课程号）→成绩，学号—\→成绩，课程号—\→成绩，所以（学号，课程号）→成绩是完全函数依赖。

(5) 传递函数依赖。

若 X→Y 并且 Y→Z，而 Y—\→X，则有 X→Z，称这种函数依赖为传递函数依赖。

例：在关系 S1（学号，系名，系主任），学号→系名，系名→系主任，并且系名—\→学号，所以学号→系主任为传递函数依赖。

2.4.2 规范化设计

关系数据库中的关系是满足一定要求的，满足不同程度要求的为不同范式。满足最低要求的是第一范式，记为 1NF。满足的要求比 1NF 更高的称为 2NF，满足最高要求的称为 5NF。

范式也可以称符合某一种级别的关系模式的集合，如关系 R 为第几范式可以记为 R∈xNF。高级别的范式可以说是包含了低一级别的范式，它们之间的联系可以表示为：

5NF⊂4NF⊂BCNF⊂3NF⊂2NF⊂1NF

限于篇幅，以下仅讨论 1NF、2NF、3NF，对于其他范式，读者可以借阅参考资料学习。

(1) 1NF。第一范式（1NF）：如果一个关系模式 R 的所有属性都是不可分的基本数据项，则 R∈1NF。关系作为一张二维表，对它的一个最起码要求是：每一个分量必须是不可分的数据项。1NF 是关系模式的最起码要求，不满足第一范式的数据库模式不能称为关系数据库。

例如，职工号、姓名、电话号码组成一个表（一个人可能有一个办公室电话和一个家里电话号码）。规范成为 1NF 有两种方法：

① 设职工号为关键字，电话号码分为单位电话和住宅电话两个属性。

② 设职工号为关键字，但强制每条记录只能有一个电话号码。

(2) 2NF。第二范式（2NF）：若 R∈1NF，且每一个非主属性完全函数依赖于主码，且所有非主属性都完全依赖于任意一个候选关键字，则 R∈2NF。不满足 2NF 会导致插入异常，删除异常，修改复杂。

例：选课关系 SCI（SNO，CNO，GRADEGE，CREDIT），其中 SNO 为学号，CNO 为课程号，GRADEGE 为成绩，CREDIT 为学分。由以上条件可知，关键字为组合关键字（SNO，CNO）。

在应用中使用以上关系模式会产生以下问题：

① 数据冗余，假设同一门课程由 50 名学生选修，学分就重复 50 次。

② 更新异常，若调整了某课程的学分，相应的元组 CREDIT 值都要更新，有可能会出现同一门课程的学分不同。

③ 插入异常，如计划开新课程，由于没人选修，没有学号关键字，只有等有人选修时才能把课程和学分存入。

④ 删除异常，若学生已经结业，从当前数据库中删除选修记录。某些课程新生尚未选修，则此课程及学分记录无法保存。

原因：非关键字属性 CREDIT 仅函数依赖于 CNO，也就是 CREDIT 部分依赖组合关键字（SNO，CNO），而不是完全依赖。

解决方法：分成两个关系模式，即 SC1（SNO，CNO，GRADE）和 SC2（CNO，CREDIT）。新关系包括两个关系模式，它们之间通过 SC1 中的外关键字 CNO 相联系，需要时再进行自然连接，恢复原来的关系。

（3）3NF。第三范式（3NF）：如果关系模式 R（U，F）中的所有非主属性对任何候选关键字都不存在传递信赖，则关系 R 属于第三范式。

例如，S1（SNO，SNAME，DNO，DNAME，LOCATION）各属性分别代表学号，姓名，所在系，系名称，系地址。

关键字 SNO 决定各个属性。由于是单个关键字，不存在部分依赖的问题，肯定是 2NF。但此关系肯定有大量的冗余，有关学生所在的几个属性 DNO、DNAME、LOCATION 将重复存储、插入，删除和修改时也将产生类似以上的情况。

原因：关系中存在传递依赖，即 SNO→DNO，而 DNO→SNO 却不存在，但 DNO→LOCATION，因此关键字 SNO 对 LOCATION 函数决定是通过传递依赖 SNO→LOCATION 实现的。也就是说，SNO 不直接决定非主属性 LOCATION。

解决方法：分为两个关系，即 S（SNO，SNAME，DNO）和 D（DNO，DNAME，LOCATION）。

【注意】 关系 S 中不能没有外关键字 DNO，否则两个关系之间失去联系。

（4）BC 范式（BCNF）：BCNF（Boyce Codd Normal Form）是由 Boyce 和 Codd 提出的，比 3NF 又进一步，通常认为 BCNF 是修正的第三范式，有时也称为第三范式。

如果关系模式 R 是 1NF，如果 X→Y 且 Y⊄X 时 X 必含有码，则 R 属于 BCNF。如果一个数据库模式中的每个关系模式都属于 BCNF，则称该数据库模式是属于 BCNF 的数据库模式。也就是说，关系 R 属于 BCNF，当且仅当每个决定因素都包含码。

可以证明，如果一个关系 R 属于 BCNF，则 R 属于 3NF。但是，如果 R 属于 3NF，那么，R 并不一定属于 BCNF。

一个关系如果属于 BCNF，那么：

- 所有的非主属性对每一个码都是完全函数依赖。
- 所有的主属性对每一个不包含它的码也是完全函数依赖。
- 不存在任何属性都能够完全函数依赖于不是码的任何一组属性。

下面举一些例子来说明。

在关系模式 C（C#，CNAME，PC#）中，C#，CNAME 和 PC#分别表示课程编号，课程名称和选修课程编号。只有一个码 C#，C#也是 C 中唯一的决定因素，所以 C 属于 BCNF。

在关系模式 T（T#，TNAME，TD，TA）中，属性分别为教师编号、姓名、所属的系和年龄。这里假设每位教师的姓名都不一样，那么 T 有两个都是由单个属性组成的码 T#和 TNAME，它们也不相交，TD 和 TA 不存在对码的部分函数依赖与传递依赖，故 T 属于 3NF。在 T 中的决定性因素只有两个：T#和 TNAME。它们都是码，所以 T 属于 BCNF。

在关系模式 SJT（S，J，T）中，属性分别用 S（学生），J（课程）和 T（教师）表示，指定的学生由指定的教师讲授指定的课程。它的语义规则如下：

- 每位教师只教一门课程。
- 每门课程可以有几位教师。
- 对于每一门课程，选修这门课程的学生只能听一位教师的课。

表 2.3 是这个关系的一个实例。

表2.3 关系SJT的一个实例

S	J	T
S1	J1	T1
S1	J2	T2
S2	J1	T1
S2	J2	T3

从上述的语义可知，有如下的函数依赖存在：

(S，J)→T；

(S，T)→J；

T→J；

这里存在着重叠的组合属性（S，J）和（S，T），它们都可以作为候选码。因为不存在非主属性对码的部分依赖或传递依赖，故 SJT 是 3NF。因为 T 决定 J，但 T 不包含码。所以 SJT 不是 BCNF 关系模式。

在 SJT 中，仍存在着异常问题。例如，要删除学生 S2 学习课程 J2 的信息，也将删除教师 T3 教授课程 J2 的信息（因为它们在 SJT 中，是在同一元组中表示的）。这主要是由于 T 是一个决定因素，而 T 又不包含码所引起的。要解决此问题，可以将 SJT 分解成两个 BCNF，分别为 ST（S，T）和 TJ（T，J），它们都是 BCNF。

3NF 中出现的异常现象表现在可能存在主属性对码的部分函数依赖和传递函数依赖。一个模式中的关系模式如果属于 BCNF，那么在函数依赖范畴内，已经消除了插入和删除异常。

2.5 本章小结

本章主要介绍关系模式的基本知识，读者要了解关系模式的相关概念及常用术语，掌握概念模型向关系模型的转换，理解关系模型的三类完整性。函数依赖和规范化设计作为读者的选读内容。

2.6 思考与练习

一、选择题

1. 下述选项中，不属于概念模型应具备的性质是（ ）。

   A．有丰富的语义表达能力　　　　　　B．易于交流和理解

   C．易于变动　　　　　　　　　　　　D．在计算机中实现的效率高

2. 用二维表结构表示实体以及实体间联系的数据模型称为（ ）。

   A．网状模型　　　B．层次模型　　　C．关系模型　　　D．面向对象模型

3. 下列有关 E-R 模型向关系模型转换的叙述中，不正确的是（ ）。

   A．一个实体类型转换为一个关系模式

   B．一个 1∶1 联系可以转换为一个独立的关系模式，也可以与联系的任意一端实体所对应

的关系模式合并

C．一个 1∶n 联系可以转换为一个独立的关系模式，也可以与联系的任意一端实体所对应的关系模式合并

D．一个 m∶n 的联系转换为一个关系模式

4．数据库的完整性包括几类完整性，它们是（　　）。

A．实体完整性　　　　B．域完整性　　　　B．参照完整性　　　　D．自定义完整性

5．一个关系只有一个（　　）。

A．候选码　　　　B．外码　　　　C．超码　　　　D．主码

6．在关系模型中，一个码（　　）。

A．可以由多个任意属性组成

B．最多由一个属性组成

C．由一个或多个属性组成，其值能够唯一标识关系中一个元组

D．以上都不是

7．现有如下关系：患者（患者编号，患者姓名，性别，出生日期，所在单位），医疗（患者编号，医生编号，医生姓名，诊断日期，诊断结果）。其中，医疗关系中的外码是（　　）。

A．患者编号　　　　　　　　　　B．患者姓名

C．患者编号和患者姓名　　　　　D．医生编号和患者编号

8．关系数据库的规范化理论：关系应该满足一定的要求，最起码的要求是达到 1NF，即满足（　　）。

A．每个非关键字列都完全依赖于主关键字

B．每个属性都是不可再分的基本数据项

C．主关键字唯一标识表中的每一行

D．关系的行不允许重复

二、填空题

已知系别（系编号，系名称，系主任，电话，地点）和学生（学号，姓名，性别，入学日期，专业，系编号）两个关系，系别关系的主码是_____，系别关系的外码是_____，学生关系的主码是_____，学生关系的外码是_____（如果没有则填"无"）。

三、设计题

1．图 2.3 是一个销售业务管理的 E-R 图，请把它转换成关系模型。

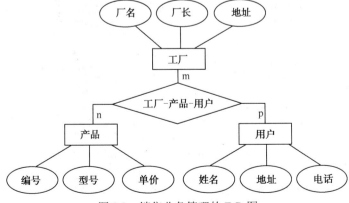

图 2.3　销售业务管理的 E-R 图

2. 设计以下实例的概念模型（E-R 图），并将其转换为关系模型，说明其中的完整性约束条件。E-R 图实例（某工厂物资管理的概念模型）涉及的实体如下。

仓库：属性有仓库号、面积、电话号码。

零件：属性有零件号、名称、规格、单价、描述。

供应商：属性有供应商号、姓名、地址、电话号码、账号。

项目：属性有项目号、预算、开工日期。

职工：属性有职工号、姓名、年龄、职称。

这些实体之间的联系如下：一个仓库可以存放多种零件，一种零件可以存放在多个仓库。一个仓库有多个职工当保管员，一个职工只能在一个仓库工作，职工之间具有领导—被领导关系，即仓库主任领导仓库保管员，供应商、项目和零件三者之间具有多对多联系，一个供应商可以供给若干项目多种零件，每个项目可以使用不同供应商供应的零件，每种零件可由不同供应商供给。

2.7 实训项目

一、实验目的

掌握概念模型转换为关系模型的方法。

二、准备工作

掌握概念模型 E-R 图的建立方法。

三、实验相关

1. 参考网上下载内容中第 2 章的实训项目。
2. 实验预估时间：40 分钟。

四、实验设置

无。

五、实验方案

1. 关系模型设计。

概念模型向关系模型转换实际上就是将 E-R 图（见图 2.4）转换为关系模型，要将实体、实体的属性和实体之间的联系转化为关系模式，这种转换一般遵循以下原则：

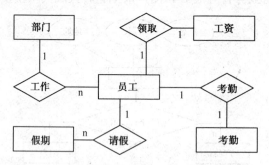

图 2.4 HR 数据库 E-R 模型

（1）一个实体转换为一个关系模式。

（2）一个 m∶n 联系转换为一个关系模式。

(3) 一个 1:n 联系可以转换为一个独立的关系模式，也可以与 n 端对应的关系模式合并。

(4) 一个 1:1 联系可以转换为一个独立的关系模式，也可以与任意一端对应的关系模式合并。

在第 1 章的实训项目中，其 HR 数据库的 E-R 模型已经建立完成，根据以上转换方法可知，对其转换成的关系模型如下所示（下画线是关系的主码，FK 表示外码）：

员工（<u>员工编号</u>，姓名，性别，出生日期，工作时间，电话，邮件地址，部门号（FK），级别，备注）

部门（<u>部门编号</u>，部门名称，经理，电话，部门描述）

工资（<u>工资编号</u>，职工编号（FK），基本工资，奖金，扣除，公积金，应发工资）

考勤（<u>考勤编号</u>，职工编号（FK），到达时间，记录人员，类型，记录日期）

假期（<u>请假编号</u>，职工编号（FK），请假原因，提交时间，开始时间，结束时间，审核员，状态，拒绝原因）

2．约束关系。

（1）实体完整性，每个实体的主码不能为空，不能取重复值。

【思考】 为什么实体的主码不能取空值，举例说明。

（2）域完整性（自定义完整性）。

- 关系"员工"中的"性别"只能取值"男"或者"女"。
- 关系"员工"中的"邮件地址"必须包含符号"@"。
- 关系"员工"中的"级别"只能在（普通，领导，外聘）中取值。
- 关系"工资"中的"应发工资"=基本工资+奖金-缺勤早退扣除-住房公积金。
- 关系"考勤"中的"职工编号"不等于"记录人员"。
- 关系"考勤"中的"类型"只能在（早退，缺勤，迟到，正常）中取值。
- 关系"考勤"中的"记录时间"默认是当前的系统时间。
- 关系"假期"中的"提交时间<开始时间<结束时间"，"员工编号！=审核者编号"。
- 关系"假期"中的"状态"取值只能是（已提交，已取消，已批准，已拒绝）。

3．参照完整性。

各关系中的参照完整性如下所示：

员工（部门编号）——部门（部门编号）

员工（员工编号）——工资（职工编号）

员工（员工编号）——考勤（职工编号）

员工（员工编号）——请假（职工编号）

第2部分

应用篇

第3章 SQL Server 系统概述

学习目标

1. 了解 SQL Server 的新增特性。
2. 熟悉 Management Studio 环境。
3. 熟悉 SQL Server 常用工具。

知识框架

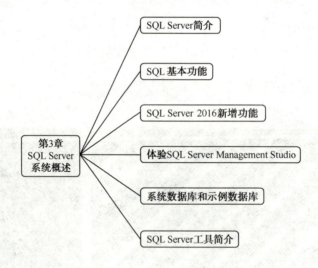

任务引入

SQL Server 是 Microsoft 公司的一种面向高端的数据库管理系统，目前广泛应用于全球大中型企业，是另一种大型电子商务、数据仓库和数据库的解决方案。本章就带领读者了解 SQL Server 的发展历程及 SQL Server 的特性和使用环境。

3.1 SQL Server 简介

SQL Server 是 Microsoft 公司的一个关系数据库管理系统，从 20 世纪 80 年代后期开始开发，最早起源于 1987 年的 Sybase SQL Server。SQL Server 最初是由 Microsoft、Sybase 和 Ashton-Tate 三家公司共同开发的。1988 年，Microsoft 公司、Sybase 公司和 Aston-Tate 公司把该产品移植到 OS/2 上。后来，Aston-Tate 公司退出了该产品的开发，而 Microsoft 公司、Sybase 公司则签署了一项共同开发协议，发布了用于 Windows NT 操作系统的 SQL Server。1992 年，Microsoft 公司和 Sybase 公司将 SQL Server 移植到了 Windows NT 平台上。

在 SQL Server 4 版本发行以后，Microsoft 公司和 Sybase 公司在 SQL Server 的开发方面分道扬镳，取消了合同，各自开发自己的 SQL Server。Microsoft 公司专注于 Windows NT 平台上的 SQL Server 开发，而 Sybase 公司则致力于 UNIX 平台上的 SQL Server 的开发。本书中介绍的是 Microsoft SQL Server，以后简称为 SQL Server 或 MS SQL Server。

SQL Server 6.0 版是第一个完全由 Microsoft 公司开发的版本。1996 年，Microsoft 公司推出了 SQL Server 6.5 版本，接着在 1998 年又推出了具有巨大变化的 SQL Server 7.0 版，这一版本在数据存储和数据库引擎方面发生了根本性的变化。又经过两年的努力，Microsoft 公司于 2000 年 9 月发布了 SQL Server 2000，其中包括企业版、标准版、开发版和个人版 4 个版本。从 SQL Server 7.0 到 SQL Server 2000 的变化是渐进的。

SQL Server 2005 为 IT 专家和信息工作者带来了强大的、熟悉的工具，同时减少了在从移动设备到企业数据系统的多平台上创建、部署、管理及使用企业数据和分析应用程序的复杂度。通过全面的功能集和现有系统的集成性，以及对日常任务的自动化管理能力，SQL Server 2005 为不同规模的企业提供了一个完整的数据解决方案。

在 SQL Server 2008 中，不仅对原有性能进行了改进，还添加了许多新特性，比如新添了数据集成服务（SSIS，SQL Server）功能，改进了分析服务（SSAS，SQL Server），报表服务（SSRS，SQL Server），以及 Office 集成等。

从 SQL Server 2010 发展到 SQL Server 2012，不仅延续现有数据平台的强大能力，全面支持云技术与平台，并且能够快速构建相应的解决方案实现私有云与公有云之间数据的扩展与应用的迁移。针对大数据以及数据仓库，SQL Server 2012 提供从数 TB 到数百 TB 全面端到端的解决方案。SQL Server 2014 最为激动人心的新特性是内存数据库、利用 SSD 对高使用频率数据进行缓存处理、更多在线维护操作、AlwaysOn 可用性组支持更多次级服务器、在 Azure 中实现智能备份等。

SQL Server 2015 中文版是微软推出的一款经典的数据库平台软件，完美支持 Windows 10 系统，本软件可以构建和管理用于业务的高可用性和高性能的数据应用程序。其主要包括：内存 OLTP、内存可更新、将内存扩展到 SSD、单个分区在线索引重建和管理表分区切换的锁定优先级、在本地部署和 Windows Azure 中提供备份加密支持、SQL Server 备份到 Azure、将本地部署 SQL Server 数据库部署到 Windows Azure 中等。

在 2015 年 5 月的 Microsoft Ignite 大会上，微软公司发布了 SQL Server 2016，而紧接着的下一代微软旗舰级数据库和分析平台的主要版本于 5 月 29 日发布——SQL Server 2016 第一个公共预览版（Community Technology Preview，CTP2），初步展现了新平台的主要功能，且支持用户在 Azure 虚拟机中进行体验（其新增特点见本章第 3.3 节）。

3.2　SQL Server 基本功能

在当今的互联世界中，数据和管理数据的系统必须始终为用户可用且能够确保安全，有了 SQL Server，组织内的用户和 IT 专家将从减少应用程序宕机时间、提高可伸缩性及性能、更紧密的安全控制中获益。SQL Server 也有很多新的和改进的功能来帮助企业的 IT 团队更有效率地工作。SQL Server 基本功能包括在企业级数据管理中的易管理、可用性、可伸缩性和安全性。

3.2.1　易管理性

SQL Server 能够更为简单地部署、管理和优化企业数据和分析应用程序，以及使分析应用程序变得更简单、更容易。作为一个企业数据管理平台，它提供了唯一的管理控制台，使得数据管理人员能够在组织内的任何地方监视、管理和调谐企业中所有的数据库和相关的服务。它还提供了一个可扩展的管理架构，可以更容易地用 SQL 管理对象（SMO）来编程，使得用户可以定制和扩展他们的管理环境，独立软件开发商（ISV）也能够创建附加的工具和功能来更好地扩展应用。

1. SQL Server 管理工具集

SQL Server 通过提供一个集成的管理控制台来管理和监视 SQL Server 关系型数据库、集成服务、分析服务、报表服务、通知服务，以及分布式服务器和数据库上的 SQL Mobile，从而大大简化了管理的复杂度。数据库管理员可同时执行如下任务：编写和执行查询，查看服务器对象，管理对象，监视系统活动，查看在线帮助。SQL Server 管理工具集包括一个使用 T-SQL、MDX、XMLA 和 SQL Server Mobile 版等来完成编写、编辑和管理脚本、存储过程的开发环境。管理工具集很容易和源码控制相集成，同时，管理工具集也包括一些工具可用来调度 SQL Server Agent 作业和管理维护计划以自动化每日的维护和操作任务。管理和脚本编写集成在单一工具中，同时，该工具具有管理所有类型的服务器对象的能力，为数据库管理员提供了更强的生产力。

2. 主动性能监视和性能调谐

SQL Server 开放了 70 多个内部数据库性能和资源使用的指标，包含从内存、锁到对交易、网络和磁盘 I/O 的调度等。动态管理视图（DMV）提供了对数据库和强大的基础架构的更大的透明度和可见性，可以实现主动监视数据库的性能。

3. SQL 管理对象

SQL 管理对象（SMO）是一个可编程对象集，它可实现所有 SQL Server 数据库的管理功能。事实上，管理工具集就是构建在 SMO 之上的。可以使用 SMO 来自动化常用的 SQL Server 管理任务，如编程检索配置设置，创建新的数据库，应用 T-SQL 脚本，创建 SQL Server Agent 作业，以及调度备份等。SMO 对象模型比以前 SQL Server 版本中的 DMO 更加安全、可靠并具有更高的可伸缩性。

3.2.2 安全性

SQL Server 在数据库平台的安全模型上有了显著的增强，由于提供了更为精确和灵活的控制，数据安全更为严格。为了给企业数据提供更高级别的安全，微软做了相当多的投资，实现了很多特性：

- 在认证空间里强制 SQL Server login 密码策略。
- 在认证空间里可根据不同的范围指定的权限来提供更细的粒度。
- 在安全管理空间中允许分离所有者和模式。

（1）授权。一个 SQL Server 中新的安全模型允许管理员在某个粒度等级上和某个指定范围内管理权限，这样，管理权限更加容易并且权限最低原则得到遵循。SQL Server 允许为一个模块中语句的执行指定上下文。这个功能同时也在细化权限管理时起了很重要的作用。

（2）认证。SQL Server 集群支持针对 SQL Server 虚拟服务器的 Kerberos（一种网络认证协议）身份验证。管理员能够对标准登录账号指定和 Windows 类型的策略，这样，同一个策略就能应用到域中所有的账号上了。

（3）本机加密。SQL Server 本身就具有加密功能，它完全集成了一个密钥管理架构。在默认情况下，客户端/服务器之间的通信是被加密的。为了保证安全，服务器端策略可定义为拒绝不加密的通信。

3.2.3 扩展语言的支持

因为通用语言运行时（CLR）被集成在数据库引擎中，所以开发人员现在可以利用多种他们熟悉的语言来开发数据库应用程序，包括：Transact-SQL，Microsoft Visual Basic.NET，Microsoft Visual C# .NET 等。此外，通过使用用户定义类型和函数，CLR 集成也为开发人员提供了更多的灵活性。CLR 为快速数据库应用开发提供了使用第三方代码的选择。

1. CLR/.NET Framework 集成

随着 Microsoft SQL Server 的发布，数据库编程人员现在可以充分利用 Microsoft.NET Framework 类库和现代编程语言来开发数据库应用。通过集成的 CLR，可以用.NET Framework Language 中的 Visual Basic.NET 和 C#中的面向对象的结构、结构化的错误处理、数组、名字空间和类来编写存储过程、函数和触发器。此外，.NET Framework 所提供的几千个类和方法也扩展了服务器功能，并且能够非常容易地在服务器端使用它。之前，我们用 T-SQL 难以实现的很多任务现在可以很容易用托管代码实现。此外，还新增了两个数据库对象类型：聚合和用户自定义类型。现在，用户能够更好地利用已掌握的知识和技能编写 in-process 代码。总之，SQL Server 能够扩展数据库服务器，使其更容易地在后台执行适当的计算和操作。

托管代码在处理运算和管理复杂执行逻辑上比 T-SQL 更有效，并且提供了对字符串处理、正则表达式之类功能的额外支持。此外，由于现在可以利用.NET Framework 类库的功能，用户可以更容易地从存储过程、触发器、用户定义函数中访问几千个内置的类和例程（Routines）。通过托管存储过程、函数、触发器、聚合，更容易实现字符串处理、数学函数、日期操作、系统自由访问、高级加密算法、文件访问、图像处理、XML 数据操作等功能。

托管代码的一个主要好处就是类型安全。在托管代码执行前，CLR 将执行一些检查，通过一个被称为"验证"的处理过程来保证所执行的代码是安全的。例如，会检查代码以确保不会读未写的内存地址。

2. Transact-SQL 语言

Transact-SQL 一直以来就是 SQL Server 所有编程的基础。SQL Server 提供了很多新的语言功能用以开发可伸缩的数据库应用程序。这些增强包括错误处理、新的递归查询功能、对新的 SQL Server 数据库引擎功能的支持等。SQL Server 中的 Transact-SQL 增强功能提高了在编写查询时的表达能力，可以改善代码的性能，并且扩充了错误管理能力。

3.2.4 开发工具

开发人员能够用一个开发工具开发 Transact-SQL、XML、Multidimensional Expressions（MDX）和 XML/A 应用。和 Visual Studio 开放环境的集成也为关键业务应用和商业智能应用提供了更有效的开发和调试环境。

1. 商业智能开发工具集

商业智能开发工具集是一个基于 Visual Studio 的通用开发环境，可用于创建 BI 解决方案，包括：数据库引擎、分析服务、报表服务。也可以利用 BI 开发工具集的图形化用户界面来设计数据管理程序的 SQL Server Integration Services（SSIS）包，在 BI 开发工具集中，可以通过从工具栏中拖放任务，设置属性，用先后次序连接任务等操作来设计、开发和调试 SSIS 包。

2. Visual Studio 集成

SQL Server 和 Visual Studio 2012 在数据库和应用程序开发之间提供了前所未有的深度集成。开发人员现在可以在 Visual Studio 开发环境中直接创建 CLR 存储过程、函数、用户定义类型、用户定义聚合等，他们还可以直接从 Visual Studio 中部署这些新的数据库类型，而无须用别的工具。Visual Studio 2012 支持所有新 SQL Server 数据类型，诸如本机 XML 等。也能够把 CLR 数据库对象加入到和别的 Visual Studio 项目一样的源码控制系统中，这样为开发过程提供了更好的集成和安全。

3.3 SQL Server 2016 新增功能

在 Microsoft Ignite 2015 大会上，微软正式公布了新一代数据库及分析平台 SQL Server 2016。2015 年 5 月 29 日，官方发布了 SQL Server 2016 的首个公共预览版——SQL Server 2016 CTP2（官方下载），其初步展现了新平台的主要功能，并且支持用户在 Azure 虚拟机中进行体验。

SQL Server 2016 CTP2 的主要功能包括：
- 数据的全程加密　最大限度地保证用户的数据安全。
- 延伸数据库　用户数据将被传输至 Azure，方便随时查看，并且始终处于加密状态。
- 实时业务分析与内存 OLTP　为用户提供实时的数据分析，并且大幅加速数据的处理查询能力。

SQL Server 2016 CTP2 的其他功能：
- 通过 PolyBase 简单高效地管理 T-SQL 数据。
- 增强 AlwaysOn 功能。

- 层级安全性控管。
- 动态数据屏蔽。
- 原生 JSON 支持。
- 时态数据库支持。
- 数据历史记录查询。
- 增强的 MDS 服务器主数据管理功能。
- 增强的 Azure 混合备份功能。

目前，微软已经提供 SQL Server 2016 CTP2 的官方下载，但需要用户登录自己的微软账号。如图 3.1 所示是 SQL Server 2016 的关键改进。

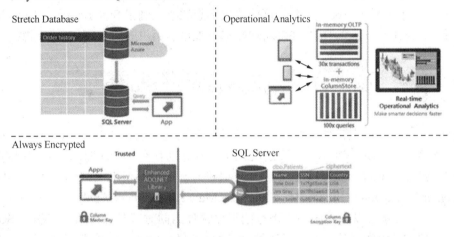

图 3.1 SQL Server 2016 的关键改进

SQL Server 2016 有哪些功能改进？还可以从用户的体验方面进行说明。

美国社会保障局正在筹划搭建新的会员平台。据了解，他们现在的平台使用了 SQL Server 2012 和 2014 数据库，而在新的平台中，他们计划使用微软最新的 SQL Server 2016。

社保局的高级 DBA Basit Farooq 成为了 SQL Server 2016 的首批测试用户，他第一次听说新版本发布的消息就是在微软 Ignite 大会上。Farooq 在第一时间就下载了 CTP 2 预览版，并在过去的几周中对其中的新功能进行了体验。

根据 Farooq 的说法，他最关注的一个新特性就是集成了 PolyBase，也就是说，现在可以直接使用 T-SQL 来将 SQL Server 2016 和 Hadoop 对接起来。"微软在此之前没有提供什么像样的分析工具，在这个版本中，它以 PolyBase 的形式提供了连接到 SQL Server 的分析工具。有了 PolyBase 之后，像社保局这样的用户就不需要再另行采购了。而且你的数据可以真正存储在服务器上了（之前需要单独的存储）。" Farooq 说。

另外一个值得关注的功能就是 JSON 与 R 语言的结合，这对于数据科学家来说是非常重要的，他们无须再将代码从数据库中导出来运行 R 程序了，现在可以直接对服务器数据使用 R 语言进行查询。

作为 DBA，Farooq 认为最重要的一个新功能就是性能与安全性的提升。"我们所有会员的数据都需要严格保密，"他说："因此我们需要特别高级的安全性功能，比如 Always Encrypted。目前在社保局，我们使用了一些第三方的安全工具，比如 DbDefence 数据加密软件。而 Always

Encrypted 可以让数据始终处在加密的状态，即使是在交易处理和查询的阶段。还没有哪个关系型数据库产品能够做到这一点。"

此外，SQL Server 2016 对内存数据的支持也实现了上百倍的提升，包括支持内存索引。Farooq 表示，查询数据存储以及实时查询统计可以让所有 DBA 的工作轻松许多，现在用户可以直接看到哪些查询占用了最多资源，然后根据使用情况进行数据库设计规划。

"由于微软在之前打下了非常好的基础，所以新版本可以非常快地在用户群体之中铺开。比如，微软下了很多功夫来改进 T-SQL，高可用性以及内存 OLTP 这些核心功能。这些功能在之前的 2012、2014 版本中就得到了很好的验证。"数据库咨询顾问 Cherry 说。

另外，Cherry 指出，SQL Server 2016 中特别值得关注的一个新特性是基于 AlwaysOn 高可用性组的分布式交易报表，高可用性组（Availability Group）替代了之前的数据库镜像。Cherry 表示，微软收到了大量用户反馈，并将这些建议和想法融入到了 SQL Server 2016 的开发当中。"你可以看到，SQL Server 2016 的许多新功能都是来自于用户的声音。"Cherry 说。

3.4 体验 SQL Server Management Studio

在 SQL Server 以前的版本中主要有两个工具：图形化的管理工具（Enterprise Manager）和 Transact SQL 编辑器（Query Analyzer）。这样两个工具分别存在一个问题：需要开发 SQL Server，也需要管理 SQL Server，有时两项工作需要同时进行。所以不得不在两个工具之间不断切换。在 SQL Server Management Studio 中，Enterprise Manager 和 Query Analyzer 两个工具被结合在一个界面上，这样就可以在对服务器进行图形化管理的同时编写 Transact SQL。SQL Server Management Studio 中的对象资源管理器结合了 Query Analyzer 的对象资源管理器和 Enterprise Manager 的服务器模型视图，可以浏览所有的服务器。另外，对象资源管理器还提供了类似于 Query Analyzer 的工作区，工作区中有类似语言解析器和显示统计图的功能。现在可以在编写查询和脚本的同时，在同一个工具下使用 Wizards 和属性页面处理对象。

SQL Server Management Studio 的界面有一个单独可以同时处理多台服务器的注册服务器窗口。虽然 Enterprise Manager 也有这个功能，但是 SQL Server Management Studio 不仅可以对服务器进行注册，还可以注册分析服务、报告服务、SQL Server 综合服务以及移动 SQL 等。这样，就能够获得整个企业的视图或者集中于特定的感兴趣的实体或对象上。

3.4.1 启动 SQL Server Management Studio

启动 SQL Server Management Studio 的步骤如下。

（1）执行"开始"→Microsoft SQL Server→SQL Server Management Studio 菜单命令。

（2）打开如图 3.2 所示的"连接到服务器"对话框。在服务器类型中选择"数据库引擎"，在服务器名称中默认是当前本地主机服务器的名称，如果是，连接远程服务器，则在下拉列表中选择相应的服务器名。

（3）在身份验证中选择"Windows 身份验证"，单击"连接"按钮即可打开 Management Studio。

图 3.2 "连接到服务器"对话框

（4）连接成功后打开的窗口如图 3.3 所示，窗口左边显示"对象资源管理器"，右边显示"摘要"窗口。

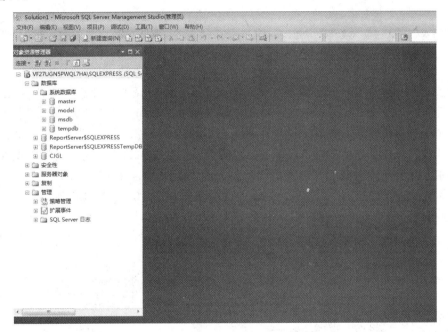

图 3.3 SQL Server Management Studio 窗口

3.4.2 配置 SQL Server Management Studio 环境

在 SQL Server Management Studio 中，Enterprise Manager 和 Query Analyzer 两个工具被结合在一个界面上，这样就可以在对服务器进行图形化管理的同时编写 Transact SQL。下面我们通过举两个简单例子来说明如何在 Studio 中更好地完成工作。

1. 图形化管理

SQL Server 的图形化管理类似于以前的企业管理器，打开成绩管理数据库中的用户表 Student，如图 3.4 所示，左边窗口显示"对象资源管理浏览器"，显示数据库各类对象；中间窗口显示打开的用户表 Student 的结构，选中某列定义后，下边窗口显示该列的属性，右边"属性"窗口显示的是用户表 Student 的属性，包括"标识"、"表设计器"等项。

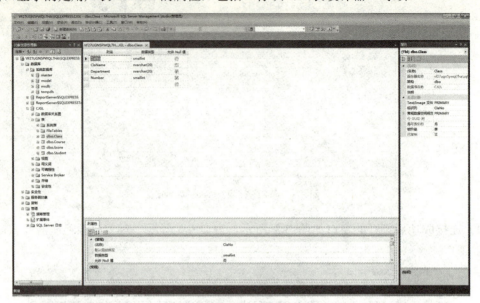

图 3.4 查看数据库对象

如果要对数据库操作，只需要使用鼠标右键单击"对象资源管理器"中的"数据库"项，打开其快捷菜单，如图 3.5 所示，包括"新建数据库"、"附加"和"还原数据库"等命令。如果要对某个用户数据库进行操作，则使用鼠标右键单击"对象资源管理器"中的数据库名（如 CJGL），打开其快捷菜单，如图 3.6 所示，包括"新建数据库"、"新建查询"、"属性"和"任务"菜单中的子菜单"分离"、"收缩"、"备份"和"还原"等命令。

以上是默认的窗口布局，用户也可以按照自己的要求对窗口进行重新布局，执行"窗口"→"重置窗口布局"菜单命令，即可根据需要重置窗口布局，如图 3.7 所示。

图 3.5 快捷菜单

图 3.6 快捷菜单

图 3.7 重置窗口布局

2. Transact SQL 命令编辑

要在 Studio 中编辑 SQL 命令，可以单击工具栏上的 新建查询(N) 图标，打开"连接到服务器"对话框。

选中服务器类型、名称和身份验证类型后，进入编辑环境，如果用户需要重新设置编辑环境，可以执行"工具"→"选项"菜单命令，在"选项"对话框中选中"字体和颜色"，进行相应设置，如图 3.8 所示。

图 3.8 "选项"对话框

3.5 系统数据库和示例数据库

SQL Server 支持系统数据库、示例数据库和用户数据库。

系统和示例数据库是在安装 SQL Server 后自动创建的，用户数据库是由系统管理员或授权的用户创建的数据库。

3.5.1 系统数据库

SQL Server 的系统数据库包括以下几个数据库。

（1）master 数据库。它是 SQL Server 的总控数据库，保存了 SQL Server 系统的全部系统信息、所有登录信息和系统配置，保存了所有建立的其他数据库及其有关信息。用户应随时备份该数据库，以保证系统的正常运行。

master 数据库中包含大量的系统表、视图和存储过程，用于保存 Server 级的系统信息，并实现系统管理。

（2）tempdb 数据库。tempdb 是一个临时数据库，是全局资源，它保存全部的临时表和临时存储过程。每次启动 Server 时，tempdb 数据库都被重建，因此，该数据库在系统启动时总是被清空的。

使用 tempdb 不需要特殊的权限。不管 SQL Server 中安装了多少数据库，临时数据库 tempdb 只有一个。tempdb 是系统中最重要的数据库，几乎所有的查询都可能使用它。

（3）model 数据库。它是一个模板数据库。每当创建一个新数据库时，SQL Server 就复制 model 数据库的内容到新建数据库中，因此，所有新建数据库的内容都和这个数据库完全一样。

如果用户想使每个新建的数据库一开始就具有某些对象，可以将这些对象放到 model 数据库中，这样所有新建的数据库都将继承这些内容。model 数据库中有 18 个系统表（master 数据库中也有这些系统表）、视图以及存储过程。

（4）msdb 数据库。msdb 数据库是一个和自动化有关的数据库。SQL Server 代理（SQL Server Agent）使用 msdb 数据库来安排报警、作业并记录操作，完成一些调度性的工作，备份和复制等。

3.5.2 示例数据库

学习 SQL Server 离不开示例数据库，微软公司推出了 SQL Server 的示例数据库 AdventureWorksDB，Pubs 和 Northwind 数据库。它们的安装程序可以在微软的官方网站下载，然后再安装到本地系统上。

（1）AdventureWorks 数据库安装使用方法：在 AdventureWorks 文件夹下有 Adventure WorksDB.msi 文件，双击该文件进行安装。然后把此数据库附加到服务器 SQL Server 内。AdventureWorksDB.dbf 的位置为：C:\Program Files\Microsoft SQL Server\MSSQL.1\MSSQL\Data\\AdventureWorks_Data.mdf，本书 SQL Server 安装在 C:\Program Files\（安装 SQL Server 的默认安装路径）。至此，AdventureWorks 安装完成。

（2）Northwind 数据库，Pubs 数据库安装使用方法：双击安装文件 SQL Server 2000 Sample Db.msi。默认安装路径为：C:\SQL Server 2000 Sample Databases。其中包括 Northwind 数据库，Pubs 数据库与 Northwind 数据库，Pubs 数据库的 SQL 脚本文件。

运行查询或附加数据库任选，然后采用附加的方法，把两个库附加到 SQL 中。

Pubs 数据库是一个图书出版方面的示例数据库，被广泛用于 SQL Server 文档的实例中。该数据库相当简单，提供了很好的实例。Northwind 数据库是一个涉及虚构的 Northwind 贸易公司在世界范围内进出口食品的销售情况示例数据库，也被广泛用于 SQL Server 文档的实例中。AdventureWorks 贸易系统是一个使用 N 层架构和 ASP.NET 2.0 技术创建的 Web 站点。该站点实现了贸易系统的部分功能。

3.5.3 成绩管理数据库 CJGL

本书使用的数据库是成绩管理数据库 CJGL，其结构相当简单，只有 4 张表：
- 班级表 Class（ClaNo，ClaName，Department，Number）
- 学生表 Student（StuNo，StuName，Sex，ClaName，Enrolltime，City，Birthday，Notes）
- 课程表 Course（CouNo，CouName，Kind，Credit，Term，Teacher）
- 成绩表 Score（StuNo，CouNo，Grade）

表之间的关系及各列的意义可以参照第 2 章的相关内容。

3.6 SQL Server 工具简介

本节通过一个简单查询实例，介绍如何使用 SQL Server 工具。

3.6.1 执行 T-SQL 语句

执行 T-SQL 语句需要在查询窗口中完成，查询窗口是一个可以用来完成很多工作的工具，所有的 SQL 命令都可以在这里编辑执行。

（1）在"对象资源管理器"中展开"数据库"，使用鼠标右键单击 CJGL，执行"新建查询"命令，如图 3.9 所示，或者单击工具栏上的"新建查询"按钮，连接服务器后打开查询窗口。

（2）选择要使用的数据库，可以直接在工具栏上选择，如图 3.10 所示，或者在查询窗口中输入以下代码选择数据库。

```
USE CJGL
GO
```

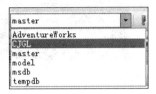

图 3.9　新建查询　　　　　　　　　图 3.10　选择数据库

（3）查询中文系学生的基本信息，包括学号、姓名、性别、班级、籍贯，可以在查询窗口中输入以下代码：

```
USE CJGL
GO
Select StuNo as 学号，StuName as 姓名，Sex as 性别，C.ClaName as 班级名，City as 籍贯
from Student S   join Class C
    on S.ClaName=C.ClaName
where Department='中文系'
```

【注意】　SQL 语句中对字母的大小写不敏感。

（4）编辑完成后可以按 F5 键执行，也可以单击工具栏上的 执行(X) 图标，其查询结果如图 3.11 所示。

图 3.11　查询结果

3.6.2　使用 sqlcmd 工具

在 Windows 的 DOS 环境中，用户也可以使用 sqlcmd 进行编辑程序和执行 T-SQL 语句。完成上例中的查询中文系学生的基本信息，包括学号、姓名、性别、班级、籍贯。

【注意】 sqlcmd 使用程序对字母的大小写不敏感。

（1）连接 sqlcmd 程序，打开 DOS 窗口，如图 3.12 所示，如果是连接本地服务器的系统，使用 Windows 身份验证登录，可以直接输入 sqlcmd。

（2）输入完成后，按 Enter 键，继续提示输入 SQL 命令，使用 cjgl 数据库，所以输入 use cjgl 命令，如图 3.12 所示，换行后，输入 go 命令，表示一条语句结束，按 Enter 键后命令开始执行。

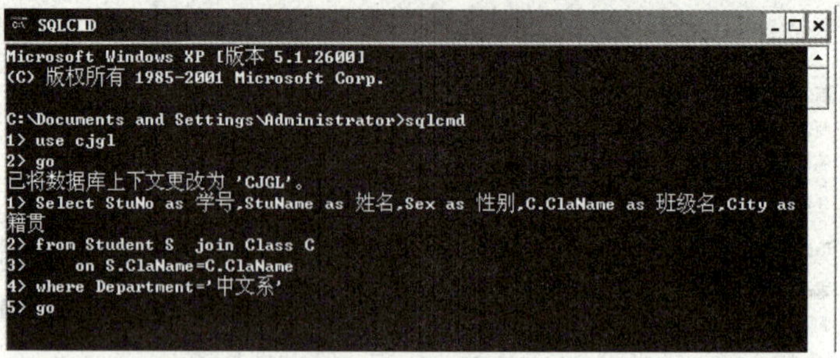

图 3.12　SQLCMD 窗口

（3）其查询结果如图 3.13 所示。

图 3.13　查询结果

3.7　本章小结

本章主要对 SQL Server 进行了简单介绍，了解 SQL Server 一些新增功能，带领读者体验了 SQL Server Management Studio，了解 SQL Server 版本中的系统数据库、示例数据库，以及本书用到的成绩管理数据库的结构。最后完成了一个简单的查询实例。

3.8　思考与练习

1．从其他资料包括互联网上了解 SQL Server 的优点和强大功能。
2．参考书中的实例，自己动手完成一个 SQL 的查询。

第4章 创建和管理数据库

学习目标

1. 了解数据库的文件和文件组。
2. 掌握创建和管理数据库的一般方法。
3. 掌握数据库的备份与恢复及分离和附加方法。

知识框架

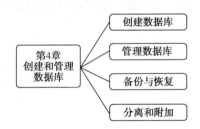

任务引入

数据库就是以某种文件结构存储的一系列信息表,这种文件结构能够访问表、选择表中的列、对表进行排序,以及根据各种标准选择行。数据库通常有多个索引与这些表中的许多列相关联,所以我们能尽可能快速地访问这些表。

可见,数据库就像一个容器,中间放了很多的内容(如表、索引、视图、过程等)。我们有必要从数据库的设计和管理方面开始学习研究 SQL Server。

4.1 创建数据库

SQL Server 数据库保存了所有系统数据和用户数据,这些数据被组织成不同类型的数据库对象，包括关系图、表、视图、存储过程、用户、角色、规则、默认、用户定义的数据类型、用户定义的函数等。

从逻辑结构来看，每个 SQL Server 数据库由上面这些不同的数据库对象组成；从物理结构（存储结构）来看，每个 SQL Server 数据库是由两个或多个操作系统文件组成，通过文件组管理这些文件。

1. 数据库文件

【例 4.1】 使用 T-SQL 语句创建一个简单的数据库。

（1）打开 SQL Server Management Studio 查询窗口。

（2）在查询窗口中输入下面的 SQL 语句：

```
Create Database test
GO
```

（3）数据库创建完成。

由此可见，在 SQL Server 中创建数据库是非常简单的。其实，创建数据库有很多的选项在本例中没有给出，原因是这些选项选取的都是系统默认值。

【例 4.2】 创建学生成绩管理数据库 CJGL，要求有一个主数据文件和一个日志文件，数据文件初始大小为 10MB，文件的大小不受限制，每次按照 2MB 增长，日志文件初始大小为 5MB，日志文件最大为 30MB，每次按照 20%增长。文件存放在分区 D 的根目录下。

（1）打开 Management Studio 的"对象资源管理器"，使用鼠标右键单击"数据库"项，在打开的快捷菜单中单击"新建数据库"菜单命令。

（2）打开如图 4.1 所示的"新建数据库"窗口。在"数据库名称"中输入数据库名 CJGL。窗口中的"所有者"就是默认的登录名。

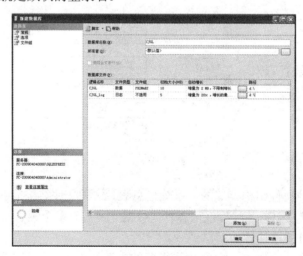

图 4.1 "新建数据库"窗口

（3）在数据库文件下就是数据库的数据文件和日志文件选项。

每个数据库由保存该库所有数据对象和操作日志的两个或多个操作系统文件组成，根据功能不同将这些文件划分为以下几种文件类型。

主数据文件（.mdf）：存储数据信息和数据库的启动信息。一个数据库有且仅有一个主数据文件。

次数据文件（.ndf）：存储主数据文件未存储的数据信息。一个数据库可以没有次数据文件，也可以有多个次数据文件。

日志文件（.ldf）：存储数据库的所有事务日志信息，用于恢复数据库，一个数据库至少有一个日志文件。

（4）将所有的选项按照要求设置好以后，单击"确定"按钮可以看到逻辑分区"D:\"有两个文件，分别是数据文件和日志文件。

【例 4.3】 使用 T-SQL 语句创建【例 4.2】中的 CJGL 数据库，增加一个次要数据文件。

【分析】 T-SQL 创建数据库的一般语法结构如下：

```
CREATE DATABASE   database_name
 [ ON                                   /*定义存储主数据文件*/
  [PRIMARY]                             /*主文件组*/
  ([NAME=logical_file_name,]            /*主数据文件的逻辑名称*/
   FILENAME= 'os_file_name'             /*数据文件的物理文件名，要给出路径*/
   [, SIZE = size]                      /*数据文件的初始大小*/
   [, MAXSIZE={max_size| UNLIMITED}]    /*数据文件的大小上限*/
   [, FILEGROWTH=growth_increment])     /*数据文件的增长方式*/
   [, …n]
 [LOG ON                                /*定义日志文件*/
  ([NAME=logical_file_name,]            /*日志文件的逻辑名称*/
   FILENAME= 'os_file_name'             /*日志文件的物理文件名，要给出路径*/
   [, SIZE = size]                      /*日志文件的初始大小*/
   [, MAXSIZE={max_size| UNLIMITED}]    /*日志数据文件的大小上限*/
   [, FILEGROWTH=growth_increment])     /*日志文件的增长方式*/
```

按照以上的一般格式，创建 CJGL 数据库的 T-SQL 语句如下：

```
Create database CJGL1
On
PRIMARY
( name=CJGL_data1,                      /*主数据文件*/
   filename='d:\cjgl_data1.mdf',
   size=10,
   maxsize=UNLIMITED,
   filegrowth=2MB      ),                /*注意句尾的逗号*/
( name=CJGL_data2,                       /*创建次数据文件*/
   filename='d:\cjgl_data2.ndf',
   size=10,
   maxsize=UNLIMITED,
   filegrowth=2MB      )                 /*注意句尾没有逗号*/
 LOG   ON
(name=CJGL_log1,
   filename='d:\cjgl_log1.log',
   size=5,
   maxsize=30,
   filegrowth=20%   )                    /*注意句尾没有逗号*/
```

2. 文件组

每个数据库都有一个主要文件组。此文件组包含主要数据文件和未放入其他文件组的所有次要文件。可以创建用户定义的文件组，用于将数据文件集合起来，以便于管理、数据分配和放置。

例如，分别在3个磁盘驱动器上创建3个文件Data1.ndf、Data2.ndf和Data3.ndf，然后将它们分配给文件组fgroup1。然后，可以明确地在文件组fgroup1上创建一个表。对表中数据的查询将分散到3个磁盘上，从而提高了性能。通过使用在RAID（独立磁盘冗余阵列）条带集上创建的单个文件也能获得同样的性能提高。但是，文件和文件组使用户能够轻松地在新磁盘上添加新文件。

如果在数据库中创建对象时没有指定对象所属的文件组，对象将被分配给默认文件组。无论何时，只能将一个文件组指定为默认文件组。默认文件组中的文件必须足够大，能够容纳未分配给其他文件组的所有新对象。

PRIMARY文件组是默认的文件组，除非使用ALTER DATABASE语句进行了更改。但系统对象和表仍然分配给PRIMARY文件组，而不是新的默认文件组。

4.2 管理数据库

1. 修改数据库

【例4.4】 在TEST数据库中添加一个文件组TEST_group，使用的命令如下：

```
ALTER DATABASE TEST
    ADD FILEGROUP  TEST_group
GO
```

【例4.5】 修改数据文件TEST的初始长度为10MB（前面默认设置为2MB），最大限制为50MB，并将日志文件test_log的容量扩充为10MB。

【分析】 修改数据文件和修改日志文件时，使用MODIFY FILE命令完成。

在查询窗口执行如下语句：

```
ALTER DATABASE TEST
      MODIFY FILE  (
              NAME=TEST,
              SIZE=10MB,
              MAXSIZE=50MB)
       GO
ALTER DATABASE TEST
      MODIFY FILE  (
              NAME=TEST_LOG,
              SIZE=10MB     )
        GO
```

2. 查看数据库属性

【例4.6】 查看数据库CJGL的选项，包括数据库的名称、容量、文件属性、所有者、数据库ID、创建时间等。使用的代码如下：

```
sp_helpdb cjgl
go
```

查看数据库选项使用系统存储过程"SP_HELPDB DBNAME"。数据库属性的显示窗口如图4.2所示。

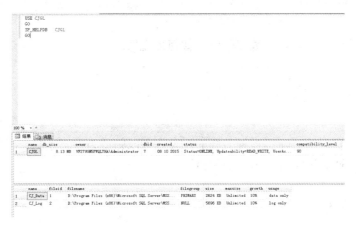

图 4.2　数据库属性

【例 4.7】在实际的应用中有时需要修改数据库名字。将数据库 TEST 名字改为 EXAMPLE。

【分析】修改数据库名字需要将数据库连接设置为单用户模式,更改名称后再将其属性设置为多用户。

使用的代码如下:

```
exec sp_dboption 'test','single user',true
exec sp_renamedb 'test','example'
exec sp_dboption 'example','single user',false
exec sp_helpdb
go
```

修改数据库属性使用 sp_dboption 命令,修改数据库名字使用 sp_renamedb 命令,修改完成后用 sp_helpdb 命令查看是否修改成功。修改后的结果如图 4.3 所示。

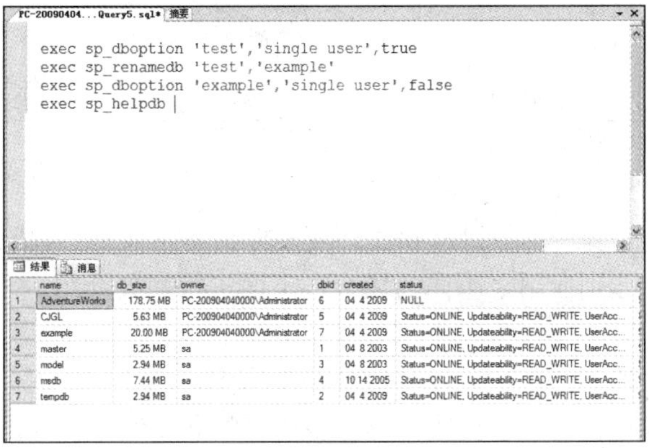

图 4.3　修改数据库名字

【思考与练习】读者可以阅读联机丛书或资料,查找以上讲述的存储过程还有哪些选项。

【例 4.8】 删除【例 4.7】创建的数据库 EXAMPLE，用 T-SQL 语句完成。
【分析】 删除数据库使用语句 DROP DATABASE DBNAME 来完成。执行的 SQL 语句如下：

```
DROP DATABASE example
GO
```

【思考】 若要同时删除多个数据库应该如何处理？

4.3 备份与恢复

数据库系统中发生的故障是多种多样的，大致可以归结为以下几类：事务内部故障、系统故障、外存故障、计算机病毒和用户操作错误。

4.3.1 数据库备份

【例 4.9】 备份 CJGL 数据库。
使用 SQL Server Management Studio 备份数据库的步骤如下：
（1）打开"对象资源管理器"，使用鼠标右键单击需要备份的数据库 CJGL，在打开的快捷菜单中执行"任务"→"备份"菜单命令，如图 4.4 所示。
（2）打开"备份数据库"窗口，如图 4.5 所示。

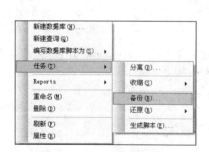

图 4.4 执行"备份"命令

图 4.5 "备份数据库"窗口

备份类型有完整、差异、事务日志和文件及文件组备份 4 种。按照备份数据库的大小，数据库备份有 4 种类型，分别应用于不同的场合，下面进行简要介绍。

完整备份

这是大多数人常用的方式，它可以备份整个数据库，包含用户表、系统表、索引、视图和存储过程等所有数据库对象。但它需要花费更多的时间和空间，所以，一般建议一周做一次完整备份。

差异备份

差异备份也叫增量备份。它只是备份数据库的一部分，不使用事务日志，它比最初的完整备份小，因为它只包含自上次完整备份以来所改变的数据库。它的优点是存储和恢复速度快。建议每天做一次差异备份。

事务日志备份

事务日志是一个单独的文件，它记录数据库的改变，备份的时候只需要复制自上次备份以来对数据库所做的改变，所以只需要很少的时间。为了使数据库具有鲁棒性，建议每小时甚至更频繁地备份事务日志。

文件及文件组备份

数据库可以由硬盘上的许多文件构成。如果这个数据库非常大，那么可以使用文件及文件组备份数据库的一部分。

按照数据库的状态，文件备份可分为 3 种：

- 冷备份，此时数据库处于关闭状态，能够较好地保证数据库的完整性。
- 热备份，数据库正处于运行状态，这种方法依赖于数据库的日志文件进行备份。
- 逻辑备份，使用软件从数据库中提取数据并将结果写到一个文件上。

（3）选择备份的目标，这里选择"F:\"，将文件命名为 cjgl_all.bak，完成备份。

4.3.2 数据库还原

【例 4.10】 当 CJGL 数据库出现故障时，还原该数据库至备份时的状态。具体操作步骤如下：

（1）打开"对象资源管理器"，用鼠标右击"数据库"项，在打开的快捷菜单中单击"还原数据库"命令，如图 4.6 所示。

（2）打开"还原数据库"对话框，在"目标数据库"中输入准备恢复的数据库的名称，在这里输入 CJGL，接着选择"源设备"，单击 按钮。

（3）在"定位备份文件"对话框中单击"添加"按钮，找到例 4.9 备份在 F 盘的文件 cjgl_all，如图 4.7 所示。

图 4.6　执行"还原数据库"命令

图 4.7　定位备份文件

(4) 单击"确定"按钮后，数据库还原为备份时的状态。

【思考】 如何减小系统故障后恢复的状态和故障瞬间的数据损失，从备份策略上进行思考。

4.4 数据库分离和附加

数据库的数据和事务日志文件可以分离，且分离后可以将它们重新附加到同一或其他 SQL Server 实例。如果要将数据库更改到同一计算机的不同 SQL Server 实例或要移动的数据库中，分离和附加数据库则很有用。

4.4.1 分离数据库

分离数据库是指将数据库从 SQL Server 实例中删除，但使数据库在其数据文件和事务日志文件中保持不变。之后，就可以使用这些文件将数据库附加到任何 SQL Server 实例，包括分离该数据库的服务器。

【例 4.11】 分离成绩管理数据库 CJGL。

（1）使用鼠标右键单击"对象资源管理器"中预备分离的数据库 CJGL，打开如图 4.8 所示的快捷菜单，并执行"分离"命令。

（2）打开"分离数据库"对话框，具体设置如图 4.9 所示，选中"删除连接"复选框，单击"确定"按钮进行分离。在 D 盘中找到一个数据文件和一个日志文件。此时，可以将两个文件复制、剪切移动。

图 4.8 执行"分离"命令

图 4.9 分离数据库

【注意】 数据库在未分离之前是不能复制和移动的。

4.4.2 附加数据库

在 SQL Server 中，可以附加复制或分离的 SQL Server 数据库。数据库包含的文件随数据库一起附加。

【例 4.12】 附加【例 4.11】中分离的数据库文件 CJ_data.MDF，附加为数据库 CJGL。

在 SQL Server Management Studio 中，附加数据库的步骤如下：

（1）使用鼠标右键单击"对象资源管理器"中的"数据库"项，单击快捷菜单中的"附加"命令，如图 4.10 所示。

（2）打开"附加数据库"窗口，指定要附加的数据库，单击"添加"按钮，然后在"定位数据库文件"对话框中找到该数据库主数据文件.MDF 所在的位置。具体设置如图 4.11 所示。

 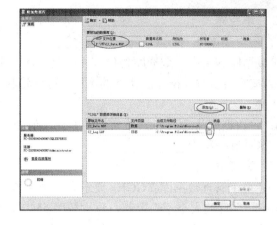

图 4.10 执行"附加"命令　　　　图 4.11 "附加数据库"窗口

（3）单击"确定"按钮，退出"附加数据库"窗口，至此附加完成。此时看到对象资源管理器中增加了刚才附加的数据库 CJGL。

【注意】 正在使用的数据库文件是不能被附加的。

4.5 本章小结

本章主要介绍数据库的相关操作和管理。数据库是由数据文件和日志文件构成的，数据文件可以划入文件组，日志文件不能分到文件组中，一个数据库至少要有一个主数据文件和一个日志文件。创建数据库有两种方法：使用 T-SQL 命令和在 SQL Server Management Studio 中创建。最后介绍了数据库的备份和恢复策略及实现，数据库的分离和附加。

4.6 思考与练习

一、选择题

1. 下列关于数据库、文件和文件组的描述中，错误的是（　　）。
  A．一个文件或文件组只能用于一个数据库
  B．一个文件可以属于多个文件组
  C．一个文件组可以包含多个文件
  D．数据文件和日志文件存放在同一个组中
2. 下列关于数据文件与日志文件的描述中，正确的是（　　）。
  A．一个数据库必须由 3 个文件组成：主数据文件、次数据文件和日志文件
  B．一个数据库可以有多个主数据库文件
  C．一个数据库可以有多个次数据库文件
  D．一个数据库只能有一个日志文件
3. 查看数据库的属性可以用系统存储过程（　　）。
  A．SP_HELP　　　　　　　　　　　B．SP_HELPDB
  C．SP_HELPTEXT　　　　　　　　　D．SP_DBOPTION

二、填空题

1．备份类型分＿＿＿＿＿＿、＿＿＿＿＿＿、＿＿＿＿＿＿＿和文件及文件组备份 4 种。按照备份数据库的大小，数据库备份有 4 种类型，分别应用于不同的场合。

2．按照备份时数据库的状态的不同，可以将其分为＿＿＿＿＿＿、＿＿＿＿＿＿和逻辑备份 3 种。

3．将数据库从 SQL Server 实例中删除，但使数据库在其数据文件和事务日志文件中保持不变，这种操作称为＿＿＿＿＿＿＿＿＿＿。

三、设计题

创建员工管理数据库 YGGL，要求有一个主数据文件和一个日志文件，数据文件初始大小为 20MB，文件的大小不受限制，每次按照 5MB 增长，日志文件初始大小为 5MB，日志文件最大为 100MB，每次按照 20%增长。文件存放在分区 E 盘的根目录下。

4.7 实训项目

一、实验目的

完成本实验后，将掌握以下内容：

（1）使用 SQL Server 创建管理数据库。

（2）数据的备份恢复及分离附加的方法。

二、准备工作

在计算机中已安装 SQL Server 2005 系统。

三、实验相关

（1）参考网上下载内容中第 4 章的实训项目。

（2）实验预估时间：60 分钟。

四、实验设置

无。

五、实验方案

在第 2 章中设计了人力资源管理 HR 数据库，本章的实训将完成数据库 HR 的创建。

1．使用 SQL Server Management Studio 创建。

（1）创建数据库 HR，连接 Management Studio 环境。

（2）展开"SQL Server 组"。

（3）使用表 4.1 的值创建数据库 HR。

表 4.1 参数及其使用值

参　数	使 用 值	参　数	使 用 值
数据库名	HR	最大文件大小	100MB
数据库文件名	HR_Data	事务日志文件名	HR_Log
位置	（默认设置）	位置	（默认设置）
初始大小	10MB	初始大小	5MB
文件组	Primary	文件增长	10%
文件增长	10%	最大文件大小	20MB

(4)选择"常规"和"属性"选项,设置数据库的属性。

(5)建立完成后,执行系统存储过程 sp_helpdb,浏览 HR 数据库的信息。

```
EXEC sp_helpdb HR
```

2.使用 T-SQL 创建数据库。

使用 T-SQL 创建数据库的一般语法结构如下:

```
CREATE DATABASE    database_name
 [ ON                                   /*定义存储主数据文件*/
   [PRIMARY]                            /*主文件组*/
   ([NAME=logical_file_name,]           /*主数据文件的逻辑名称*/
    FILENAME= 'os_file_name'            /*数据文件的物理文件名,要给出路径*/
    [, SIZE  =  size]                   /*数据文件的初始大小*/
    [, MAXSIZE={max_size| UNLIMITED}]   /*数据文件的大小上限*/
    [, FILEGROWTH=growth_increment])    /*数据文件的增长方式*/
         [, … n]
 [LOG ON                                /*定义日志文件*/
   ([NAME=logical_file_name,]           /*日志文件的逻辑名称*/
    FILENAME= 'os_file_name'            /*日志文件的物理文件名,要给出路径*/
    [, SIZE  =  size]                   /*日志文件的初始大小*/
    [, MAXSIZE={max_size| UNLIMITED}]   /*日志数据文件的大小上限*/
    [, FILEGROWTH=growth_increment])    /*日志文件的增长方式*/
```

按照以上的一般格式,创建 HR 数据库。

3.备份创建好的数据库 HR(完全备份)。

4.将 HR 数据库删除,尝试还原数据库。

5.练习将数据库分离后再附加。

第 5 章 创建和管理表

学习目标

1. 了解 SQL Server 2012 中的常用数据类型。
2. 掌握表的创建，表定义的修改方法。
3. 掌握表数据的插入、删除和修改。
4. 掌握各类数据完整性约束的实现方法。
5. 学会使用 SQL Server 2012 向导工具导入/导出数据。
6. 解决任务引入中提出的问题，通过实训项目巩固知识。

表的创建和管理都可以使用 Management Studio 和 Transact-SQL 语句两种方法实现。

知识框架

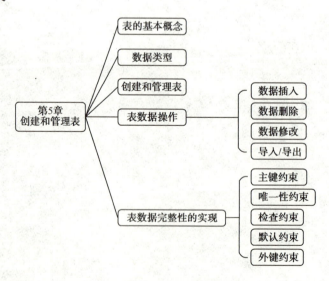

任务引入

在第4章中，我们学会了建立数据库。数据库相当于一个容器，这些数据以什么样的形式存在呢？答案是"表"。怎样向表中输入数据呢？表保存的数据之间有什么关系吗？有关系的话，这些关系如何在数据库中实现才不至于产生混乱的数据或者一些无用的数据呢？

例如，在学生成绩管理数据库中，有学生基本信息、课程的设置、班级的信息和学生选课的信息，这么多的数据如何才能有效地存放到数据库中呢？这就是我们这一章所要解决的问题。创建表，在表中操作数据，实现这些数据的正确关系，即完整性约束。

5.1 表

5.1.1 表的基本概念

表是数据库基本的逻辑存储单位，在关系数据库中都表现为二维表，由行和列组成，如表 5.1 所示。在学生基本信息表 Student 中，表的每一行都是一个学生的情况，即每一个实体在表中都占据一行，而列则是学生的基本属性，如学号 StuNo，姓名 StuName，籍贯 City、备注 Notes 等。

表 5.1 学生基本信息表

学号 StuNo	姓名 StuName	性别 Sex	班级名称 ClaName	籍贯 City	备注 Notes
2008010201	王威	男	计算机多媒体一班	四川成都	班长
2008010202	李华伟	男	商务英语二班	广东广州	
2008020203	五芳	女	物流管理六班	浙江萧山	文娱委员

在数据库中实际建表之前，应该在充分完善项目需求分析后，分析数据库中有哪些表，每张表有哪些列，列中有哪些约束限制等。也就是要充分考虑以下几点。

（1）数据库中应该有哪些基本表，既不产生冗余也没有数据缺失的情况，这是根据第 2 章中设计的关系模型来得到表的个数，有多少个关系就有多少张基本表。

（2）表中有哪些列、列的名字、每列的数据类型和长度、该列能否为空等，这些也是根据关系模型中的字段数目得到的，一个关系有多少字段就有多少列，列的数据类型和宽度要考虑该列保存数据的情况。

（3）需要将表中哪些列定义为主键、外键、唯一键和设定默认值以及设定为标识列。

（4）表中哪些列的数据有效范围需要限定，例如使用 CHECK 约束、规则等，哪些列是经常会查询的，需要在哪些列上建立索引，提高查询速度。

以上几点在本章中都会详细讲述。

5.1.2 数据类型

SQL Server 2012 提供了一系列系统定义的数据类型，它是数据库对象的一个属性，选择正确的数据类型，是筛选进入表中数据的第一层约束。除了系统预定义的数据类型外，用户如果有特殊需要还可以自己定义数据类型，比如系统没有定义传真号码数据类型，用户可以定义一个数据类型 Fax。

数据类型主要由下面几部分构成。

（1）数据类别，例如字符类型、数据类型或二进制类型。

（2）数据值的宽度和长度大小，如允许输入的字符最大值为 20 个字符。

（3）数值的精度，比如商品价格一般小数部分是 2 位或 3 位，整数部分视具体情况而定。

SQL Server 2012 中的数据类型如表 5.2 所示。

表 5.2　SQL Server 2012 中的数据类型

类型分类	数据类型	备注
精确数字	bigint　int　decimal　numeric　bit　smallint　money　tinyint　smallmoney	整型数，精确数字，货币类型
近似数字	float　real	浮点数
日期和时间	datetime　smalldatetime	日期
字符串	char　text　varchar	字符
Unicode 字符串	nchar　ntext　nvarchar	统一字符
二进制字符串	binary　image　varbinary	二进制字符串
其他数据类型	cursor　timestamp　xml　table　sql_variant　uniqueidentifier	其他

在 SQL Server 2012 中，根据其存储特征，某些数据类型被指定为属于下列各组。

大值数据类型：varchar（max），nvarchar（max），varbinary（max）。

大型对象数据类型：text，ntext，image，varchar（max），nvarchar（max），varbinary（max），xml。

表 5.3 给出了 SQL Server 2012 的常用数据类型。

表 5.3　SQL Server 2012 常用数据类型

数据类型		数值范围	长度	说明
精确数字	bigint	$-2^{63} \sim 2^{63}$	8 字节	int 数据类型是 SQL Server 2012 中的主要整数数据类型。bigint 数据类型用于整数值可能超过 int 数据类型支持范围的情况
	int	$-2^{31} \sim 2^{31}$	4 字节	
	smallint	$-32768 \sim 32767$	2 字节	
	tinyint	$0 \sim 255$	1 字节	
	decimal	decimal[(p[, s])]	2~17 字节	p（精度），s（小数位数）
	numeric	numeric[(p[, s])]		
	money	$-2^{63} \sim 2^{63}$	8 字节	精确到它们所代表的货币单位的 0.01%
	smallmoney	$-2^{31} \sim 2^{31}$	4 字节	
近似数字	float (n)	$-1.79E+308 \sim -2.23E-308$、0，以及 $2.23E-308 \sim 1.79E+308$	float (n)	float 可以确定精度和存储大小。如果指定了 n，则它必须是 1~53 的某个值。n 的默认值为 53
	real	$-3.40E+38 \sim -1.18E-38$、0，以及 $1.18E-38 \sim 3.40E+38$	4 字节	

续表

数据类型		数值范围	长 度	说 明
Unicode 字符串	nchar(n)	2n（若长度超过 n，超出部分将会被截断，否则，不足部分用空格填充）	n 最大取值为 4000，存储字节数由 n 决定	这 3 种类型与 3 种字符类型相对应，存储 Unicode 字符，每个字符占两个字节。Unicode 字符常量的定界符也是单引号，但应在其前面加前导标识符 n，在存储时并不存储该字符。n 的默认值长度为 1。ntext 常用于存储字符长度大于 4000 的变长 Unicode 字符
	nvarchar(n)	字节数随输入数据的实际长度而变化，最大长度不超过 2n		
	ntext	字节数随输入数据的实际长度而变化	最多 $2^{30}-1$ 个字节	
日期和时间	datetime	1753 年 1 月 1 日—9999 年 12 月 31 日		精确度 3.33ms
	smalldatetime	1900 年 1 月 1 日—2079 年 6 月 6 日		精确度 1min
近似数值	binary(n)	长度为 n 字节的固定长度二进制数据，其中 n 是 1~8000 的值。存储大小为 n 字节	n 最大值为 8000	分别表示定长、变长二进制数据，常用于存放图形、图像等数据。对于二进制数据常量，应在数据前面加标识符 0x。n 的默认长度为 1
	varbinary(n)	可变长度二进制数据。n 可以取 1~8000 的值		
	image	字节数随输入数据的实际长度而变化	最多 $2^{31}-1$ 个字节	
其他数据类型	cursor	游标的引用		
	timestamp	数据库范围的唯一数字，每次更新行时也进行更新	8 字节	不可为空的 timestamp 列在语义上等同于 binary(8)列。可为空的 timestamp 列在语义上等同于 varbinary(8)列
	sql_variant	类型为 sql_variant 的列可能包含不同数据类型的行		定义为 sql_variant 的列可以存储 int、binary 和 char 值
	table	一种特殊的数据类型存储供以后处理的结果集		若要声明 table 类型的变量，请使用 DECLARE @local_variable
	xml	存储 XML 数据的数据类型。可在列中或者 xml 类型的变量中存储 xml 实例		大小不能超过 2GB
	uniqueidentifier	全局唯一标识 GUID	16 字节	

【注意】

（1）decimal 和 numeric 带固定精度和小数位数的数值数据类型。numeric 在功能上等价于 decimal。

（2）近似数字数据类型用于表示浮点数值数据的大致数值数据类型。浮点数据为近似值；因此，并非数据类型范围内的所有值都能精确地表示，real 即为 float（24）。

（3）在 Microsoft SQL Server 2012 中，可以使用指定的数值指定日期数据。例如，5/20/97 代表 1997 年 5 月 20 日。使用数值日期格式时，可在字符串中使用斜杠（/）、连字符（-）或句点（.）作为分隔符指定月、日和年。正确的字符串格式如下：

1998-01-01 23:59:59.997

（4）如果列数据项的大小一致，则使用 binary。如果列数据项的大小差异相当大，则使用 varbinary。当列数据条目超出 8000 字节时，请使用 varbinary（max）。

【思考】在常用数据类型中,哪些数据是需要指定宽度的,哪些数据是不用指定宽度的?

5.1.3 创建表

学生成绩管理系统是针对学生选课和成绩管理设计的,依据第 2 章的关系模型我们可以得到该数据库至少包含学生表 Student、学校的课程表 Course、成绩登记表 Score 和班级信息表 Class。

创建表的方法主要有两种,使用 Management Studio 创建表和使用 Transact-SQL 语句创建表,下面分别来介绍这两种方法。

1. 使用 Management Studio 创建表

【例 5.1】 使用 Management Studio 创建学生表 Student。

在建表之前已经根据关系模型得到了该表的逻辑模型,如表 5.4 所示。

表 5.4 学生表 Student

字段	类型	长度	是否能为空	约束
学号	StuNo	nvarchar	10	否	主键
姓名	StuName	nvarchar	50	否	唯一
性别	Sex	char	2	否	值为"男"或"女"
班级名称	ClaName	nvarchar	20	是	外键,对应班级表中的列
籍贯	City	nvarchar	20	是	
备注	Notes	nvarchar	200	是	

具体操作步骤如下:

(1) 在"对象资源管理器"中打开 CJGL 数据库。

(2) 使用鼠标右键单击"表"选项,在弹出的快捷菜单中单击"新建表"命令,如图 5.1 所示。

图 5.1 新建表

(3) 在第一行列名中输入 StuNo,数据类型选择 nvarchar(10),不允许为空。

(4) 添加列 StuName,数据类型为 nvarchar(30),不允许为空。将所有列都添加好后的效果如图 5.2 所示。

单击工具栏中的"保存"按钮,打开如图 5.3 所示的"选择名称"对话框,此时输入表名 Student,最后单击"确定"按钮。

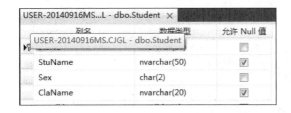

图 5.2 学生表 Student 　　　　　　　　　图 5.3 "选择名称"对话框

【提示】　可以用鼠标左键拖动列以调节列的顺序,也可以用鼠标右键选择插入列。

【例 5.2】　使用 Management Studio 创建课程表 Course。

在建表之前已经根据关系模型得到了该表的逻辑模型,如表 5.5 所示。

表 5.5 课程表 Course

字段	类型	长度	是否能为空	约束
课程号	CouNo	nvarchar	10	否	主键
课程名	CouName	nvarchar	50	否	唯一
课程类别	Kind	nvarchar	10	否	"选修"、"必修"、"业余"
学分	Credit	decimal	2,1	否	0~10
开课学期	Term	Tinyint		是	1~10
任课教师	Teacher	nvarchar	30	是	

具体操作步骤如下:

(1) 在"对象资源管理器"中打开 CJGL 数据库。

(2) 使用鼠标右键单击"表"选项,在弹出的快捷菜单中单击"新建表"命令。

(3) 设置列,在第一行列名中输入 CouNo,数据类型选择 nvarchar(10),不允许为空。选中该列再单击工具栏上的(设置主键)按钮,将该列设置为课程表 Course 的主键。

(4) 添加列 CouName,数据类型选择 nvarchar(50),不允许为空。

(5) 设置列 Kind,数据类型选择 nvarchar(10),不允许为空。

(6) 设置列 Credit,数据类型选择 decimal(2,1),表示学分 Credit 列数值的最大长度为 2,小数位数为 1 位,则整数部分也为 1 位,该列的最大取值为 9.9,且不允许为空。

(7) 设置列 Teacher,数据类型选择 nvarchar(30),允许为空。

将所有列都添加好后的效果如图 5.4 所示。

图 5.4 课程表 Course

(8) 单击工具栏上的 ![] 按钮,出现"选择名称"对话框,此时输入表名 Course,然后单击"确定"按钮。

2. 使用 Transact-SQL 语句创建表

创建表的基本语法格式如下：

```
CREATE TABLE    table_name
(
  Column name    col_properties
  Column name    col_properties    [, …]
)
```

说明：

table_name   定义表名。

Column name   列名。

col_properties   列属性，包括列的数据类型，是否为空，约束等。

【例 5.3】 使用 T-SQL 语句创建班级表 Class。

在建表之前已经根据关系模型得到了该表的逻辑模型，如表 5.6 所示。

表 5.6 班级表 Class

字 段		类 型	长 度	是否能为空	约 束
班级编号	ClaNo	Smallint IDENTITY	（001，1）	否	从 001 开始自动生成
班级名	ClaName	nvarchar	20	否	主键
所在系部	Department	nvarchar	20	否	
班级人数	Number	smallint			大于或等于 0

单击工具栏上"新建查询"按钮，打开查询窗口，使用以下 T-SQL 语句完成建表。

```
Use    CJGL
Go
--创建班级表 Class--
Create Table Class
( ClaNo smallint    IDENTITY(001,1) NOT NULL,
  ClaName    nvarchar (20) NOT NULL,
Department    nvarchar (20) NULL,
Number smallint NULL
)
```

【注意】 IDENTITY 属性的一般语法格式如下：

IDENTITY [(seed , increment)]

seed：装载到表中的第一个行使用的值。

increment：与前一个加载的行的标识值相加的增量值。

必须同时指定种子和增量，或二者都不指定。如果二者都未指定，则取默认值（1，1）。如果在经常进行删除操作的表中存在着标识列，那么在标识值之间可能会有间隔。如果这是要考虑的问题，那么请不要使用 IDENTITY 属性。

另外，前两个例子使用 Management Studio 创建的学生表 Student 和课程表 Course 也可查看其生成脚本，用鼠标右键单击学生表 Student，执行菜单命令"编写表脚本为"→"Create 到"→"新建查询编辑窗口"，可以看到该表的 T-SQL 脚本语句如下：

```
CREATE TABLE [dbo].[Student]
(
    [StuNo] [nvarchar](10) NOT NULL,
    [StuName] [nvarchar](50)   NOT NULL,
    [Sex] [char](2) NOT NULL,
    [ClaName] [nvarchar](20) NULL,
    [City] [nvarchar](15)   NULL,
    [Notes] [nvarchar](200)   NULL
)
```

课程表 Course 的 T-SQL 脚本语句如下：

```
CREATE TABLE [dbo].[Course]
(
    [CouNo] [nvarchar](10) NOT NULL,
    [CouName] [nvarchar](50) NOT NULL,
    [Kind] [nchar](10) NULL,
    [Credit] [decimal](2, 1) NULL,
    [Term] [tinyint] NULL,
    [Teacher] [nvarchar](50) NULL
)
```

【思考练习】 表 5.7 给出选课表 Score 的逻辑模型。读者试着自己给出相应的 T-SQL 脚本语句。

表 5.7 选课表 Score

字 段		类 型	长 度	是否能为空	约 束	
学号	StuNo	nvarchar	10	否	外键	主键
课程号	CouNo	nvarchar	10	否	外键	
分数	Grade	smallint			取值大于 0	

创建好表以后可以使用系统存储过程"sp_help 表名"查看表的结构，显示表的创建时间、表的所有者，以及各列的定义等信息。学生表 Student 的信息如图 5.5 所示。

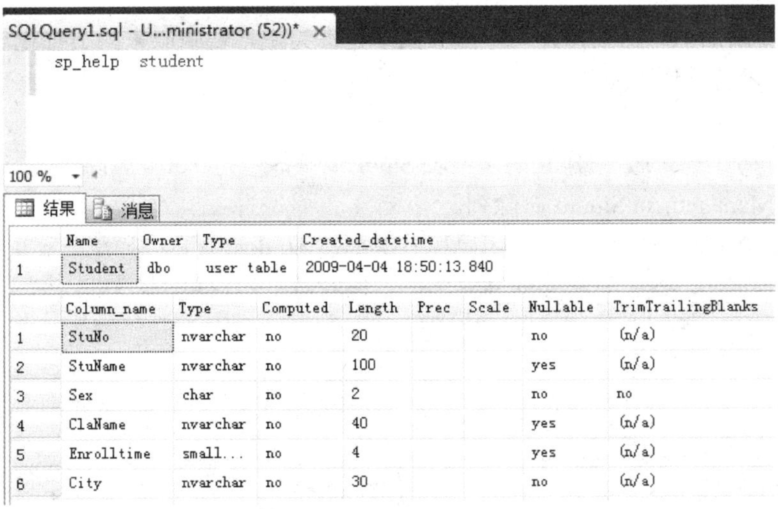

图 5.5 学生表 Student 的信息

5.1.4 管理表

1. 修改表

修改表包括添加列、删除列、修改列属性（数据类型、长度、属性）等几部分。修改表的一般语法如下：

```
ALTER TABLE table                               --修改的表名称
{ALTER COLUMN column_name                       --修改已有的列名
    { new_data_type [ ( precision [ , scale ] ) ]   --新的数据类型
    | ADD                                       --添加新列
        { [ < column_definition > ]             --添加列的定义
    | DROP                                      --删除列
        COLUMN column } [ ,...n ]               --要删除列的列名
}
```

（1）添加新列。

【例 5.4】 为【例 5.1】中建立的学生表 Student 添加一列学生出生日期 birthday，数据类型为 datetime，不可以取空值。

【分析】 该例可以使用 Management Studio 和 T-SQL 语句两种方法来实现。首先使用 Management Studio 添加新列。

展开 CJGL 数据库下的"表"，使用鼠标右键单击 Student 项，在弹出的快捷菜单中单击"设计"命令，打开表的定义，在要准备插入的两列之间单击鼠标右键，然后单击"插入列"命令，即可以设置列名 birthday，数据类型选择 datetime，可以取空值。

用 T-SQL 语句来添加新列。其实现的语句如下：

```
Use CJGL
go
--为 Students 表添加一类学生出生日期
Alter table Student
add Birthday datetime    null;
```

【注意】 新添加的列必须允许为空，如果不允许为空，表中原来的数据在该列的值为空，这和 not null 相矛盾，使添加列不成功。

（2）删除列。

【例 5.5】 将【例 5.1】中建立的学生表 Student 中备注列 Notes 删除。

首先使用 Management Studio 删除列。

展开 CJGL 数据库下的"表"，使用鼠标右键单击 Student 项，在弹出的菜单中单击"设计"命令，打开表的定义，选中要删除的列并单击鼠标右键，然后单击"删除列"命令即可。

用 T-SQL 语句来删除列。其实现的语句如下：

```
use CJGL
go
--将 Students 表中备注列 Notes 删除
Alter table Student
Drop column Notes;
```

【注意】 若删除的列和其他表有外键关系,则不能删除。

(3) 修改列定义。

【例 5.6】 将【例 5.3】中建立的学生表 Student 添加的列——学生出生日期 birthday 的数据类型改为 smalldatetime,允许取空值。

【分析】 该例可以使用 Management Studio 和 T-SQL 两种方法来实现。

首先使用 Management Studio 修改列。

展开 CJGL 数据库下的"表",使用鼠标右键单击 Student 项,在弹出的快捷菜单中单击"设计"命令,打开表的定义,选择 birthday 列,数据类型选择 smalldatetime,可以取空值。

用 T-SQL 语句修改列。其实现的语句如下:

```
use CJGL
go
--修改 Students 表中出生日期列的属性
Alter table Student
alter column Birthday smalldatetime null;
```

【注意】如果修改后的数据类型长度小于原来的长度,则可能出现原来数据被截断的情况。如原数据类型为 char(10)被修改为 char(6),则原来的 10 个字符现在只剩 6 个字符,可能造成错误。

2. 管理表

(1) 修改表名。

【例 5.7】 将班级表 Class 改为学生系部表 StuDepart。

【分析】 修改表名同样可以使用 Management Studio 和 T-SQL 两种方法来实现。

首先要在 Management Studio 修改表名。展开数据库 CJGL,展开表节点,使用鼠标右键单击班级表 Class,在弹出的菜单中单击"重命名"命令,输入 StuDepart。

然后使用 T-SQL 语句来完成改名。使用系统存储过程 sp_rename 来修改表名。具体的 T-SQL 语句如下:

```
Use CJGL
GO
--修改班级表名称
EXEC sp_rename 'Class','StuDepart'
go
```

(2) 删除表。

【例 5.8】 将【例 5.7】中的学生系部表 StuDepart 删除。

【分析】 删除表名同样可以使用 Management Studio 和 T-SQL 两种方法来实现。

首先要在 Management Studio 中删除表。和【例 5.7】中修改表名的操作步骤类似,只是在最后一步执行"删除"菜单命令即可。

然后使用 T-SQL 语句删除表,删除表的语法格式如下:

```
DROP TABLE table_name
```

table_name:要删除的表名。

在查询窗口中执行的 T-SQL 语句如下:

```
Use CJGL
GO
--删除学生系部表 StuDepart
drop table StuDepart;
```

5.2 表数据操作

5.1 节将数据库中的表创建完成后需要向其中添加数据，修改已有的数据和删除数据，如果数据量非常大，且这些需要插入的数据已经存在于文件中，则可以用 SQL Server 2012 的数据导入功能将数据导入表中，相反，也可以将数据库表中的数据导出到外部文件。本节分两部分来介绍这两种操作。

5.2.1 操作表数据

1. 向表中插入数据

（1）使用 Management Studio 插入数据。在 SQL Server 2012 中，使用 Management Studio 插入数据是最直观的操作方法。以向数据库 CJGL 的学生表中添加数据为例，具体介绍操作步骤。

① 打开 SQL Server 2012 的 Management Studio，在左侧的"对象资源管理器"中，展开数据库 CJGL，选中学生表 Student，单击鼠标右键，在弹出的快捷菜单中单击"打开表"命令，如图 5.6 所示。

② 用户可在表中输入数据，如图 5.7 所示。

图 5.6 打开表　　　　　　　　　　图 5.7 向表中输入数据

③ 数据输入错误时会有相应提示，输入数据完毕后，直接关闭窗口，数据即保存到表中。

（2）使用 INSERT INTO…语句插入数据。插入表数据可以用 T-SQL 语句中的 INSERT INTO…语句来完成。该语句的一般语法如下：

```
INSERT    [INTO]
    <object>     [ ( column_list ) ]              //表名（列1，列2，列3，…）
    VALUES ( { DEFAULT | NULL | expression } [ ,...n ] )
```

【例 5.9】 向课程表 Course 中插入两行数据。插入的数据如表 5.8 所示。

表 5.8 插入的数据

课程号	课程名	课程类别	学分	开课学期	任课教师
B0100220	关系数据库与 SQL Server 2012	必修	4	2	李强
X0201242	美学修养	选修	2.5		

要求插入的数据第二行有两列是取 NULL 值，通过对比表的定义，"开课学期"和"任课教师"这两列允许取空值，根据以上对 INSERT INTO 语句的格式和要求分析，可以使用以下的 T-SQL 语句来实现：

```
Use CJGL
GO
INSERT INTO Course
VALUES('B0100220','关系数据库与 SQL Server 2012','必修','4','2','李强');
GO
INSERT INTO Course(CouNo,CouName,Kind,Credit)
VALUES('X0201242','美学修养','选修','2.5');
```

【注意】 第一行数据每列都有值，没有 NULL 值，所以插入的时候没有写列名，后面的值和表的每一行对应，而下一行由于有 NULL 值，所以需要指定列名空值行要用 '' 占位。

【思考】 使用 INSERT INTO 语句一次只能插入一条数据，如果用户要一次插入多条记录时有没有更好的方法呢？

（3）使用 INSERT…SELECT…语句插入数据。使用 INSERT…SELECT…语句可以一次插入多条数据到表中。通过以下的例子说明 INSERT…SELECT…语句的用法。

【例 5.10】创建学生性别表 StuSex，该表有三列学号 xuehao，姓名 xingming，性别 xingbie，学生性别表 StuSex 中的数据是来自学生表 Student 中的数据。

【分析】 第一步：创建学生性别表 StuSex；第二步：使用 INSERT…SELECT…语句将学生表 Student 中相应三列检索出来插入到学生性别表 StuSex。

① 创建学生性别表 StuSex，使用以下 T-SQL 语句创建该表：

```
Use CJGL
GO
CREATE TABLE StuSex
(xuehao    nvarchar(10),        --以下各列的数据类型必须和学生表 Student 中对应列类型
 xingming  nvarchar(50),        --兼容，同时长度要大于等于源数据表的长度
 xingbie   char(2)
)
```

② 使用 INSERT…SELECT…语句插入数据。

```
Use CJGL
GO
```

```
INSERT StuSex
SELECT StuNo,StuName,Sex        --从 Student 表中查询出三列记录
FROM    Student                 --数据源表
```

（4）使用 SELECT INTO…子句插入数据到临时表。

前面三种插入数据的方法都有一个前提，即接受插入数据的这张表必须已经存在，否则不能操作成功。而有时候为了特定的需要，不先定义表结构，直接将查询出的数据放入一张临时表中，此时就要使用 SELECT INTO…子句插入数据到临时表。其一般语法格式如下：

```
SELECT column 1,column 2,…
INTO new table
FROM    table name
WHERE <spec>
…
```

【例 5.11】 使用 SELECT INTO…子句将班级表 Class 中计算机系学生的数据插入到临时表#TempClass 中。

使用的 T-SQL 语句如下：

```
Use CJGL
GO
SELECT ClaNo AS'班级编号',ClaName AS'班级名称',
Department AS'所在系别',Number AS'人数'          --将 Class 表中的列重新命名
INTO #TempClass
FROM Class
WHERE Department='计算机系'                      --选择计算机系的学生
```

2. 修改表中数据

很多时候都需要修改表中已有的数据，有两种方法使用 Management Studio 修改数据和使用 T-SQL 语句来修改数据。使用 Management Studio 修改数据的方法和前面介绍的添加记录的方法类似，在此不再赘述。以下重点介绍使用 T-SQL 语句来修改数据的方法。

修改数据的 T-SQL 语句的一般语法格式如下：

```
UPDATE   table_name
SET    column_name = { expression | DEFAULT | NULL } --修改原来的值为新值、默认值或空值
FROM    < table_source >  [ ,...n ] ]
WHERE   < search_condition >                         --选择部分满足条件的记录
```

通过以下两个例子来学习该语句。

【例 5.12】 初始化学生表 Student 时，将所有学生的备注栏 Notes 设置为空值。

在查询窗口中输入以下 T-SQL 语句：

```
USE CJGL
GO
UPDATE   Student
SET Notes=NULL                  --备注栏 Notes 设置为空值
FROM    Student
```

【例 5.13】 将课程表 Course 中的开课学期为 1 的所有课程类型改为"必修"，即第一学期

的课程没有选修课程。

【分析】 仅修改第一学期开设课程的课程类型,不是修改所有的课程,所以要用到选择子句 WHERE 来筛选记录。

使用的 T-SQL 语句如下:

```
USE CJGL
GO
UPDATE Course
SET Kind='必修'                     --修改课程类型为"必修"
FROM   Course
WHERE Term='1';                     --开课学期为第一学期
```

执行结果如图 5.8 所示。

3. 删除表中数据

使用 Management Studio 可删除表中的数据,使用 T-SQL 语句可删除表中的数据。

(1)使用 Management Studio 删除数据。在 SQL Server 2012 中,使用 Management Studio 删除表中的数据是最直观的操作方法。以删除数据库 CJGL 的学生表 Student 中的数据为例,具体介绍操作步骤。

① 打开 SQL Server 2012 的 Management Studio,在左侧的"对象资源管理器"中,展开数据库 CJGL,选中学生表 Student 项,单击鼠标右键,在弹出的快捷菜单中单击"打开表"命令。

② 找到需要删除的行,使用鼠标右键单击该行标,执行"删除"命令,如图 5.9 所示,则该行数据被永久删除。如果用户需要恢复原来的数据,则需要重新输入。

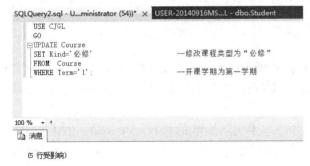

图 5.8　修改课程表

图 5.9　删除数据

【注意】 如果要删除的数据被其他表引用,则不能删除该部分数据,否则会出现出错提示,如图 5.10 所示。

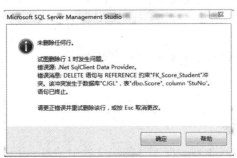

图 5.10　数据删除出错

(2) 使用 DELETE 语句删除数据。使用 DELETE 语句可以方便地删除数据，可以一次删除一条记录，也可以一次删除多条记录。DELETE 语句的语法格式如下：

```
DELETE table
WHERE <search_condition>
```

【例 5.14】 删除籍贯为"中国香港"的学生记录。

此例要求选择性地删除部分学生记录，而并非全部学生记录，所以用 WHERE 子句筛选。

```
USE CJGL
GO
DELETE   Student
WHERE City='中国香港'
```

(3) 使用 TRUNCATE 语句删除数据。删除表中的所有行，而不记录单个行的删除操作。TRUNCATE TABLE 语句在功能上与没有 WHERE 子句的 DELETE 语句相同。但是，TRUNCATE TABLE 语句速度更快，使用的系统资源和事务日志资源更少。其一般语法格式如下：

```
TRUNCATE TABLE Name
```

Name：是要截断的表的名称或要删除其全部行的表的名称。

下列语句将删除 Class 表中的所有数据。

```
USE CJGL
GO
TRUNCATE TABLE Class
```

【比较】 TRUNCATE 与 DELETE 语句。

TRUNCATE TABLE 语句在功能上与不带 WHERE 子句的 DELETE 语句相同：二者均删除表中的全部行。但 TRUNCATE TABLE 语句比 DELETE 语句速度快，且使用的系统资源和事务日志资源少。

DELETE 语句每次删除一行，并在事务日志中为所删除的每行记录一项。TRUNCATE TABLE 语句通过释放存储表数据所用的数据页来删除数据，并且只在事务日志中记录页的释放。

TRUNCATE TABLE 语句将删除表中的所有行，但表结构及其列、约束、索引等保持不变。新行标识所用的计数值重置为该列的种子。如果想保留标识计数值，请改用 DELETE 语句。如果要删除表定义及其数据，请使用 DROP TABLE 语句。

对于由 FOREIGN KEY 约束引用的表，不能使用 TRUNCATE TABLE 语句，而应使用不带 WHERE 子句的 DELETE 语句。由于 TRUNCATE TABLE 语句不记录在日志中，所以它不能激活触发器。

TRUNCATE TABLE 语句不能用于参与了索引视图的表。

【思考】 DELETE 语句和本章前面介绍的 DROP 语句有何区别？

5.2.2 数据的导入/导出

在数据库表中的数据如何放到数据库外部的文件中使用，以及如何将外部数据文件存储到数据库表中。如果这个问题能够解决，既能提高数据的共享和使用范围，也能大大提高数据库管理员的工作效率,本节我们一起去解决这个问题。

SQL Server 2012 提供的导入/导出向导为数据库中的数据和外部数据的交换提供了简单快捷的途径。可以在 SQL Server、TXT 文本文件、Access 文件、Excel 文件、OLEDB 访问接口等数据形式之间导入或导出数据。

1. 数据导入

【例 5.15】 将外部的 Excel 文件中存储的学生表 Student 的数据导入数据库中的学生表 Student 中。

【分析】 要导入数据到表中,首先需要了解表的逻辑结构,然后使 Excel 文件中数据的排列顺序和表中字段的顺序排列一致,最后用导入向导导入数据。具体步骤如下:

(1)打开"SQL Server 导入和导出向导"对话框,如图 5.11 所示。

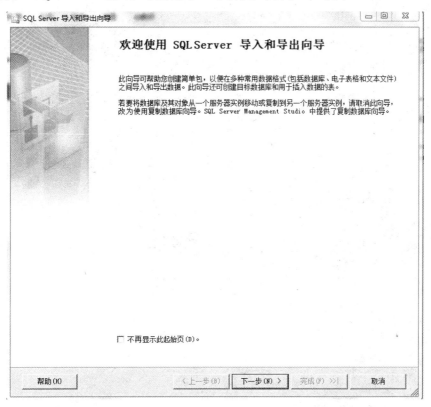

图 5.11 "SQL Server 导入和导出向导"对话框

(2)选择数据源,这里是将 Excel 文件中的内容导入数据库表中,数据源选择 Microsoft Excel,路径选择 Excel 文件的存储路径,如图 5.12 所示。

(3)选择目标。这里的目标是默认的 SQL Native Client,数据库名称就是当前本地主机的名称。数据库名称选择 CJGL,如图 5.13 所示。

(4)选中"复制一个或多个表或视图的数据"单选按钮,单击"下一步"按钮。

(5)选择源表和源视图,选中 students$表,并更改目标为 studentsimport(由于数据库的内部安全性检查,若名称和数据库中表名相同,则导入验证不会成功),单击"下一步"按钮,如图 5.14 所示。

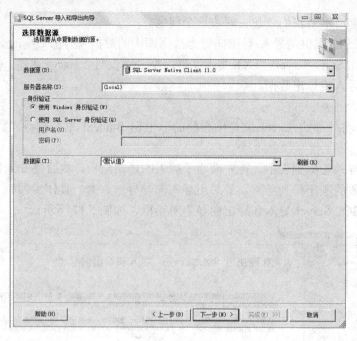

图 5.12　选择数据源和文件存储路径

图 5.13　"选择目标"对话框

图 5.14　"选择源表和源视图"对话框

（6）完成向导，操作执行成功，并给出详细信息。选择可在 CJGL 数据库中看到的新表 studentsimport，其中内容和 Excel 文件相同。

【练习】　将班级表 Class，课程表 Course 和成绩表 Score 中的数据都插入到 CJGL 数据库中。

2. 数据导出

导出数据就是导入的一个逆过程，跟导入数据类似，只是在选择源数据和选择目标时不同。

【例 5.16】　将【例 5.15】中导入的班级表 Class 中的数据导出到文本文档 Class 中。

【分析】　要导出数据，首先数据库中的表有数据存在，然后建立文本文档 Class，再使用导出向导将数据导出。具体步骤如下：

（1）选择数据源，这里是将数据库班级表 Class 中的数据导出，具体设置如图 5.15 所示。

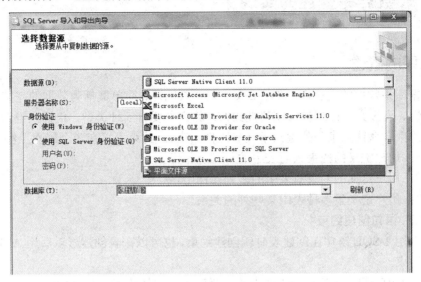

图 5.15 "选择数据源"对话框

（2）选择目标，具体设置如图 5.16 所示。

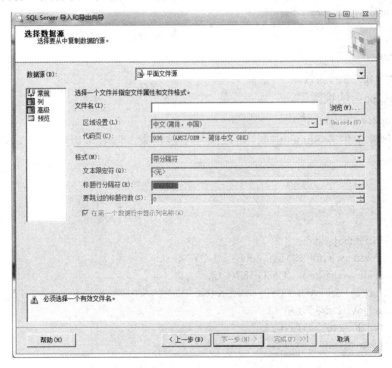

图 5.16 "选择目标"对话框

（3）接下去的步骤和【例 5.15】完全相同，这里不再赘述。

【思考】 读者可以练习将部分数据导入/导出，使用一条 SQL 语句来完成数据的选择，这在实际运用中是很实用的。

5.3 表数据完整性的实现

5.3.1 约束的概述

关于数据库中数据的完整性，在第 2 章中已详细阐述，简单概括为数据的完整性约束可分为列级完整性、表级完整性和参照完整性约束。约束主要有 5 种类型，包括主键约束、唯一性约束、检查约束、默认约束和外键约束（参照性约束）。约束可以在 3 个层次上实现：

- 列级：用户定义的约束只对表中的一列起作用。
- 表级：用户定义的约束对表中的多列起作用。
- 参照：用户定义了多种表中某些列的关系。

1. T-SQL 语句创建约束

约束可以用 T-SQL 语句在创建表时就创建约束，也可以在表创建好以后用 ALTER TABLE 语句来添加约束。

（1）使用 CREATE TABLE 在创建表的定义时为表添加约束，其一般语法格式如下：

```
CREATE TABLE    table_name
(Column name    col_properties   [constraint_type <constraint spec>]
    Column name    col_properties   [, …]
)
```

Column name：列名。

col_properties：列的属性。

constraint_type：约束类型。

constraint spec：约束表达式。

例如，在创建学生表 Student 时，可以添加主键约束，读者可以结合本节相关内容来看下面的例子：

```
Use CJGL
GO
--综合实例
CREATE TABLE [dbo].[Student]
(    [StuNo] [nvarchar](10) PRIMARY KEY    NOT NULL,
    [StuName] [nvarchar](50)    UNIQUE NULL,
    [Sex] [char](2)    DEFAULT ('男') CHECK (Sex IN ('男','女')) NOT NULL,
    [ClaName] [nvarchar](20) NULL,
    [City] [nvarchar](15) NOT NULL,
    [Notes] [nvarchar](200) NOT NULL
)
```

（2）使用 ALTER TABLE 语句在表创建好以后为表添加约束，其语法格式如下：

```
ALTER TABLE table_name
ADD CONSTRAINT constraint_name <constraint_type> <constraint spec>
```

constraint_name：约束名称。

constraint_type：约束类型。

Column name：要添加约束的列。

constraint spec：约束表达式。

本节后面的内容将重点介绍使用此种方法添加约束。请读者比较后面例子中的书写格式。

（3）删除约束。使用 ALTER TABLE 语句删除约束，其语法格式如下：

```
ALTER TABLE table_name
DROP   CONSTRAINT   constraint_name
```

【注意】 使用该语句删除了表中的指定约束，但表的定义未被删除。如果表被删除，则表上建立的约束自动被删除。

5.3.2 主键约束（PRIMARY KEY）

主键用于唯一表示表中的每一条记录。我们可以定义表中的一列或多列为主键，根据第 2 章中介绍的实体和主码的概念，主键只是在数据实施阶段的另一个名称。由此可知，主键列上要求没有两行值是相同的（不会有重复值），同时不允许有空值。为了实现数据的有效管理，建议每张表都有自己的主键，且每张表只有一个主键。当然，有些表也可以没有主键。

1. 使用 Management Studio 创建主键

【例 5.17】 将班级表 Class 中的班级名 ClaName 设置为该表主键。

使用 Management Studio 创建该主键的步骤如下。

（1）打开 SQL Server 2012 的 Management Studio，在左侧的"对象资源管理器"中展开数据库 CJGL，选中班级表 Class 项，单击鼠标右键，在弹出的快捷菜单中单击"设计"命令。

（2）选中班级名 ClaName 列，并单击工具栏上 🗝 （主键）按钮。设置该列为主键，设置成功后如图 5.17 所示。

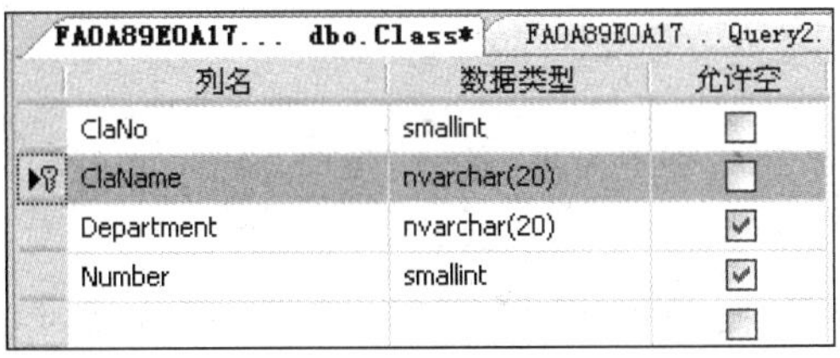

图 5.17 设置主键

【思考】 如果要将多列设置为表的主键，应该如何处理呢？

2. 使用 T-SQL 语句创建主键

【例 5.18】 在数据库成绩管理的选课表 Score 中创建主键，该表有三列，即学号 StuNo、课程号 CouNo、分数 Grade。现将学号 StuNo 和课程号 CouNo 两列设为该表主键。

使用 T-SQL 语句完成该操作，内容如下：

```
Use CJGL
GO
ALTER TABLE   Score    --约束的命名是主键命名，以 PK_ 开头
ADD CONSTRAINT PK_Score PRIMARY KEY (StuNo, CouNo)
```

或者在创建表时使用以下 T-SQL 语句：

```
Use CJGL
GO
CREATE TABLE    Score
(       [StuNo] [nvarchar](10) NOT NULL,
        [CouNo] [nvarchar](10) NOT NULL,
        [Grade] [smallint] NULL,
    CONSTRAINT PK_Score PRIMARY KEY (StuNo, CouNo) --同样实现了题目中的要求
)
```

【思考】 如果在定义列后直接使用 PRIMARY KEY 语句，和上面两种方式有何区别？

5.3.3 唯一性约束（UNIQUE）

主键列不允许有空值，也不允许取重复值。如果不是主键列，也要求不能取空值，可以用 NOT NULL 属性限制；如果要求不能取重复值时，需要用到唯一性约束。同一张表可以有多列允许加 UNIQUE 约束。

【例 5.19】 将课程表 Course 中的课程名 CouName 设置为唯一性约束，要求不允许有相同名字的课程。创建完成后再将这一唯一性约束删除。

【分析】 使用 T-SQL 语句对已经存在的课程表 Course 进行修改、添加和删除唯一性约束。

完成添加唯一性约束使用的语句如下：

```
Use CJGL
GO
ALTER TABLE Course        --约束命名规则是唯一性约束，名字以 UN_开头
ADD CONSTRAINT UN_CouName UNIQUE(CouName);
```

删除该约束使用的语句如下：

```
Use CJGL
GO
ALTER TABLE Course
DROP    CONSTRAINT UN_CouName ;
```

【思考】 添加了唯一性约束的列，该列允许取空值吗？如果可以，那么可以取多少个空值呢？

5.3.4 检查约束（CHECK）

CHECK 是用来限制列的取值范围。它通过限制输入到列中的值来强制数据的域完整性。我们可以在单列上定义多个 CHECK 约束，也可以在多列上定义 CHECK 约束。

1. 使用 Management Studio 创建 CHECK 约束

【例 5.20】 为选课表 Score 中的成绩列 Grade 添加 CHECK 约束，要求该列的值必须为 0～100。

（1）打开 SQL Server 2012 的 Management Studio，在左侧的"对象资源管理器"中展开数据库 CJGL，选中选课表 Score，单击鼠标右键，在弹出的快捷菜单中单击"设计"命令。

(2)选中成绩 Grade 列,并单击工具栏上 ▦(CHECK 约束)按钮,再单击"添加"按钮,如图 5.18 所示。

(3)选择图 5.18 右侧的"表达式",在弹出的对话框中输入如图 5.19 所示的 CHECK 约束表达式。

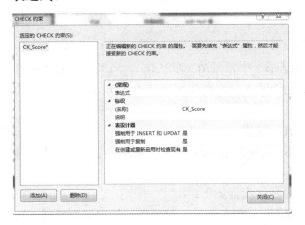
图 5.18 "CHECK 约束"对话框

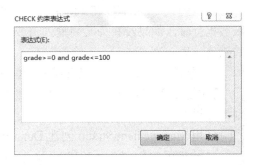
图 5.19 输入 CHECK 约束表达式

(4)单击"确定"按钮,CHECK 约束创建完成。

(5)单击工具栏上的 ▦(保存)按钮,将刚才的操作保存到数据库中。

2. 使用 T-SQL 创建 CHECK 约束

【例 5.21】 实现在学生表 Student 中约束,学生性别 Sex 只能在"男"或"女"中选择其一。课程表 Course 中学分 Credit 取值必须为 0~10。

【分析】 这里的 CHECK 约束表达式要用到逻辑表达式和关系表达式。

使用的 T-SQL 语句如下:

```
Use CJGL
GO
--实现学生表 Student 中约束--
ALTER TABLE Student
    ADD CONSTRAINT CK_Sex CHECK (Sex ='男'OR Sex='女') ;
            --CHECK 表达式括号内也可以写成 "Sex IN ('男','女')"
GO
--实现课程表 Course 中约束--
ALTER TABLE   Course
ADD CONSTRAINT CK_Credit CHECK (Credit>=0 AND Credit<=10 )
GO
```

【注意】 CHECK 关键字后的表达式一定要跟小括号,否则会出错。

【例 5.22】 实现课程表 Course 中课程类型 Kind 只能在"选修"、"必修"和"业余"中选择,限定该列的内容。

```
Use CJGL
GO
--设置课程类型 Kind 只能在"选修"、"必修"和"业余"中选择
ALTER TABLE   Course
```

    ADD CONSTRAINT CK_Kind CHECK (Kind='选修'OR Kind='必修'OR Kind='业余')
    GO

【思考】 试着设置班级表Class中的班级人数Number的CHECK约束，该列取值限定在大于等于"0"。

5.3.5 默认约束（DEFAULT）

默认约束（DEFAULT）用于给表中指定列赋予一个常量值（默认值），当用户在向表中插入数据行时，如果没有为某列输入值或该列不允许输入值，则该列的值由SQL Server自动为其赋值。每一列最多只有一个默认值。

1. 使用Management Studio创建DEFAULT约束

【例5.23】 为成绩管理数据库中的学生表Student性别Sex列添加默认值约束。默认值性别为"男"。

使用Management Studio创建Default约束的具体步骤如下：

（1）打开SQL Server 2012的Management Studio，在左侧的"对象资源管理器"中展开数据库CJGL，选中学生表Student并单击鼠标右键，在弹出的快捷菜单中单击"设计"命令。

（2）选中性别Sex列，在设计窗口下端显示"列属性"窗口，如图5.20所示。

图5.20 "列属性"窗口

（3）在"列属性"窗口中的"默认值或绑定"选项后输入需要设置的值"男"。

（4）单击工具栏中的 按钮，将刚才的操作保存到数据库中。

2. 使用T-SQL语句创建默认DEFAULT约束

创建DEFAULT约束的语法格式为：

DEFAULT(expression | null) FOR column_name

创建的默认值可以是常量、表达式，也可以为NULL值。

【例5.24】 为成绩管理数据库的学生表Student中的性别Sex列添加默认值约束。默认值性别为"男"。

参照创建DEFAULT约束的语法格式，使用的T-SQL语句如下：

Use CJGL
GO
--为学生表Student中性别Sex创建默认值"男"

```
ALTER TABLE Student
    ADD CONSTRAINT DF_Sex  DEFAULT('男') FOR Sex
```

【例 5.25】 为成绩管理数据库的选课表 Score 中的成绩 Grade 列添加默认值约束。默认值为 NULL。

使用的 T-SQL 语句如下：

```
Use CJGL
GO
--为选课表 Score 中成绩 Grade 列添加默认值 NULL
ALTER TABLE Score
    ADD CONSTRAINT DF_Grade   DEFAULT(NULL) FOR Grade
GO
```

5.3.6 外键约束（FOREIGN KEY）

在第 2 章的相关章节中介绍了参照完整性约束，它是完成对表与表之间数据完整性的约束。通过将被参照关系（主键表）中的主键所在列或具有唯一性约束的列包含在另一个表中，该列就构成了另一个表的外键。当被参照关系中的主键列更新后，外键列也会自动更新，从而保证了两表之间数据的一致性。

如班级表 Class 中的班级名称 ClaName 是主键，该列又被学生表 Student 引用（学生表中也有一列班级名称 ClaName 数据来源于班级表 Class），如果班级表 Class 中的班级名称 ClaName 列上某个班级改名了，那么建立了外键关系，学生表 Student 中 ClaName 列的值也会更新。

1. 使用 Management Studio 创建外键约束（FOREIGN KEY）

【例 5.26】 在成绩管理数据库 CJGL 中有 4 张表，分别是班级表 Class，学生表 Student，选课表 Score 和课程表 Course。选课表中有两列是外键，学号列 StuNo 和课程号列 CouNo，实现这两个外键约束。

（1）打开 SQL Server 2012 的 Management Studio，在左侧的"对象资源管理器"中展开数据库 CJGL，选中选课表 Score 并单击鼠标右键，在弹出的快捷菜单中单击"设计"命令。

（2）选中学号列 StuNo，选择工具栏上的 （关系），或者使用鼠标右键单击该列，执行"关系"命令，在弹出的窗口中单击"添加"按钮，在右侧单击"表和列规范"，如图 5.21 所示。

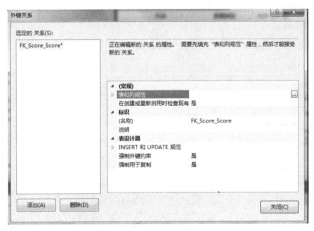

图 5.21 "外键关系"对话框

（3）在"表和列"对话框中设置主键和外键关系，重点是设置主键表和外键表，如图5.22所示。

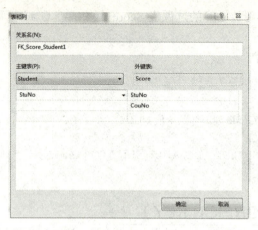

图5.22 "表和列"对话框

（4）设置完成后，使用系统提供的默认名称，单击"确定"按钮。

（5）单击工具栏上的 ■（保存）按钮，将刚才的操作保存到数据库中。

选课表Score和课程表Course的外键关系将在【例5.27】中用T-SQL语句来实现。

【提示】 外键表不能修改，但可以修改主键表，该列在哪张表上是做主键的，则该表就是主键表。

2. 使用T-SQL语句创建外键约束（FOREIGN KEY）

创建外键的一般语法格式如下：

```
ALTER TABLE table1_name
ADD CONSTRAINT constraint_name    FOREIGN KEY （col 1_name）
            REFERENCES    table2_name (col2_name)
```

table1_name：外键表名。

constraint_name：约束名称。

col 1_name：外键列名。

table2_name：主键表名。

col2_name：主键列名。

【例5.27】 建立选课表Score和课程表Course的外键关系。

使用的T-SQL语句如下：

```
Use CJGL
GO
--建立选课表Score和课程表Course的外键关系
ALTER TABLE Score
  ADD CONSTRAINT FK_Score_Course FOREIGN KEY (CouNo)
         REFERENCES Course (CouNo)
GO
```

【注意】 建立外键的前提是主键表中要将该列设为主键。如【例5.27】中要将主键表课程表Course中的CouNo设置为主键才能再创建外键关系。

【例 5.28】 现有职工管理数据库 ZGGL，其中有一张表 Employe（职工表），包括职工编号 EmpNo，职工姓名 EmpName，性别 Sex，所在部门 Department，部门经理工号 ManagerNo。其中，部门经理工号 ManagerNo 就是部门经理的职工编号。显然，部门经理工号 ManagerNo 是引用了职工编号 EmpNo 列的内容，即部门经理工号"ManagerNo"是该表的外键，职工编号 EmpNo 列是该表的主键。实现这一外键约束。

【分析】 在该例中，部门经理工号 ManagerNo 是外键，职工编号 EmpNo 列是主键，职工表 Employe 既是被参照关系也是参照关系，它既是主键表也是外键表。实现时先建立表结构，再添加外键关系。

先使用 T-SQL 语句创建该表：

```
Use ZGGL
GO
--建立职工表 Employe
CREATE TABLE Employe
   ( EmpNo nvarchar(10) PRIMARY KEY,           --设置主键
     EmpName nvarchar(20) not null,
     Sex char(2) not null,
     Department nvarchar(15) null,
     ManagerNo nvarchar(10) null              --必须允许为'NULL'，想想为什么？
   )
```

建立好职工表 Employe 后添加外键约束，使用的 T-SQL 语句如下：

```
Use ZGGL
GO
--添加职工表的外键关系
ALTER TABLE Employe
  ADD CONSTRAINT FK_Employe_Employe FOREIGN KEY (ManagerNo)
        REFERENCES Employe(EmpNo);
```

【思考】 可否在定义表结构时就添加主键约束，为什么？验证你的想法。

【练习】 读者试着创建学生表 Student 和班级表 Class 间的外键关系。

5.4 用 Power Designer 建模创建表

5.4.1 Power Designer（PD）简介

Power Designer（简称 PD）是 Sybase 公司（已于 2010 年被 SAP 公司收购）的 CASE 工具集，使用它可以方便地对管理信息系统进行分析设计，其几乎包括了数据库模型设计的全过程。利用 PD 可以制作数据流程图、概念数据模型（CDM）、物理数据模型（PDM）、面向对象模型（OOM），也可以为数据仓库制作结构模型，还能对团队设计模型进行控制等。其可以与许多主流开发平台集成起来，例如与.NET、WorkSpace、PowerBuilder、Java™、Eclipse 等相配合使开发时间缩短和使系统设计更优化。此外，它支持 60 多种关系数据库管理系统（RDBMS）版本。PD 运行在 Microsoft Windows 平台上，并提供了 Eclipse 插件。

PD 是能进行数据库设计的强大软件，是一款开发人员常用的数据库建模工具。使用它可以分别从概念数据模型（Conceptual Data Model，CDM）和物理数据模型（Physical Data Model，PDM）两个层次对数据库进行设计。在这里，概念数据模型描述的是独立于数据库管理系统（DBMS）的实体定义和实体关系定义；物理数据模型是在概念数据模型的基础上针对目标数据库管理系统的具体化。

5.4.2　用 PD 建模创建库表

首先需要创建一个测试数据库，为了简单，在这个数据库中只创建一个 Student 表和一个 Major 表。其表结构和关系如图 5.23 所示。

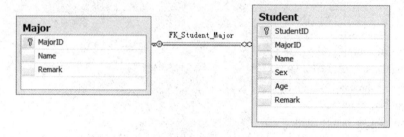

图 5.23　Student 表和 Major 表的表结构和关系框图

看看怎样用 PD 快速地创建出这个数据库吧。

（1）现在开始使用 PD 创建数据库。首先运行程序，进入主界面，如图 5.24 所示。

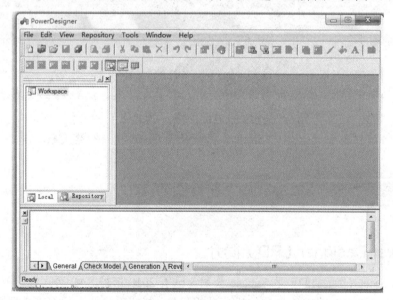

图 5.24　PD 主界面

（2）执行 File→New Model→Physical Data Model→Physical Diagram 命令，将 Model name 设置为 test，DBMS 属性设置为 Microsoft SQL Server 2012，如图 5.25 所示。

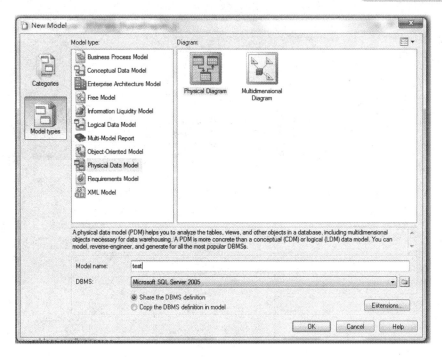

图 5.25　创建 Physical Data Model

（3）用表格工具创建一个表格模板，如图 5.26 所示。

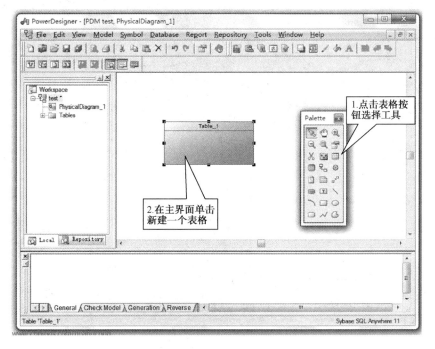

图 5.26　创建表格模板

（4）双击表格模板，设置属性。

首先设置 Major 表，如图 5.27 所示。

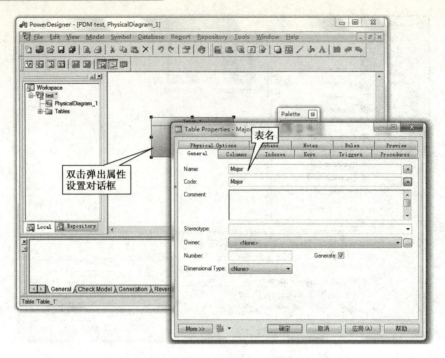

图 5.27 在表格模板设置属性，先设置 Major 表

（5）设置好表名后，单击 Columns 标签，设置字段属性，设置如图 5.28 所示。

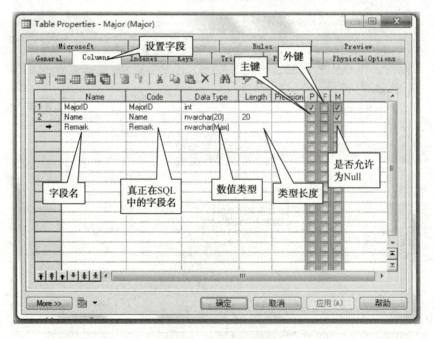

图 5.28 设置字段属性

（6）因为 MajorID 字段要设置为自动增长，所以要设置它的高级属性。选择 MajorID 字段，单击属性按钮，在 General 面板中勾选 Identity 复选框，如图 5.29 所示。

图 5.29 设置其高级属性

(7) 确定后再创建一个 Student 表,字段设置如图 5.30 所示。

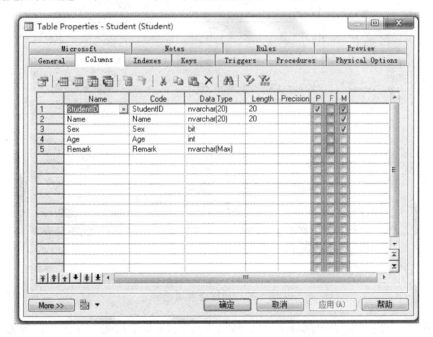

图 5.30 创建的 Student 表的字段设置

(8) 为 Student 创建一个 MajorID 外键,使用 PD 可以很轻松地完成这个工作。首先选择关系设置工具,然后在 Student 表上按住鼠标左键不放,并将其拖至 Major 表,便可为 Student 表添加一个 MajorID 的外键,如图 5.31 所示。

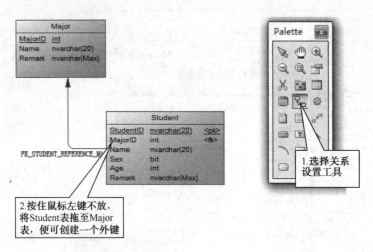

图 5.31 为 Student 表添加 MajorID 的外键

（9）现在测试表已经设置好了，接着设置要生成的数据库。这些表都将被创建到该数据库中，在设计面板空白处右击 Properties 命令，弹出属性设置对话框，如图 5.32 所示。

图 5.32 属性设置对话框

（10）至此，对新数据库的设置已经完成，但是在 SQL 中还是空空如也，要怎么把这边设计好的结构移植到 SQLServer 2012 中呢？执行 Database→Generate Database 命令，设置好存储过程导出目录和文件名，单击"确定"按钮即可，如图 5.33 所示。

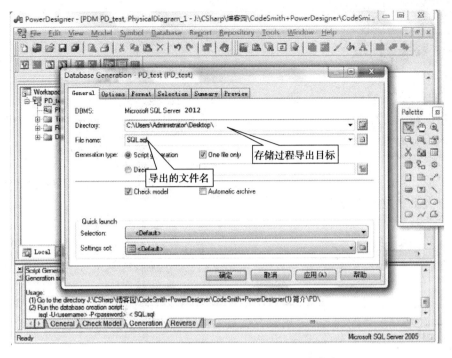

图 5.33 设置好存储过程导出目录和文件名

（11）进入导出目录，就可以看见导出的数据库创建存储过程了，打开 SQL，操作一下，就会看到数据库被神奇地创建好了，如图 5.34 和图 5.35 所示。

图 5.34 创建的数据库

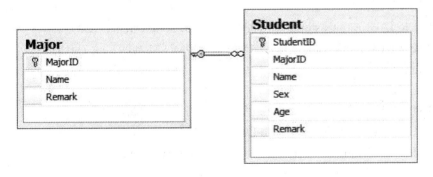

图 5.35 创建的主-从表及关系

（12）数据库的准备工作已经做好，现在自动批量生成代码。

打开 SQL Server 数据库管理系统，导入代码，运行生成表。

5.5 本章小结

本章主要介绍表的相关操作，读者要重点掌握表的创建、表的修改。表数据的操作包括插入、删除和更新。表数据完整性的实现包括 5 种约束的实现：主键约束、唯一性约束、检查约束、默认约束和外键约束。

读者首要学会使用 Management Studio 和 T-SQL 语句来完成这些操作，还可以用 PD 建模，自动批量生成代码，导入代码，运行生成表。其次要掌握 SQL Server 2012 的导入/导出数据工具，学会对大批量数据的处理。

5.6 思考与练习

一、选择题

1. 在学生成绩表中的列 Score 用来存放某学生某门课程的考试成绩（0～100 分，没有小数），用下面（ ）数据类型最节省空间。

　　A．int　　　　　　　　B．smallint　　　　　　C．tinyint　　　　　　D．decimal（3,0）

2. 订单表 Orders 的列 OrderID 的数据类型是小整型（smallint），根据业务需要改为整型（int），应该使用下面（ ）语句。

　　A．ALTER COLUMN OrderID int FROM Orders

　　B．ALTER TABLE Orders(OrderID int)

　　C．ALTER TABLE Orders　ALTER COLUMN OrderID int

　　D．ALTER COLUMN Orders. OrderID int

3. 某企业有表 tblCustomerInfo 存储客户信息，现在需要在表中添加列 MobilePhone，该列的数据类型为 varchar（20），可以取空值，添加该列使用的语句是（ ）。

　　A．ALTER TABLE tblCustomerInfo（MobilePhone varchar（20））

　　B．ALTER TABLE tblCustomerInfo ALTER COLUMN MobilePhone varchar（20）

　　C．ALTER TABLE tblCustomerInfo ADD MobilePhone varchar（20）

　　D．ALTER TABLE tblCustomerInfo ADD　COLUMN MobilePhone varchar（20）NULL

4. 同上题，要删除表 tblCustomerInfo（客户信息表）中的列 ZIP（邮编），数据类型为 varchar（10），应该使用以下（ ）语句。

　　A．ALTER TABLE tblCustomerInfo DELETE（ZIP varchar（10））

　　B．ALTER TABLE tblCustomerInfo DROP COLUMN ZIP

　　C．ALTER TABLE tblCustomerInfo DROP　ZIP varchar（10）

　　D．ALTER TABLE tblCustomerInfo DELETE ZIP

5. 在以下 T-SQL 语句中，使用 INSERT 命令添加数据，若需要添加一批数据应使用（ ）语句。

　　A．INSERT…VALUES　　　　　　　　　B．INSERT…SELECT

　　C．INSERT…DEFAULT　　　　　　　　D．A、B、C 项均可

6. 实现数据的参照完整性，可以用下面的（　　）约束。
A．PRIMARY KEY　　　　　　　　B．CHECK
C．FOREIGN KEY　　　　　　　　D．UNIQUE & NOT NULL

7. 在 Power Designer 中可以表达实体与实体之间的（　　）联系类型。
A．一对一（ONE TO ONE）联系　　B．一对多（ONE TO MANY）联系
C．多对一（MANY TO ONE）联系　　D．多对多（MANY TO MANY）联系

二、填空题

1. 数据完整性有 3 类，分别是实体完整性，可以用_____、_____和 NOT NULL 约束实现；域完整性可以用_____约束实现；参照完整性可以用_____实现。

2. 有 tblCustomerInfo（客户信息表）中的 CustomerID 列，该列是标识列，种子是 200901，增量为 1，添加该列的语句可以是_____。

3. Power Designer 是一款开发人员常用的数据库建模工具。使用它可以分别从____模型和_____模型两个层次对数据库进行设计。

三、设计题

某职工社团数据库有以下 3 个基本表：
- 职工（职工号，姓名，年龄，性别）。
- 社会团体（编号，名称，负责人，活动地点）。
- 参加（职工号，编号，参加日期）。

其中：
（1）职工表的主码为职工号。
（2）社会团体表的主码为编号；外码为负责人，被参照表为职工表，对应属性为职工号。
（3）参加表的职工号和编号为主码；职工号为外码，其被参照表为职工表，对应属性为职工号；编号为外码，其被参照表为社会团体表，对应属性为编号。

试用 SQL 语句定义职工表、社会团体表和参加表，并说明其主码和参照关系。

5.7　实训项目

一、实验目的

完成本实验后，将掌握以下内容：
（1）使用不同方法创建表。
（2）创建表的约束和插入数据。

二、准备工作

在进行本实验前，必须要具备以下条件：
（1）已安装 SQL Server 2012 系统。
（2）已建立人力资源管理 HR 数据库。

三、实验相关

（1）参考网上下载内容中第 5 章的实训项目。
（2）实验预估时间：60 分钟。

四、实验设置

无。

五、实验方案

前面已经创建了人力资源管理 HR 数据库,本实训将创建数据库中的表,由第 2 章的分析可知,在数据库 HR 中有 5 张表,分别有员工表 Employee,部门表 Department,工资表 Salary,考勤表 Attend 和假期表 Vacation,相应表的逻辑结构如表 5.9~表 5.13 所示。

表 5.9 员工表 Employee

字 段		类 型	长 度	是否能为空	约 束
员工编号	EmpNo	int	标识列（200901,1）		主键
姓名	Ename	nvarchar	50	否	
性别	Sex	Char	6	是	（男,女）
出生日期	Birth	datetime		是	
工作时间	WorkDate	datetime		是	
电话	Phone	nvarchar	50	是	
邮件地址	E-mail	nvarchar	50	是	包含符号"@"
部门号	DepNo	int		是	外键
级别	Level	nvarchar	20	是	（普通,领导,外聘）
备注	Notes	Text		是	

表 5.10 部门表 Department

字 段		类 型	长 度	是否能为空	约 束
部门编号	DepNo	int	标识列（301,1）		主键
部门名称	Dname	nvarchar	50	否	
经理	Manager	int		是	外键
电话	Tel	nvarchar	50	是	
部门描述	Description	nvarchar	300	是	

表 5.11 工资表 Salary

字 段		类 型	长 度	是否能为空	约 束
工资编号	SalNo	int	标识列（1,1）		主键
职工编号	EmpNo	int		是	外键
基本工资	BasePay	decimal（20,2）		是	
奖金	Bonus	decimal（20,2）		是	
扣除	Deduct	decimal（20,2）		是	
公积金	Funds	decimal（20,2）		是	
应发工资	RealPay	decimal（20,2）		是	

注 应发工资=基本工资+奖金-缺勤早退扣除-住房公积金

表 5.12 考勤表 Attend

字　段	类　型	长　度	是否能为空	约　束
考勤编号	AttendNo	char	20	否	主键
职工编号	EmpNo	int		否	外键
到达时间	ReachTime	datetime		是	
记录人员	MarkID	int		是	MarkID <> EmpNo
类型	Type	char	6	是	(早退，缺勤，迟到，正常)
记录日期	Day	datetime		是	默认（系统时间）

表 5.13 假期表 Vacation

字　段	类　型	长　度	是否能为空	约　束
请假编号	VacationNo	char	20	否	主键
职工编号	EmpNo	int		否	外键
请假原因	Reason	nvarchar	500	是	
提交时间	CommitTime	datetime		是	提交时间<开始时间
开始时间	BeginTime	datetime		是	开始时间<结束时间
结束时间	EndTime	datetime		是	
审核员	Audit	int		是	外键 员工编号<>审核者编号
状态	State	nvarchar	6	是	见**注**
拒绝原因	Refuse	nvarchar	200	是	

注 状态取值只能是（已提交，已取消，已批准，已拒绝）

以上 5 张表是 HR 数据库中的 5 张基本表，它们中的数据如表 5.14～表 5.19 所示。

表 5.14 员工表 Employee 中的数据

员工编号	姓　名	性　别	出 生 日 期	工 作 时 间	电　话
200901	周霞	男	1986.1.8	2005.2.12	1388048621
200902	王安琪	男	1984.2.24	2008.1.1	1365452240
200903	官萍	男	1985.10.24	2006.4.15	1352541201
200904	邓金金	男	1982.9.16	2005.7.15	1340245513
200905	林静	女	1983.4.13	2006.1.2	1395884456
200906	曹雨婷	女	1980.5.24	2001.10.4	1584622546
200907	黄茂迪	女	1989.5.20	2002.9.16	1594568522
200908	何敏	女	1985.7.4	2006.2.14	1554696446
200909	王廷	女	1985.2.24	2005.3.24	1385466856
200910	王琳琳	女	1984.5.21	2006.2.21	1358887966
200911	蒋军	男	1980.12.1	2006.2.14	1365512545
200912	萨拉齐	男	1980.1.1	2002.2.24	1358466324

表 5.15 员工表 Employee 中的数据（补充）

员工编号	邮件地址	部门号	级别	备注
200901	daidk@sina.com	302	普通	休假
200902		301	普通	
200903	dkk@163.com	307	普通	长期出差
200904			领导	
200905	maimai@126.com		领导	
200906		303	普通	常驻澳大利亚
200907	hahe@sina.com	308	外聘	
200908		309	普通	
200909	heli@sina.com	302	普通	
200910		304	外聘	
200911		302	领导	
200912		301	普通	

表 5.16 部门表 Department 中的数据

部门编号	部门名称	经理	电话	部门描述
301	销售部	200904	8296021	主要负责销售
302	市场部	200904	8290125	开发市场
303	外联部	200905	8582405	同相关企业沟通交流
304	后勤部	200911	8564212	负责后勤工作
305	客服部	200905	8245458	客户问题解答
306	生产部	200905	8614525	产品生产
307	维修部	200911	8987525	产品维修
308	外勤部	200911	8532504	同维修部联系
309	研发部	200904	8001245	产品研发

表 5.17 工资表 Salary 中的数据

工资编号	职工编号	基本工资	奖金	扣除	公积金	应发工资
1	200901	1500	1200	240	420	2040
2	200902	1625	1450	210	400	2465
3	200903	1500	1360	108	450	2302
4	200904	2500	2200	360	450	3890
5	200905	2500	1020	420	380	2720
6	200906	1500	1200	105	420	2175
7	200907	1890	1600	325	0	3165
8	200908	1500	1500	200	420	2380
9	200909	1500	1200	100	420	2180

续表

工资编号	职工编号	基本工资	奖 金	扣 除	公积金	应发工资
10	200910	1900	1200	108	0	2992
11	200911	1625	1500	365	440	2320
12	200912	1500	1480	85	420	2475

表5.18 考勤表 Attend 中的数据

考勤编号	职工编号	到达时间	记录人员	类 型	记录日期
A01	200901	2009-1-11 08:30:00	200904	正常	2009-1-11 08:30:00
A02	200902	2009-1-05 08:35:00	200904	迟到	2009-1-05 08:35:00
A03	200906	2009-3-08 09:58:00	200904	迟到	2009-3-08 09:58:00
A04	200907	2009-5-12 15:30:00	200904	早退	2009-5-12 15:30:00
A05	200908	2009-4-21	200907	缺勤	2009-4-21 17:00:00
A06	200911	2009-2-12 08:50:00	200907	迟到	2009-2-12 08:50:00

表5.19 假期表 Vacation 中的数据

请假编号	职工编号	请假原因	提交时间	开始时间	结束时间	审核员	状态	拒绝原因
V01	200902	事假	2009-1-09	2009-1-12	2009-1-15	200905	已批准	
V02	200906	病假	2009-3-4	2009-3-4	2009-3-5	200905	已批准	
V03	200908	事假	2009-5-7	2009-5-11	2009-5-13	200905	已拒绝	
V04	200910	产假	2009-4-12	2009-4-15	2009-9-15	200905	已提交	
V05	200912	事假	2009-4-22	2009-4-23	2009-4-24	200905	已取消	

1. 使用 Management Studio 创建数据库 HR 中的 5 张基本表，并实现其约束。
2. 使用 T-SQL 语句创建数据库 HR 中的 5 张基本表，并实现其约束。
3. 使用 Management Studio 向 5 张表中插入给出的表数据。
4. 使用 T-SQL 语句向 5 张表中插入给出的表数据。
5. 使用向导工具将员工表 Employee 中的数据导出到 Excel 文件中。
6. 删除员工表 Employee 中的所有数据记录，将第 5 小题的 Excel 文件中的数据再导入员工表 Employee 中。

第6章 数据检索

🡪 学习目标

1. 了解 SQL 语言的发展及特点。
2. 掌握使用 SQL 语句进行简单查询的方法。
3. 掌握 SQL 语句中一些常用关键字的用法。
4. 掌握连接查询和子查询。
5. 理解联合查询的意义和一般用法。

🡪 知识框架

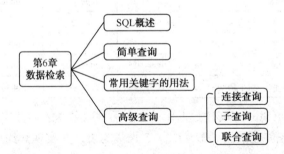

🡪 任务引入

SQL（Structured Query Language）是用于对存放在计算机数据库中的数据进行组织、管理和检索的工具。SQL 是与关系数据库交织在一起发展起来的。

1970 年 6 月，E.F.Dodd 博士发表 *A Relational Model of Data for Large Shared Data Banks* 论文，提出关系模型。

1974 年，IBM 的 Chamberlin 和 Ray Boyce 两位研究员发明了 SQL 语言。

业界普遍认为，SQL 是复杂问题简单化的一个典范，用几个关键字就能将所有复杂操作一概囊括。

1979年6月12日，Oracle公司（当时称为Relational Software）发布了第一个商用SQL关系数据库。

至今，关系数据库依然在技术日新月异的IT界雄霸市场，而几乎支持所有关系数据库的SQL语言也还在不断完善和改进。

6.1 SQL概述

SQL是一种介于关系代数与关系演算之间的结构化查询语句，其功能已不仅仅局限于查询，SQL是一个通用的、功能极强大的关系数据库语言。

SQL语言之所以能够被业界和广大用户所接受，并成为国际标准，是因为它是一个综合的、功能极强同时又简洁易学的语言。SQL语言集数据查询（Data Query）、数据操纵（Data Manipulation）、数据定义（Data Definition）和数据控制（Data Control）等功能于一体，主要特点如下：

（1）综合统一。SQL语言集数据定义语言DDL、数据操纵语言DML、数据控制语言DCL功能于一体，语言风格统一，完成数据库全部生命周期中的活动。

（2）高度非过程化。SQL语句对数据的操作，在完成某项任务请求时不要求指定路径，用户只需要提出"做什么"，无须指明"怎么做"，整个语句的执行过程由系统自动完成。例如要查询学生表XS的内容，只需执行语句SELECT * FROM XS即可。

（3）使用广泛。SQL语言既是自含式语言，又是嵌入式语言。用户可以在终端键盘上直接输入SQL语句对数据库进行操作；SQL语句也可以嵌入高级语言（如C#、JAVA、DELPHI等）程序中。

（4）简单易学，书写自由。SQL语言的数据定义功能包括定义数据库、定义基本表、定义索引和定义视图。其基本语句如表6.1所示。

表6.1 基本语句

操作对象	操作方式		
	创建语句	删除语句	修改语句
数据库	CREATE DATABASE	DROP DATABASE	ALTER DATABASE
基本表	CREATE TABLE	DROP TABLE	ALTER TABLE
索引	CREATE INDEX	DROP INDEX	
视图	CREATE VIEW	DROP VIEW	

6.2 使用SELECT语句的简单查询

6.2.1 SELECT子句

SELECT子句是一条查询语句的开始部分，它后面的内容规定了查询的返回列的信息和格式。

SELECT 语句不修改表或视图的数据，它通常是查询语句的第一个词。大部分的 SQL 语句是 SELECT 语句，或者 SELECT…INTO 语句。

【例 6.1】 查询数据库 CJGL 中学生的基本信息，包括学生的学号、姓名、性别、班级名和籍贯等信息。

实现该任务的步骤如下：

（1）打开 Management Studio 窗口，在"对象资源管理器"中找到数据库 CJGL，展开表 Student。

（2）使用鼠标右键单击表 Student，在弹出的菜单中执行"编写表脚本为"→"SELECT 到"→"新查询编辑器窗口"命令，如图 6.1 所示。

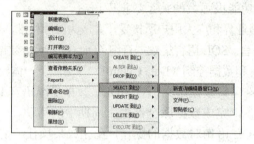

图 6.1　新建查询

（3）打开新的查询窗口，如图 6.2 所示，并将多余的列名删除，只选中题目要求的列名。编辑完成后按 F5 键或单击工具栏上的 执行(X) 按钮。

【思考】 图 6.2 中画线的部分表示的是表名，在图中表达时是什么意思？

【练习】 读者也可以自己在查询窗口中输入查询语句，也能得到同样的执行结果。

【例 6.2】 查询成绩表 Score 中选修课程的学生的学号和成绩。

（1）打开查询窗口，执行如下语句：

```
SELECT StuNo,Grade
 FROM dbo.Score
 GO
```

（2）执行结果如图 6.3 所示。

图 6.2　新的查询窗口

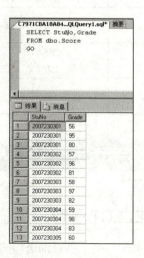

图 6.3　执行结果

【注意】 请读者注意观察图 6.3 中的执行结果，会发现同一个学号 StuNo 有多行，而成绩 Grade 又是不相同的。这是因为同一个学生可能选修多门课程。

【例 6.3】 查询成绩表 Score 中的选修课程的学生的学号，消除重复行。

（1）在打开的查询窗口中执行如下代码：

```
SELECT   DISTINCT StuNo
  FROM dbo.Score
  GO
```

（2）执行完毕后，查询结果如图 6.4 所示。

图 6.4 查询结果

【注意】 以上两例中查询的结果没有出现重复值，而在【例 6.2】中却出现重复值，这主要是因为在【例 6.3】中多了关键字 DISTINCT。实际上，想控制在查询的结果中显示重复行，可以按照如下的语法书写：

```
SELECT   ALL|DISTINCT 目标列表达式
  FROM 表名
  …
```

其中：

ALL 关键字是默认的，也就是说在【例 6.2】中没有写关键字，那么默认会显示重复行。

DISTINCT 消除重复列，例如一个学生可能选修多门课程则出现多行，用该关键字可将多个学号只显示一次。

【练习】 显示课程表中教师姓名，尝试去掉重复行（一个教师可能教授多门课程）。

【例 6.4】 查询班级表 Class 中的所有班级的编号、班级名称、所属部门和班级人数，要求所有列重新命名。

在查询窗口中执行以下 SQL 语句：

```
Select   ClaNo as 班级号,ClaName as 班级名称,
      Department as 所属系部,Number as 人数
From Class
GO
```

执行结果如图 6.5 所示。

图 6.5　查询结果

【分析】 图 6.5 中的查询结果显示列名发生了变化，不再显示表中的列名。实际上，为了让其他用户都能读懂表中的列名，也为了不让表中的定义列名直接暴露在用户面前，以增加安全性，可以使用 AS 关键字重新命名列名。格式如下：

SELECT　table_list　AS　new_name
　…

【练习】 读者可以在查询窗口中执行如下 SQL 语句。比较和上例的执行结果，可以得到什么启示？

Select　班级号=ClaNo ,班级名称=ClaName ,
　　所属系部=Department,人数=Number
From Class
GO

【例 6.5】 查询学生表 Student 中所有学生的年龄。

【分析】 学生表 Student 中有一个字段 Birthday，要求学生的年龄只需用当前的年份减去出生日期的年份。此例是介绍如何在 SELECT 关键字后对列进行+（加），-（减），*（乘），/（除）四则运算。

在查询窗口中执行以下 SQL 语句：

Select　StuName as 姓名, 2009-YEAR(Birthday) as 年龄
From　Student
GO

【注意】 函数 YEAR( )返回表示指定日期的年份的整数。
其语法结构如下：

YEAR (date)

6.2.2　FROM 子句

FROM 子句在 SELECT 子句之后，用于指定被查询的表，可以是单表或者派生表，也可以是多张表，还可以是视图或者临时表。

【例 6.6】 查询所有选课学生的姓名、性别和成绩。

【分析】 查询的列要用到姓名和性别（在 Student 表中），成绩（在 Score 表中）要用到两张表的连接查询。

在查询窗口执行如下的 SQL 语句：

```
Select StuName,Sex,Grade
from Student st join Score sc
     ON st.StuNo=sc.StuNo
  GO
```

执行结果如图 6.6 所示。

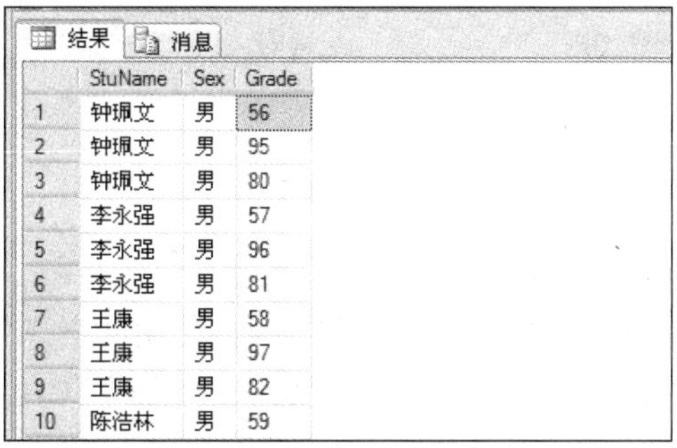

结果　消息

	StuName	Sex	Grade
1	钟珮文	男	56
2	钟珮文	男	95
3	钟珮文	男	80
4	李永强	男	57
5	李永强	男	96
6	李永强	男	81
7	王康	男	58
8	王康	男	97
9	王康	男	82
10	陈浩林	男	59

图 6.6　查询结果

【注意】 当 FROM 子句后的两个表内有重复名的列时，要对列名加上限定。FROM 子句后的表名不能重复，如果需要重复表名，则需要使用别名。这里使用了 st、sc 别名。

【例 6.7】 建立视图 vi_stu_time，描述学生的姓名，性别，入学时间和出生日期，查询该视图。

（1）建立视图 vi_stu_time，在查询窗口中执行如下语句：

```
Create view vi_stu_time
as
Select StuName,Sex,Enrolltime,Birthday
from Student
 GO
```

（2）使用视图与使用表一样，可以用 SELECT 语句查询其中的内容。

在查询窗口中执行如下语句：

```
USE cjgl
go
Select *
from vi_stu_time
GO
```

执行结果如图 6.7 所示。

	StuName	Sex	Enrolltime	Birthday
1	钟珮文	男	2007-08-16 00:00:00	1985-07-12 00:00:00
2	李永强	男	2007-08-16 00:00:00	1987-04-12 00:00:00
3	王康	男	2005-08-16 00:00:00	1984-05-10 00:00:00
4	陈浩林	男	2006-08-16 00:00:00	1987-06-12 00:00:00
5	吴金果	男	2007-08-16 00:00:00	1987-04-15 00:00:00
6	黄义强	男	2007-08-16 00:00:00	1987-07-12 00:00:00
7	汤勤	女	2007-08-16 00:00:00	1986-07-12 00:00:00
8	刘李	女	2005-08-16 00:00:00	1985-07-12 00:00:00
9	杨倩	女	2005-08-16 00:00:00	1988-07-18 00:00:00
10	马兰	女	2007-08-16 00:00:00	1987-07-23 00:00:00
11	邓家文	女	2005-08-16 00:00:00	1987-09-12 00:00:00
12	王桂芳	女	2007-08-16 00:00:00	1987-12-12 00:00:00
13	林楠	女	2007-08-16 00:00:00	1987-12-18 00:00:00
14	魏永红	女	2005-08-16 00:00:00	1986-07-12 00:00:00

图 6.7　查询结果

【注意】 在语句中，用“*”代替了视图的所有列，它和以下语句等价。

```
USE cjgl
go
Select StuName,Sex,Enrolltime,Birthday
from vi_stu_time
GO
```

6.2.3　WHERE 子句

WHERE 子句作为查询的限定条件是可选的，但在使用时必须接在 FROM 子句之后，用来限定查询结果。只有符合条件的记录才会显示出来。WHERE 子句可以是单一的条件，也可以是多个条件结合的复杂条件。

【例 6.8】 查询出生日期在 1988 年以后的学生的情况。

执行的 SQL 语句如下：

```
use cjgl
GO
Select *
from Student
where Birthday>='1989-1-1'
GO
```

执行结果如图 6.8 所示。

结果　消息

	StuNo	StuName	Sex	ClaName	Enrolltime	City	Birthday	Notes
1	2007230318	何春燕	女	新闻学1班	2005-08-16 00:00:00	广东深圳	1989-07-10 00:00:00	宣传委员
2	2007230332	王凤	女	影视评论1班	2007-08-16 00:00:00	重庆北碚	1989-04-12 00:00:00	团支部书记
3	2007230339	刘苏庆	男	会计电算化4班	2005-08-16 00:00:00	四川广安	1989-03-15 00:00:00	宣传委员

图 6.8　查询结果

【注意】 时间格式一定要求是“YYYY-MM-DD”或者“YYYY / MM / DD”。

【例 6.9】 查询男生中备注列不为空的学生的情况。

【分析】 本例有两个要求，一是性别为“男”，二是备注列不为空。

使用的 SQL 语句如下：

```
use cjgl
GO
Select StuNo,StuName,Sex,Notes
from Student
where Sex='男'
        AND Notes IS NOT NULL
GO
```

执行结果如图 6.9 所示。

	StuNo	StuName	Sex	Notes
1	2007230304	陈浩林	男	三好学生
2	2007230339	刘苏庆	男	宣传委员
3	2007230342	夏光杰	男	文娱委员
4	2007230344	邹晓林	男	班长
5	2007230347	李濛	男	三好学生
6	2007230351	李成晖	男	优秀干部
7	2007230403	雷小龙	男	优秀干部
8	2007230406	吴轩	男	团支部书记
9	2007230432	潘娇娇	男	团支部书记
10	2007230434	王安琪	男	党支部书记
11	2007230447	刘祖宇	男	宣传委员
12	2007230449	袁强	男	文娱委员

图 6.9 查询结果

【例 6.10】 查询计算机系或中文系所属班级的名称和每个班级的人数。

【分析】 此例有两个条件，一是中文系下属班级，二是计算机系所属班级，两个条件只要满足一个就应该返回结果集。

使用的 SQL 语句如下：

```
USE cjgl
GO
Select ClaName,Department,Number
from Class
where Department='计算机系'
        OR Department='中文系'
GO
```

执行结果如图 6.10 所示，查询返回的结果集中包含了计算机系的所属班级，也包含了中文系的下属班级。

结果 消息

	ClaName	Department	Number
1	多媒体1班	计算机系	47
2	软件.NET2班	计算机系	43
3	软件JAVA1班	计算机系	41
4	计算机网络3班	计算机系	48
5	计算机网络2班	计算机系	46
6	计算机信息管理1班	计算机系	52
7	计算机应用3班	计算机系	42
8	计算机应用1班	计算机系	39
9	汉语言文学2班	中文系	51
10	影视评论1班	中文系	29
11	新闻学1班	中文系	46
12	计算机网络1班	计算机系	48
13	动漫1班	计算机系	39

图 6.10 查询结果

6.2.4 GROUP BY 子句

GROUP BY 子句指定对查询结果分组的条件，如果 SELECT 子句中包含了聚合函数，则计算每组的汇总值。指定 GROUP BY 子句时，选择列表中任意非聚合表达式内的所有列都应包含在 GROUP BY 列表中，或者 GROUP BY 表达式必须与选择列表的表达式完全匹配。Text、ntext 和 image 类型的数据不能用于 GROUP BY 子句。

【例 6.11】 查询班级表 Class 中每个系的总人数。

【分析】 查询返回的结果集应该是每个系后面有该系的人数，这时应该使用聚合函数 SUM。

在查询窗口执行如下 SQL 语句：

```
USE cjgl
GO
Select Department,SUM(Number) as 人数
from Class
    GROUP BY Department
GO
```

执行结果如图 6.11 所示。

	Department	人数
1	计算机系	445
2	经济系	325
3	外语系	234
4	中文系	126

图 6.11 查询结果

【注意】 SUM()函数返回表达式中所有值的和（或）仅非重复值的和。SUM 只能用于数字列。空值将被忽略。

其语法结构如下：

```
SUM (expression )
```

expression 为常量、列或函数与算术、位和字符串运算符的任意组合，是精确数字或近似数字数据类型类别（bit 数据类型除外）的表达式。其数据类型是 int、float、decimal 和 real 类型。

【相似】 和 SUM()函数相似的聚合函数还有求平均值的 AVG()函数，求最大值的 MAX()函数，求最小值的 MIN()函数以及计算行数的 COUNT()函数。

【例 6.12】 查询学生表 Student 中学生的总人数。

【分析】 计算学生的总人数，实际就是计算学生表 Student 总共有多少行。可以使用函数 COUNT()完成。

在查询窗口中执行如下 SQL 语句：

```
USE cjgl
GO
Select count(*) as 总人数
```

```
from    Student
GO
```

返回的学生总人数如图 6.12 所示。

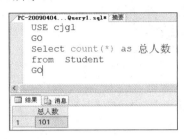

图 6.12　显示返回的学生总人数

【思考】 如何实现查询开设的课程数？

【例 6.13】 选课表（成绩表）中存在一个学生选修多门课程的情况，查询每个学生所选课程的平均成绩。

【分析】 计算每个学生的平均成绩，要用到学号和成绩列，还要用到聚合函数 AVG()，因此还要用分组语句 GROUP BY。

```
USE cjgl
GO
Select StuNo,AVG(Grade)as average
from Score
group by StuNo
GO
```

执行的结果如图 6.13 所示。

	StuNo	avera...
1	2007230301	77
2	2007230302	78
3	2007230303	79
4	2007230304	80
5	2007230305	79
6	2007230306	77
7	2007230307	75
8	2007230308	76
9	2007230309	70
10	2007230310	71

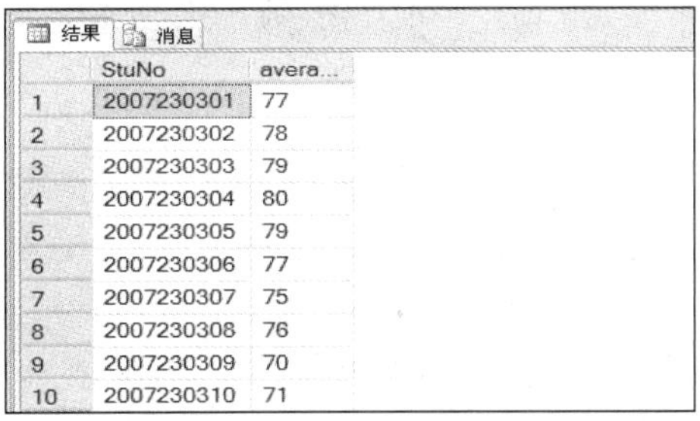

图 6.13　显示每个学生所选课程的平均成绩

【思考】 要查找每个学生选修的多门课程中的最高分数和最低分数，应该如何实现？

6.2.5　HAVING 子句

HAVING 子句和 WHERE 子句类似，后面都是有选择的条件。必须在使用 GROUP BY 子句的前提下使用 HAVING 子句，HAVING 对分组的结果进行筛选，不满足条件则不显示。HAVING 子句后也不能使用 text、image 和 ntext 数据类型的列。

【例 6.14】 选课表（成绩表）中存在一个学生选修多门课程的情况，查询每个学生所选课程的平均成绩。要求只显示平均成绩在 80 分以上（含 80 分）的学生信息。

【分析】 只需要在【例 6.13】的结果集中进行筛选,不显示平均成绩在 80 分以下的信息。
在查询窗口中执行如下 SQL 语句:

```
USE cjgl
GO
Select StuNo,AVG(Grade)as average
from Score
group by StuNo
    Having AVG(Grade)>=80
GO
```

执行结果如图 6.14 所示。

StuNo	average
1	2007230304	80
2	2007230337	80
3	2007230338	80
4	2007230339	81
5	2007230340	82
6	2007230341	83
7	2007230342	84
8	2007230343	85
9	2007230344	86

图 6.14 显示平均成绩在 80 分以上(含 80 分)的学生信息

【思考与练习】 既然 HAVING 子句和 WHERE 子句后面都有选择的条件,那么可以把本例中的 HAVING 子句后的条件放在 WHERE 子句之后吗?试试看!

【例 6.15】 查询每门课程的选修人数,包括课程名和选修人数,只显示选修人数大于 5 人的情况。

【分析】 要查询课程名称需要用到课程表 Course,查询选修人数实际就是看成绩表 Score 中同一门课程号对应有几个学号(或者几个成绩)。除了用到连接查询外,还要用到分组和筛选。

在查询窗口中执行以下 SQL 语句:

```
USE cjgl
GO
SELECT CouName,COUNT(StuNo) as 选修人数
FROM Score sc join   Course co
    ON sc.CouNo=co.CouNo
GROUP BY CouName HAVING COUNT(StuNo)>5
GO
```

执行结果如图 6.15 所示。

CouName	选修人数
1	大学英语	10
2	华尔街传说	18
3	计算机网络技术基础	10
4	驾驶	15
5	经济学基础	14
6	篮球规则与裁判	16
7	烹饪与营养搭配	16
8	三国古今	18

图 6.15 显示选修人数大于 5 人的课程

【注意】 凡是要对聚合函数用比较运算符（<, >, !=, <=, >=），条件是必须放在 HAVING 子句中。

6.2.6 ORDER BY 子句

如果要将数据按某列的顺序显示出来，就必须用到 ORDER BY 子句。ORDER BY 子句使用两个保留字 ASC 和 DESC。ASC 按升序（递增）排列，DESC 按照降序（递减）排列，默认的排列顺序是升序排列（A～Z，a～z，0～9），在 ORDER BY 子句中不能对 text、image 和 ntext 数据类型的列进行排序。

【例 6.16】 查询班级表 Class 中所有班级的名称和人数。将查询的结果按照人数的升序排列。

在查询窗口中执行如下 SQL 语句：

```
USE CJGL
GO
SELECT ClaName,Number
FROM    Class
ORDER BY Number ASC
GO
```

执行结果如图 6.16 所示。

	ClaName	Number
1	影视评论1班	29
2	商务英语2班	32
3	会计电算化4班	32
4	商务英语1班	34
5	商务英语3班	34
6	计算机应用1班	39
7	动漫1班	39
8	金融1班	40

图 6.16 查询结果

【注意】 在该语句中的关键字 ASC 是默认的，如果未使用该关键字，则查询结果还是按照升序进行排列。

【思考】 在排序列出现有 NULL 值时，如果按升序排列，那么 NULL 是在顶端还是在底端？

6.3 常用的其他关键字

本节将分别介绍一些其他常用的 SQL 关键字，如 LIKE、NULL、TOP、CASE 等。

6.3.1 LIKE 关键字

使用 LIKE 关键字可以实现模糊查询的功能。运算符 LIKE 可用来进行字符串的匹配, LIKE

后面是匹配模式。匹配模式可以是一个包含通配符“%”（百分号），“_”（下画线），“[ ]”（中括号）和“^”（取反）的字符串。

“%”代表任意长度（长度可以为0）的字符串。

“_”代表任意单个字符。

“[ ]”代表字符的范围。

“^”代表在某个范围之外。

【例6.17】 查询所有姓“李”的学生的学号、姓名和性别。

【分析】 在姓“李”的学生中，可能是两个字的姓名，也可能是三个字的姓名。

在查询窗口执行如下SQL语句：

```
USE CJGL
GO
SELECT StuNo,StuName,Sex
FROM Student
Where StuName LIKE '李%'
GO
```

查询的结果如图6.17所示。

	StuNo	StuName	Sex
1	2007230302	李永强	男
2	2007230347	李濛	男
3	2007230351	李成晖	男

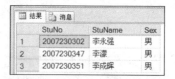

图6.17　显示姓“李”的学生情况

【例6.18】 查询课程名称中包含“计算机”课程的编号、名称、开课类型及学分。

【分析】 课程名称中包含“计算机”，有可能出现在名称的开始部分，也可能出现在中间，还有可能出现在结束部分。

在查询窗口执行如下SQL语句：

```
USE CJGL
GO
SELECT CouNo,CouName,Kind,Credit
FROM Course
WHERE   CouName LIKE '%计算机%'
GO
```

执行结果如图6.18所示。

	CouNo	CouName	Kind	Credit
1	B0100251	计算机网络技术基础	必修	2.5
2	X0201251	计算机体系结构与操作系统	选修	2.0

图6.18　显示包含“计算机”的课程

【例6.19】 查询课程编号第一个字符为“X”或者“Y”，第6个字符为数字的课程编号和课程名称。

【分析】 课程编号第 1 个字符有两种可能，第 6 个字符是数字，用 0~9 表示。中间要加上 4 个“_”字符。

使用的 SQL 语句如下：

```
USE CJGL
GO
SELECT CouNo,CouName
FROM Course
WHERE   CouNo LIKE '[xy]____[0-9]%'
GO
```

执行结果如图 6.19 所示。

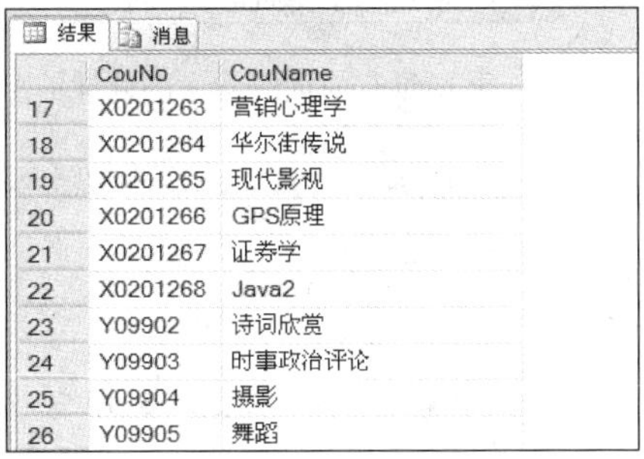

	CouNo	CouName
17	X0201263	营销心理学
18	X0201264	华尔街传说
19	X0201265	现代影视
20	X0201266	GPS原理
21	X0201267	证券学
22	X0201268	Java2
23	Y09902	诗词欣赏
24	Y09903	时事政治评论
25	Y09904	摄影
26	Y09905	舞蹈

图 6.19　查询结果

【注意】 这里用到的是“_”下画线，而非分隔线“-”。

【例 6.20】 查询课程编号第一个字符不是以“X”或者“Y”开头的课程编号、课程名称和开课类型。

使用的 SQL 语句如下：

```
USE CJGL
GO
SELECT CouNo,CouName
FROM Course
WHERE   CouNo LIKE '[^xy]%'
GO
```

读者可以查看查询结果和【例 6.18】有何不同。

6.3.2　NULL 关键字

NULL 值与 0 值不同，NULL 表示该值没有输入，也就是还没有确定，而 0 值则表示是确定的值。可以在 WHERE 子句中用 IS NULL 或者 IS NOT NULL 来判断某一列是否输入了数据。

【例 6.21】 查询成绩表 Score 中选修了课程但没有成绩的学生的选课情况。

在查询窗口中执行如下 SQL 语句：

```
USE CJGL
GO
SELECT StuNo,CouNo,Grade
```

FROM Score
WHERE Grade IS NULL
GO

执行结果如图 6.20 所示。

图 6.20　显示没有成绩的学生的选课情况

【注意】　这里判断是否为空时使用的是 IS NULL 而非 "= NULL"。

6.3.3　TOP 关键字

指定查询结果中将只返回结果集的前面部分行数据。TOP 关键字可用在 SELECT、INSERT、UPDATE 和 DELETE 语句中。

【例 6.22】　查询年龄最大的前 5 个学生的记录。

【分析】学生的年龄最大实际就是出生日期最小，只需要将结果按照出生日期的升序排列。
TOP 关键字的语法结构如下：

TOP　integer　[PERCENT]
[WITH TIES]

integer：整数。
PERCENT：查询只返回结果集中前 expression %的行。
WITH TIES：从基本结果集中返回额外的行，必须和 ORDER BY 子句结合使用。
在查询窗口执行如下的 SQL 语句：

USE CJGL
GO
SELECT TOP 5 StuName,Sex,ClaName,Birthday
FROM　Student
ORDER BY Birthday
GO

执行结果如图 6.21 所示。

图 6.21　显示年龄最大的前 5 个学生的记录

【例 6.23】 查询学生表 Student 中前 20%的学生记录，包括学号、姓名、性别、班级和籍贯等信息。

在查询窗口执行如下的 SQL 语句：

```
USE CJGL
GO
SELECT TOP 20 PERCENT StuName,Sex,ClaName,City
FROM    Student
ORDER BY    Birthday
GO
```

【注意】 SQL 语句中的 PERCENT 不能换成“%”。

【例 6.24】 查询学生表 Student 中前 4 条的学生记录，使用 WITH TIES 选项。

【分析】显示前 4 条记录，使用 TOP 4 即可，要使用 WITH TIES 选项，则必须要有 ORDER BY 子句。

在查询窗口执行如下的 SQL 语句：

```
USE CJGL
GO
SELECT TOP 4 WITH TIES StuName,
              Sex,ClaName,City
FROM    Student
ORDER BY City
GO
```

执行结果如图 6.22 所示。

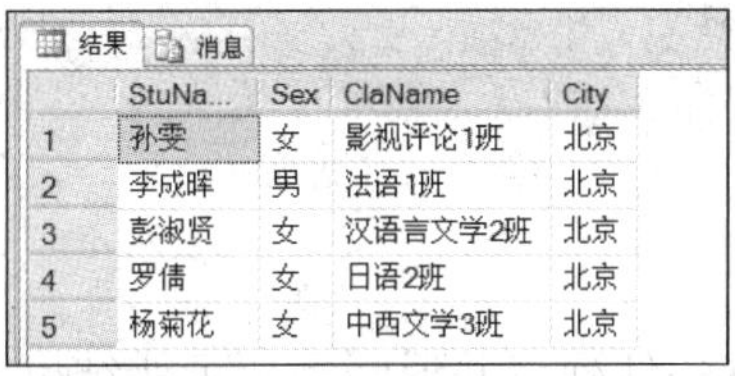

	StuNa...	Sex	ClaName	City
1	孙雯	女	影视评论1班	北京
2	李成晖	男	法语1班	北京
3	彭淑贤	女	汉语言文学2班	北京
4	罗倩	女	日语2班	北京
5	杨菊花	女	中西文学3班	北京

图 6.22　使用 WITH TIES 选项的查询结果

【注意】使用 TOP 4 查找的前 4 条记录，为什么在这里出现了 5 行记录？使用 WITH TIES 选项后，会在 ORDER BY 子句上的列 City 上找到和前 4 条记录相同的一行，将这一行数据加到结果集中。

6.3.4　BETWEEN…AND…关键字

BETWEEN…AND…关键字用于放在搜索条件中表示范围，可以是时间范围，也可以是数字范围。

【例 6.25】 查询出生日期在 1988—1989 年学生的姓名、性别和出生日期。

在查询窗口执行如下的 SQL 语句：

```
USE CJGL
GO
```

```
SELECT StuName,Sex,Birthday
FROM    Student
WHERE Birthday BETWEEN '1988-1-1'
        AND '1989-12-31'
GO
```

执行结果如图 6.23 所示。

图 6.23   查询结果

【注意】
（1）BETWEEN 后是范围的下限，AND 后是范围的上限，包含边界值。
（2）这里的日期必须要加单引号。

【思考】 WHERE 中的表达式可以换成其他表达方式吗？比如下面用比较运算符表达。

```
USE CJGL
GO
SELECT StuName,Sex,Birthday
FROM    Student
WHERE Birthday >='1988-1-1'
        AND Birthday<='1989-12-31'
GO
```

6.3.5 CASE 关键字

使用 CASE 关键字可以计算条件列表并返回多个可能结果表达式之一。CASE 关键字的表达需要用到 CASE、THEN 子句和 END 关键字，以及可以用来重新命名列名的 AS 关键字。

【例 6.26】 查询成绩表 Score 中的每个学生的成绩，并进行分类。

在查询窗口执行如下的 SQL 语句：

```
USE CJGL
GO
SELECT StuNo,AVG(Grade) AS  平均成绩,
等级= CASE                              --新增的列"等级"
WHEN AVG(Grade)=80 then '优秀'          --用 AVG（Grade）来判断
WHEN AVG(Grade)>=60 then '及格'
WHEN AVG(Grade)<=60 then '不及格'
ELSE '无成绩'
 END                                    --记得这里的"END"
FROM    Score
GROUP BY StuNo                          --必须用"GROUP BY"分组
GO
```

执行结果如图 6.24 所示。

	StuNo	平均成绩	等级
1	2007230301	77	及格
2	2007230302	78	及格
3	2007230303	79	及格
4	2007230304	80	优秀
5	2007230305	79	及格
6	2007230306	77	及格
7	2007230307	75	及格

图 6.24　使用 CASE 关键字

【思考】 判断学生表 Student 中入学时间为 2007 年，则判定年级为“07 级”；为 2006 年，则判定年级为“06 级”；为 2005 年，则判定年级为“05 级”，其他时间判定为未知。

6.4　高级查询

6.4.1　连接查询

T-SQL 提供了连接操作符 JOIN，用于从两张或多张数据表的连接中获取数据。两张表之间的连接可以有以下几种不同的方式：

- 内连接　　[INNER] JOIN
- 外连接　　LEFT [OUTER] JOIN
  　　　　　RIGHT [OUTER] JOIN
  　　　　　FULL [OUTER] JOIN
- 自连接　　[INNER] JOIN
- 交叉连接　CROSS JOIN

1. 内连接

在内连接中，可以使用等号（=）作为比较运算符，此时称作等值连接。也可以使用不等比较运算符，此时为不等值连接。

【例 6.27】 查询所有课程信息和选课学生的成绩。

【分析】 连接课程表 Course 和成绩表 Score，使用内连接。

在查询窗口执行如下的 SQL 语句：

```
USE CJGL
GO
SELECT Sc.*,Co.*
FROM    Score sc JOIN Course co
        on sc.CouNo=co.CouNo
GO
```

执行结果如图 6.25 所示。

	StuNo	CouNo	Grade	CouNo	CouName	Kind	Credit	Term	Teacher
1	2007230308	B0100245	NULL	B0100245	大学英语	必修	2.0	1	甄珍
2	2007230309	B0100245	NULL	B0100245	大学英语	必修	2.0	1	甄珍
3	2007230330	B0100245	85	B0100245	大学英语	必修	2.0	1	甄珍
4	2007230345	B0100245	98	B0100245	大学英语	必修	2.0	1	甄珍
5	2007230346	B0100245	NULL	B0100245	大学英语	必修	2.0	1	甄珍
6	2007230401	B0100245	86	B0100245	大学英语	必修	2.0	1	甄珍
7	2007230422	B0100245	55	B0100245	大学英语	必修	2.0	1	甄珍
8	2007230423	B0100245	56	B0100245	大学英语	必修	2.0	1	甄珍
9	2007230445	B0100245	89	B0100245	大学英语	必修	2.0	1	甄珍

图 6.25 等值连接

【注意】 查询结果出现了完全相同的两列，而此列刚好是两张表的连接列。

【例 6.28】 查询所有课程信息和选课学生的成绩，去掉重复列。

【分析】 在【例 6.27】的结果集中去掉重复的列名。

在查询窗口中执行如下的 SQL 语句：

```
USE CJGL
GO
SELECT StuNo,Grade,Co.*
FROM    Score sc JOIN Course co
     on sc.CouNo=co.CouNo
GO
```

执行结果如图 6.26 所示，去掉了上例中的重复列 CouNo。

	StuNo	Grade	CouNo	CouName	Kind	Credit	Term
1	2007230308	NULL	B0100245	大学英语	必修	2.0	1
2	2007230309	NULL	B0100245	大学英语	必修	2.0	1
3	2007230330	85	B0100245	大学英语	必修	2.0	1
4	2007230345	98	B0100245	大学英语	必修	2.0	1
5	2007230346	NULL	B0100245	大学英语	必修	2.0	1
6	2007230401	86	B0100245	大学英语	必修	2.0	1
7	2007230422	55	B0100245	大学英语	必修	2.0	1
8	2007230423	56	B0100245	大学英语	必修	2.0	1
9	2007230445	89	B0100245	大学英语	必修	2.0	1

图 6.26 自然连接

【注意】【例 6.27】中的连接称为等值连接，本例将等值连接的重复列去掉，这种连接方法称为自然连接。

【例 6.29】 查询所有选修了课程的学生的姓名、课程名和成绩。

【分析】 本例用到了学生表 Student 中的姓名，课程表 Course 中的课程名及成绩表 Score 中的成绩列，需要连接 3 张表。

在查询窗口中执行如下的 SQL 语句：

```
USE CJGL
GO
SELECT StuName,CouName,Grade
FROM    Score sc JOIN Course co
     ON sc.CouNo=co.CouNo
```

```
        JOIN Student st
        ON st.StuNo=sc.StuNo
ORDER BY Grade desc
GO
```

执行结果如图 6.27 所示。

	StuName	CouName	Grade
1	黄义强	Linux操作系统	100
2	吴金果	Java2	99
3	陈浩林	C# Framework程序设计	98
4	秦利蓉	大学英语	98
5	邹晓林	计算机网络技术基础	97
6	王康	Linux操作系统	97
7	李永强	三国古今	96
8	张俊丽	计算机网络技术基础	96

图 6.27　连接 3 张表

【思考】 连接 N 张表需要多少个连接条件？

2. 外连接

外连接包括左外连接、右外连接和全外连接。左外连接包含左表的所有数据行，右外连接包含右表的所有数据行，全外连接包含两个表的所有数据行。

【例 6.30】 查询所有学生的信息和选课学生的情况。

【分析】 学生表中的学生有一部分没有选课，但他们的信息，以及所有选课学生的选课情况都要显示。

在查询窗口中执行如下的 SQL 语句：

```
USE CJGL
GO
SELECT StuName,Sex,ClaName,CouNo,Grade
FROM    Student st   left JOIN Score sc
          ON st.StuNo=sc.StuNo
GO
```

执行结果如图 6.28 所示。

	StuNa...	Sex	ClaName	CouNo	Grade
329	曾婕	女	计算机网络3班	Y09905	67
330	曾婕	女	计算机网络3班	Y09908	59
331	漆玉玲	女	计算机网络2班	B0100251	88
332	漆玉玲	女	计算机网络2班	X0201257	55
333	漆玉玲	女	计算机网络2班	Y09906	68
334	漆玉玲	女	计算机网络2班	Y09909	60
335	颜强	男	计算机信息...	B0100245	89
336	颜强	男	计算机信息...	X0201257	55
337	颜强	男	计算机信息...	Y09907	69
338	冯莉莉	女	计算机应用3班	B0100245	90
339	冯莉莉	女	计算机应用3班	X0201257	55
340	冯莉莉	女	计算机应用3班	Y09908	70
341	刘祖宇	男	计算机应用1班	NULL	NULL
342	莫智玲	男	商务英语2班	NULL	NULL
343	袁强	男	商务英语1班	NULL	NULL
344	杨菊花	女	中西文学3班	NULL	NULL

图 6.28　左外连接

【注意】 指定在结果集中包括表中所有不满足连接条件的行，并在由内部连接返回所有的行之外，将另外一个表的输出列设为 NULL。

【例 6.31】 查询所有课程的信息和学生选课的信息。

在查询窗口中执行如下的 SQL 语句：

```
USE CJGL
GO
SELECT CouName,Kind,Credit,sc.CouNo,Grade
FROM Score sc right JOIN   Course co
        ON sc.CouNo=co.CouNo
GO
```

执行结果如图 6.29 所示。

结果 消息

	CouName	Kind	Cre...	CouNo	Gra...
112	操作系统（2003配置管理）	选修	2.0	NULL	NULL
113	FLASH动画与设计	选修	2.0	X0201250	80
114	FLASH动画与设计	选修	2.0	X0201250	45
115	FLASH动画与设计	选修	2.0	X0201250	49
116	FLASH动画与设计	选修	2.0	X0201250	86
117	FLASH动画与设计	选修	2.0	X0201250	84
118	计算机体系结构与操作系统	选修	2.0	NULL	NULL
119	专业英语	选修	2.0	NULL	NULL
120	C# Framework程序设计	选修	2.0	X0201253	98

图 6.29　右连接

【思考】 可以把本例中的右连接转化成左连接吗？如果可以，试试看。

【例 6.32】 查询所有学生信息和所有选课信息。

【分析】 对学生表 Student 和选课表 Score 进行全外连接。

在查询窗口中执行如下的 SQL 语句：

```
USE CJGL
GO
SELECT StuName,Sex,ClaName,CouNo,Grade
FROM    Student st   full JOIN Score sc
        ON st.StuNo=sc.StuNo
GO
```

3. 自连接

自连接是 SQL 语句中经常要用的连接方式，使用自连接可以将自身表的一个镜像当作另一个表来对待，从而能够得到一些特殊的数据。

【例 6.33】 查找不同课程成绩相同的学生的学号、课程号、学生成绩。

【分析】 本例必须使用自连接，将同一张成绩表 Score 取两个不同的别名，作为两张表。

在查询窗口中执行如下的 SQL 语句：

```
USE CJGL
GO
SELECT s1.StuNo,s1.CouNo,s1.Grade
FROM Score s1 JOIN Score s2
        ON s1.Grade=s2.Grade
WHERE s1.CouNo !=s2.CouNo
```

```
        AND s1.StuNo!=s2.StuNo
GO
```

执行结果如图 6.30 所示。

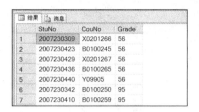

图 6.30 自连接

【例 6.34】 查找每门课程中成绩最好的前两名学生。

在查询窗口中执行如下 SQL 语句：

```
USE CJGL
GO
SELECT DISTINCT s1.*
FROM    Score s1 where s1.StuNo IN
(SELECT TOP 2 Score.StuNo
FROM Score
WHERE Score.CouNo = s1.CouNo
ORDER BY   Grade DESC)
ORDER BY s1.CouNo
GO
```

执行结果如图 6.31 所示。

图 6.31 成绩最好的前两名学生

【思考】 认真体会子查询中的内容，如何实现前两名的成绩，如何来比较得到最好的两个成绩。

4．交叉连接

交叉连接返回进行连接操作的两个表中所有数据行的笛卡尔积，得到的结果集的行数是两个表的行数的乘积。

【例 6.35】 查找所有学生选课的可能情况。

【分析】 本例就是要查看如果每个学生都选到了全部课程，那么会有多少种可能。

在查询窗口中执行如下 SQL 语句：

```
USE CJGL
GO
SELECT *
FROM Course cross JOIN Student
ORDER BY CouNo
GO
```

执行结果如图 6.32 所示。

	CouNo	CouName	Kind	Credit	Term	Teacher	StuNo	StuName	Sex	ClaName	Enrolltime	City	Birthday	Notes
1	B0100245	大学英语	必修	2.0	1	甄 珍	2007230301	钟珮文	男	会计电算化3班	2007-08-16 00:00:00	四川南充	1985-07-12 00:00:00	NULL
2	B0100245	大学英语	必修	2.0	1	甄 珍	2007230302	李永强	男	会计电算化4班	2007-08-16 00:00:00	四川都江堰	1987-04-12 00:00:00	NULL
3	B0100245	大学英语	必修	2.0	1	甄 珍	2007230303	王康	男	多媒体1班	2005-08-16 00:00:00	四川绵阳	1984-05-10 00:00:00	NULL
4	B0100245	大学英语	必修	2.0	1	甄 珍	2007230304	陈浩林	男	软件.NET2班	2006-08-16 00:00:00	四川广元	1987-06-12 00:00:00	三好学生
5	B0100245	大学英语	必修	2.0	1	甄 珍	2007230305	吴金果	男	软件JAVA1班	2007-08-16 00:00:00	四川广安	1987-04-15 00:00:00	NULL
6	B0100245	大学英语	必修	2.0	1	甄 珍	2007230306	黄义强	男	计算机网络3班	2007-08-16 00:00:00	重庆沙坪坝	1987-07-12 00:00:00	NULL
7	B0100245	大学英语	必修	2.0	1	甄 珍	2007230307	汤勤	女	计算机网络2班	2007-08-16 00:00:00	重庆沙坪坝	1986-07-12 00:00:00	NULL
8	B0100245	大学英语	必修	2.0	1	甄 珍	2007230308	刘李	女	计算机信息管理1班	2005-08-16 00:00:00	重庆万州	1985-07-12 00:00:00	优秀干部
9	B0100245	大学英语	必修	2.0	1	甄 珍	2007230309	杨倩	女	计算机应用3班	2005-08-16 00:00:00	浙江杭州	1988-07-18 00:00:00	NULL
10	B0100245	大学英语	必修	2.0	1	甄 珍	2007230310	马兰	女	计算机应用1班	2007-08-16 00:00:00	江苏苏州	1987-07-23 00:00:00	NULL

图 6.32　交叉连接

【注意】 交叉连接不能带 ON 连接条件，也不能有 WHERE 子句，但可以有 ORDER BY 子句。

6.4.2　子查询

将一个 SELECT 语句嵌套在另一个 SELECT 语句的 WHERE 子句中的查询形式，称为子查询，子查询中嵌套在 WHERE 子句里的 SELECT 语句称为内部查询。相对的，另一个包含内部查询的 SELECT 语句被称为外部查询。子查询要求服务器先计算内部查询并形成结果，然后外部查询根据内部查询的结果产生最终查询结果。

子查询可分为以下 3 种类型：

- [NOT] IN 子查询
- 比较子查询
- [NOT] EXISTS 子查询

【例 6.36】 查询外语系学生的姓名、性别、班级和籍贯。

【分析】 本例可以分两步来完成。

第一步：查找到外语系下属有哪些班级。

第二步：找到第一步中的班级所属的学生的姓名、性别、班级和籍贯。

这个查询操作用子查询的方式来实现，在查询窗口中执行如下 SQL 语句：

```
USE CJGL
GO
SELECT StuName,Sex,ClaName,City
FROM Student
WHERE ClaName IN(select ClaName
                 FROM    Class
                 WHERE Department='外语系'
                  )
GO
```

执行结果如图 6.33 所示。

	StuName	Sex	ClaName	City
1	邓家文	女	商务英语2班	湖北宜昌
2	王桂芳	女	商务英语1班	新疆乌鲁木齐
3	林楠	女	中西文学3班	新疆库尔勒
4	魏永红	女	法语1班	黑龙江哈尔滨
5	刘红梅	女	日语2班	黑龙江铁岭
6	王小	男	商务英语2班	黑龙江哈尔滨
7	杨西	男	商务英语1班	黑龙江铁岭
8	石蕾	男	中西文学3班	上海
9	李成晖	男	法语1班	北京

图 6.33　查询结果

【注意】 嵌套查询是先执行子查询，再执行外层查询。这里用 IN 关键字，原因是子查询的结果集可能是多个“班级名称”，用=则除非可以肯定子查询结果是唯一的一个值。

【思考与练习】 将本例改为用连接查询完成。如果现在要求查询不是计算机系和外语系学生的姓名、性别、班级和籍贯，请读者试着实现。

【例 6.37】 查询学号最小的学生的选课情况。

【分析】 本例要使用比较子查询来完成。

在查询窗口中执行如下 SQL 语句：

```
USE CJGL
GO
Select *
FROM Score
WHERE StuNo<= ALL(select StuNo
                  FROM    dbo.Student
                 )
GO
```

执行结果如图 6.34 所示。

	StuNo	CouNo	Grade
1	2007230301	B0100261	56
2	2007230301	X0201257	95
3	2007230301	Y09902	80

图 6.34　比较子查询

【注意】 比较子查询就是将某个列值与内部查询的结果作运算比较，如果比较结果为“真”则返回该行，否则不返回。比较子查询通常要用到操作符 ALL、ANY、SOME。其通用格式为：

```
<列值> <比较运算符> [ALL|ANY|SOME] <内部查询>
```

ALL：列值必须和内部查询结果集的每一个值进行比较，只有每一次的比较结果都为“真”，比较结果才为“真”。

ANY、SOME：列值和内部查询结果集的值进行比较，只要有一次为真，比较结果就为真。

【例 6.38】 查询不是计算机系和外语系学生的姓名、性别、班级和籍贯。

【分析】 本例可以用 IN 子查询来完成，也可以使用 EXISTS 子查询来实现。

在查询窗口中执行如下 SQL 语句：

```
USE CJGL
GO
SELECT StuName,Sex,ClaName,City
FROM Student
WHERE EXISTS (Select *
              FROM   Class ca JOIN Student st
                    on ca.ClaName=st.ClaName
              WHERE Department!='外语系'
                    AND Department!='计算机系'
                   )
GO
```

执行结果如图 6.35 所示。

结果　消息

	StuName	Sex	ClaName	City
1	钟珮文	男	会计电算化3班	四川南充
2	李永强	男	会计电算化4班	四川都江堰
3	王康	男	多媒体1班	四川绵阳
4	陈浩林	男	软件.NET2班	四川广元
5	吴金果	男	软件JAVA1班	四川广安
6	黄义强	男	计算机网络3班	重庆沙坪坝
7	汤勤	女	计算机网络2班	重庆沙坪坝
8	刘李	女	计算机信息管理1班	重庆万州

图 6.35　EXISTS 子查询

【注意】 其实 IN 子查询和 EXISTS 子查询是可以互相转换的。

【分析】 [NOT]EXISTS 子查询。

EXISTS 是测试子查询是否有数据行返回，如果有则返回 TRUE，否则返回 FALSE。NOT EXISTS 则相反，当结果表为空时，才返回 TRUE。

6.4.3 联合查询

用于连接多个 SELECT 查询结果的集合操作有 3 种：并操作（UNION）、交操作（INTERSECTION）和差操作（MINUS）。

【例 6.39】 查询籍贯为上海和北京的学生的姓名、性别、班级和籍贯。

【分析】 本例可以用联合查询的并操作（UNION）来完成。

在查询窗口中执行如下 SQL 语句：

```
USE CJGL
GO
SELECT StuName,Sex,ClaName,City
FROM Student
WHERE City='北京'
UNION
SELECT StuName,Sex,ClaName,City
```

```
FROM Student
WHERE City='上海'
GO
```

执行结果如图 6.36 所示。

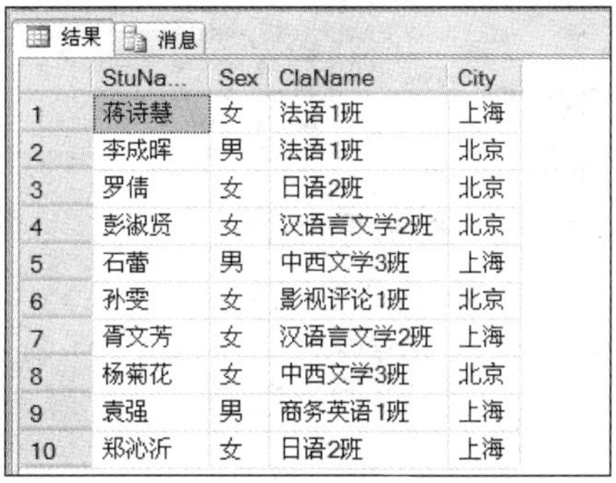

	StuNa...	Sex	ClaName	City
1	蒋诗慧	女	法语1班	上海
2	李成晖	男	法语1班	北京
3	罗倩	女	日语2班	北京
4	彭淑贤	女	汉语言文学2班	北京
5	石蕾	男	中西文学3班	上海
6	孙雯	女	影视评论1班	北京
7	肖文芳	女	汉语言文学2班	上海
8	杨菊花	女	中西文学3班	北京
9	袁强	男	商务英语1班	上海
10	郑沁沂	女	日语2班	上海

图 6.36　联合查询

【注意】 将两个或更多查询的结果合并为单个结果集，该结果集包含联合查询中的所有查询的全部行。UNION 运算不同于使用合并两个表中的列的运算。

下面列出了使用 UNION 合并两个查询结果集的基本规则：

（1）所有查询中的列数和列的顺序必须相同。

（2）数据类型必须兼容。

【例 6.40】 查询"会计电算化"班和"影视"班的学生的情况，并将结果按照学生的年龄降序排列。

【分析】 本例可以用联合查询的并操作（UNION）来完成。

在查询窗口中执行如下 SQL 语句：

```
USE CJGL
GO
SELECT StuName,Sex,ClaName,Birthday
FROM Student
WHERE ClaName LIKE '%会计%'
UNION
SELECT StuName,Sex,ClaName,Birthday
FROM Student
WHERE ClaName like '%影视%'
ORDER BY Birthday desc
GO
```

执行结果如图 6.37 所示。

【注意】 可以在结果集中使用 ORDER BY 子句控制显示格式。

T-SQL 不直接支持交操作和差操作，但可以使用 EXISTS 运算符来实现交操作，使用 NOT EXISTS 来实现差操作。限于篇幅，在此不对这两种操作进行讨论，有兴趣的读者可以翻阅相关资料加深了解。

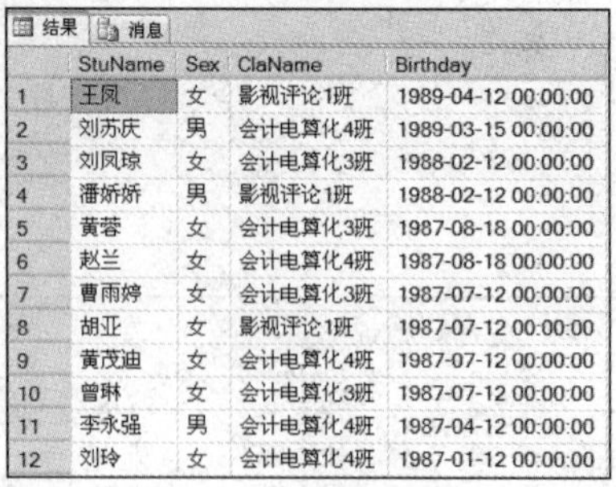

结果 消息

	StuName	Sex	ClaName	Birthday
1	王凤	女	影视评论1班	1989-04-12 00:00:00
2	刘苏庆	男	会计电算化4班	1989-03-15 00:00:00
3	刘凤琼	女	会计电算化3班	1988-02-12 00:00:00
4	潘娇娇	男	影视评论1班	1988-02-12 00:00:00
5	黄蓉	女	会计电算化3班	1987-08-18 00:00:00
6	赵兰	女	会计电算化4班	1987-08-18 00:00:00
7	曹雨婷	女	会计电算化3班	1987-07-12 00:00:00
8	胡亚	女	影视评论1班	1987-07-12 00:00:00
9	黄茂迪	女	会计电算化4班	1987-07-12 00:00:00
10	曾琳	女	会计电算化3班	1987-07-12 00:00:00
11	李永强	男	会计电算化4班	1987-04-12 00:00:00
12	刘玲	女	会计电算化4班	1987-01-12 00:00:00

图 6.37　查询结果

6.5　本章小结

本章主要介绍 SQL 查询语句的使用方法，了解 SQL 的发展及特点，掌握使用 SQL 的 SELECT 关键字进行简单查询的方法。学会使用本章列举的一些常用关键字包括 NULL、LIKE、TOP、CASE 等。由于很多时候查询的列没有在一张表中，此时要求使用连接查询或者嵌套查询可以实现。在特定的应用中还可能用到联合查询，本章也列举了相应的例子，读者可以仔细体会 SQL 查询语句的表达。

6.6　思考与练习

一、填空题

SELECT 语句的一般语法格式是：

SELECT______________

FROM_____________

WHERE_________________

GROUP BY______________　HAVING_____________

ORDER BY_______________

二、设计题

1．设工程—零件数据库中有 4 个基本表：

供应商（供应商代码，姓名，所在城市，联系电话）；

工程（工程代码，工程名称，负责人，预算）；

零件（零件代码，零件名，规格，产地，颜色）；

供应零件（供应商代码，工程代码，零件代码，数量）。

试用 SQL 语句完成下列操作。

（1）找出天津市供应商的姓名和电话。

（2）查找预算在 50000～100000 元之间的工程的信息，并将结果按预算降序排列。

（3）找出使用供应商 S1 所供零件的工程号码。

（4）找出工程项目 J2 使用的各种零件名称及其数量。

（5）找出上海厂商供应的所有零件代码。
（6）找出使用上海生产的零件的工程名称。
（7）找出没有使用天津生产的零件的工程代码。
2．设职工社团数据库有3个基本表：
职工（职工号，姓名，年龄，性别）；
社会团体（编号，名称，负责人，活动地点）；
参加（职工号，编号，参加日期）。
试用 SQL 语句完成下列操作。
（1）查找没有参加任何社会团体的职工情况。
（2）查找参加了全部社会团体的职工情况。
（3）查找职工号为"1001"的职工所参加的全部社会团体的职工号。
（4）求每个社会团体的参加人数。
（5）求参加人数最多的社会团体的名称和参加人数。
（6）求参加人数超过100人的社会团体的名称和负责人。

6.7 实训项目

简单查询

一、实验目的

完成本实验后，将掌握以下内容：
（1）使用简单的 SQL 语句对单表查询。
（2）使用查询语句的各个关键字。

二、准备工作

在进行本实验前，必须要具备以下条件：
（1）已安装 SQL Server 系统。
（2）数据分别导入到数据库 CJGL 和 HR 数据库。

三、实验相关

（1）参考网上下载资料中第6章的实训项目。
（2）实验预估时间：70分钟。

四、实验设置

数据库所有表中都存有相关数据。

五、实验方案

使用成绩管理数据库 CJGL 完成以下查询。
（1）显示班级表的所有信息。
（2）查询全部学生的学号、姓名、性别、年龄。
（3）查询系名中包含"语"字的系的全名。
（4）查询所有的选课信息，将各列重新命名列名。
（5）查询每个学生的选课的平均成绩、总成绩。

（6）查询每门课程的最好成绩和最差成绩，并按照课程号降序排列。

（7）查询班级人数在 40 人以上的班级的名称和人数。

（8）查询在 2006 年入学的学生的详细信息。

（9）查询中文系共有多少班级。

使用人力资源管理数据库 HR 完成以下查询。

（1）查询员工总人数。

（2）查询工作时间超过 4 年的员工的详细情况。

（3）查询备注不为空的员工的情况。

（4）查询"302"部门的男性员工的情况。

（5）查询部门号为空的公司高级领导。

（6）查询基本工资和奖金最高的员工编号。

（7）查询迟到时间超过 20 分钟的员工的考勤信息。

（8）查询请假申请已批准的员工的编号和请假理由。

（9）查询请假时间超过两天的员工的编号和请假时间，以及结束时间。

高级查询

一、实验目的

完成本实验后，将掌握以下内容：

（1）使用 SQL 语句对表连接查询。

（2）使用查询关键字和多种连接方法。

二、准备工作

在进行本实验前，必须要具备以下条件：

（1）已安装 SQL Server 系统。

（2）数据分别导入到数据库 CJGL 和 HR 数据库。

三、实验相关

（1）参考网上下载内容中第 6 章的实训项目。

（2）实验预估时间：80 分钟。

四、实验设置

数据库所有表中都存有相关数据。

五、实验方案

使用成绩管理数据库 CJGL 完成以下查询。

（1）查询按课程统计各门课程的报名人数，并给出课程的详细信息。

（2）查询"英语系"的学生的名单。

（3）统计各系的班级数，要求显示系部的名称、班级数量，结果按班级数的降序排列。

（4）查询选修了任课教师姓"韩"的学生的姓名、性别、所在班级和所选课程名。

（5）查询学生表中同姓名的学生的学号和姓名及班级名称。

（6）查询每门课程成绩最好的前 3 名同学的学号和课程号，以及他们的成绩。

（7）显示"物流管理"所有班级的学生选课情况，包括班级名、学号、姓名、课程名、学分和开课学期及任课教师。

（8）统计各系第三学期选修了必修课并且学分大于 3 的学生的情况。

使用人力资源管理数据库 HR 完成以下查询。

（1）查询销售部的员工的姓名和联系方式及经理编号。

（2）查询生产、研发、销售部门在 1985 年以前出生的员工的姓名和出生日期，以及他们各自所在的部门。

（3）查询工资为 2100～2500 元的员工的姓名和所在部门。

（4）查询有迟到、早退的员工的姓名、所在部门和经理的工号。

（5）查询请假未被批准的员工的姓名和所在部门，用子查询和连接查询两种方法完成。

第3部分

提高篇

第 7 章 索引和视图

学习目标

1. 了解 SQL Server 中索引的概念和用途。
2. 掌握索引的创建、管理、维护和删除等操作。
3. 了解 SQL Server 中视图的概念和作用。
4. 掌握视图的创建、修改、使用和删除等操作。
5. 学会使用视图查询、修改、更新和删除数据。
6. 解决任务引入中提出的问题，通过实训项目巩固知识。

索引和视图的创建与管理都可以使用 Management Studio 和 T-SQL 语句实现。

知识框架

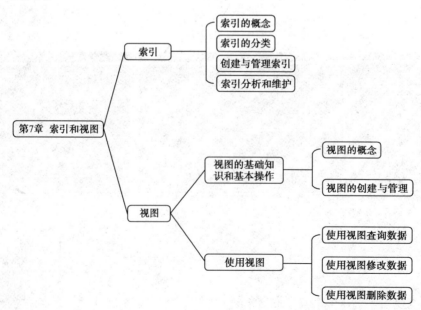

任务引入

在第 6 章中,我们学习了数据检索,也明白了数据检索就是从文件、数据库或存储装置中查找和选取所需数据的操作或过程。例如,当对一张表进行查询时会用到 SELECT 语句,就好比使用 Ctrl+F 组合键在网页中查找我们需要的内容一样,很便捷。但如果数据表中的记录很多,则会影响查找速度,有时还会导致数据库故障。

用什么办法可以提高查询速度呢?利用索引可以快速查找所需要的信息。在数据库中,索引使数据库程序无须对整个表进行扫描,就可以在其中找到所需要的数据。

很多时候我们所需要的数据项保存在不同的表中,比如想知道某个专业总成绩第一的学生的详细信息,而这些信息以后可能会被反复使用,但是这些信息在同一张表中无法完整呈现,怎么办呢?我们可以从不同的表中找到所需要的数据项,然后将这些数据项组织在一起构成一张虚表——视图。

7.1 索引

7.1.1 索引基础知识

1. 索引的概念及用途

索引是对数据库表中一个或多个列(如 Student 表的"学号"列)的值进行排序的结构。如果想按特定学生的姓来查找,则与在表中搜索所有的行相比,利用索引能更快地获取信息。

索引提供指针以指向存储在表中指定列的数据值,然后根据指定的排列次序排列这些指针。数据库使用索引的方式与使用书的目录很相似:通过搜索索引找到特定的值,然后跟随指针到达包含该值的行。

在数据库中,对无索引的表进行查询一般称为全表扫描。全表扫描是数据库服务器用来搜寻表的每一条记录的过程,直到所有符合给定条件的记录返回为止。这个操作可以比作在图书馆中查找书,从第一个书架的第一本书开始,浏览每一本书,直到发现所要的书为止。为了进行高效查询,可以在数据表上针对某一字段建立索引,由于该索引包括了一个指向数据的指针,数据库服务器则只沿着索引排列的顺序对仅有一列数据的索引进行读取(只建立一个索引)直至索引指针指向相应的记录为止。由于索引只是按照一个字段进行查找,而没有对整表进行遍历,因此一般来说,索引查找比全表扫描的速度更快。

那么,是不是使用索引查询一定比全表扫描的速度更快呢?答案是否定的。如果查询小型数据表(记录很少)或是查询大型数据表(记录很多)的绝大部分数据,全表扫描更为实用。例如,查询"性别"字段,其值只能是"男"或"女",在其上建立索引的意义就不大,甚至不允许在布尔型、大二进制数据型(备注型、图像型等)上建立索引。

通常情况下,只有当经常查询索引列中的数据时,才需要在表上创建索引。索引将占用磁盘空间,并且降低添加、删除和更新行的速度。不过在多数情况下,索引所带来的数据检索速度的优势大大超过它的不足之处。然而,如果应用程序非常频繁地更新数据,或磁盘空间有限,那么最好限制索引的数量。

2. 索引的分类

SQL Server 中的索引分为 3 类，分别是聚集索引、非聚集索引和唯一索引。如果表中存在聚集索引，则非聚集索引使用聚集索引来加快数据检查。

（1）聚集索引。

聚集索引会对表和物理视图进行排序，所以这种索引对查询非常有效，在表和视图中只能有一个聚集索引。当建立主键约束时，如果表中没有聚集索引，SQL Server 会用主键列作为聚集索引键。也可以手动在表的任何列或列的组合上建立索引，但在实际应用中，一般为定义成主键约束的列建立聚集索引。

（2）非聚集索引。

非聚集索引不会对表和视图进行物理排序。如果表或视图中不存储聚集索引，则表或视图是未排序的。在表和视图中最多可以建立 250 个非聚集索引，或者 249 个非聚集索引和一个聚集索引。

（3）唯一索引。

唯一索引确保索引键不包含重复的值，因此，表或视图中的每一行在某种程度上是唯一的。例如，如果在表中的"姓名"字段上创建了唯一索引，则以后输入的姓名将不能同名。

聚集索引和非聚集索引都可以是唯一索引。因此只要表中某一列中的数据是唯一的，就可以在同一张表上创建一个唯一的聚集索引。如果必须实施唯一性以确保数据的完整性，应在列上创建 UNIQUE 或 PRIMARYKET 约束，而不是创建唯一索引。

创建 UNIQUE 或 PRIMARYKET 约束，SQL Server 会在表中指定的列上自动创建唯一索引。创建 UNIQUE 约束与手动创建唯一索引没有明显的区别，进行数据查询的方式相同，而且查询优化器不区分唯一索引是由约束创建还是手动创建，如果存在重复的键值，则无法创建唯一索引和 UNIQUE 约束。

7.1.2 建立索引

创建表或视图的索引有两种方法，分别是利用对象资源管理器创建和使用 T-SQL 语句创建。

（1）使用对象资源管理器创建索引。

在"开始"菜单中单击 SQL Server Management Studio 命令，在打开的"对象资源管理器"面板中，选择要创建索引的表（CJGL 数据库中的 Score 表），然后依次展开前面的"+"号，选择"索引"并单击鼠标右键，在弹出的快捷菜单中单击"新建索引"菜单命令，如图 7.1 所示。

在默认状态下的"新建索引"窗口中（见图 7.2），选中左边"选项页"的"常规"项，此时，可以在相应的"索引名称"文本框中输入名称，选择索引类型，确定该索引是否唯一，然后单击"添加"按钮。打开要添加索引键的表列窗口，选择索引列，如图 7.3 所示。对于复合索引可以选择多列。

单击"确定"按钮就可以完成对索引的创建。

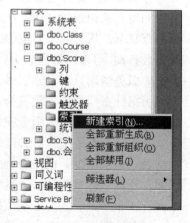

图 7.1　新建索引

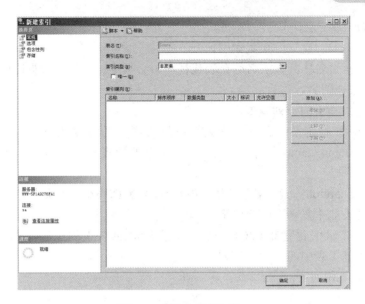

图 7.2 "新建索引"窗口

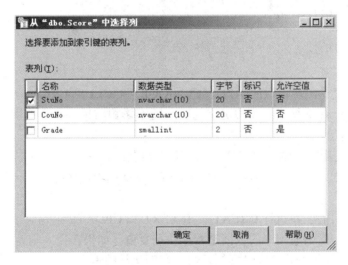

图 7.3 选择索引列

【注意】 如果表中没有索引,则在单击"索引"前面的"+"号时,没有展开项;若已经添加了索引,就会有展开项。

(2)使用 T-SQL 语句创建索引。

使用 T-SQL 语句创建索引的基本语法如下:

```
CREATE [UNIQUE][CLUSTERED|NONCLUSTERED]
INDEX index_name
ON <object> (column[ASC|DESC][,...n])
[INCLUDE(column_name[,...n])]
[WITH(<relational_index_option>[,...n])]
```

属性和参数解释:

UNIQUE 建立唯一索引。

CLUSTERED　建立聚集索引。

NONCLUSTERED　建立非聚集索引。

index_name　索引名称，索引名称在表或视图中必须唯一，但在数据库中不必唯一。

object　表名或视图名。

column　索引所基于的一列或多列。

ASC|DESC　确定特定索引列的升序或降序排序方向，默认值为 ASC。

INCLUDE（column_name[,...n]）　指定要添加到非聚集索引级别的非键列。非聚集索引可以唯一，也可以不唯一。

relational_index_option　索引属性。如 DROP INDEX IX_Student 表示先删除已经存在的索引，因为索引名称不能重复，否则会出错。

【例 7.1】使用 T-SQL 语句在 CJGL 数据库中的 Student 表上创建名为 IX_Student 的唯一、聚集索引，该索引基于表中的"学号"列。

使用的 T-SQL 语句如下：

```
USE CJGL
GO
CREATE UNIQUE CLUSTERED
INDEX IX_Student
ON Student(StuNo)
GO
```

【注意】本例容易出现错误的地方：①UNIQUE 和 CLUSTERED 之间不能用","号；②"学号"列中不能有重复值；③关键字的大小写不影响结果；④只有表的所有者才能执行 CREATE INDEX 语句。

用户在创建和使用唯一索引时应注意以下几个问题：

- 如果用户在创建唯一索引时不指明 CLUSTERED 选项，SQL Server 默认采用唯一非聚集索引。
- 创建唯一索引的表在执行 CREATE、INSERT 和 UPDATE 语句时，SQL Server 会自动检验建立唯一索引的列中的数据是否存在重复值。如果存在，则返回出错提示信息。
- 使用 T-SQL 语句应该养成良好的习惯。在创建新的索引前应该先检查索引列表中是否已经存在要建立的索引，如果已存在，使用 DROP INDEX ix_name 语句删除后再创建。其代码如下：

```
IF EXISTS (SELECT name FROM sys.indexes
       WHERE name = 'IX_Student')
DROP INDEX IX_Student ON Student
```

7.1.3　管理索引

在索引创建完成后，可能会对其进行删除、修改等一些操作，这些操作称为管理索引，以下分别针对管理索引的一些基本操作进行详细的讲述。

（1）显示索引信息。在索引创建完成后，可以查看索引的相关信息，包括查看索引的名称、类型、索引键列等。查看索引信息有两种方法：一种是用"对象资源管理器"进行显示；另一种是用 T-SQL 的相关语句进行显示。

使用"对象资源管理器"显示索引相关信息,此方法的操作过程和新建索引的操作过程基本相同,只是在展开"索引"前面的"+"号后,会列出已经存在的索引列表,可以用鼠标右键单击其中一个索引名称,在打开的快捷菜单中选择"属性"命令,即可弹出相应的"索引属性"窗口,查看相关索引的信息,如图 7.4 和图 7.5 所示。

图 7.4 查看索引信息

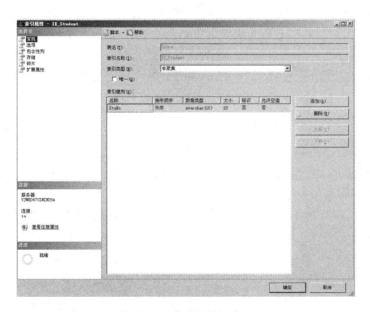

图 7.5 "索引属性"窗口

使用 T-SQL 语句显示相关索引信息,实际是调用了系统自定义的存储过程 sp_helpindex(存储过程的相关知识请参看本书第 9 章的内容)。

【例 7.2】 使用 T-SQL 语句显示 CJGL 数据库中 Student 表的索引信息。

在查询窗口中使用的 T-SQL 语句如下:

```
USE CJGL
GO
EXEC sp_helpindex Student
GO
```

执行命令后得到的结果如图 7.6 所示。

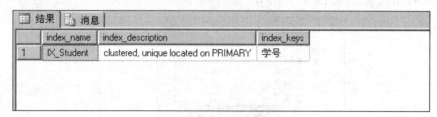

图 7.6　显示索引信息

【注意】 显示索引列表中有几个已存在的索引就显示几个索引的相关信息,如果索引列表中不存在索引,则系统显示"对象'Student' 没有任何索引,或者您没有所需的权限。"提示信息。

(2)重命名索引。对已经存在的索引进行重命名,比如在创建索引时写错了索引的名称,就必须要进行重命名了。重命名索引和显示索引信息一样,也有两种方法:利用"对象资源管理器"和 T-SQL 命令。

利用"对象资源管理器"重命名索引。此方法类似创建索引和显示索引信息等操作,利用右键单击相关索引名称,在打开的快捷菜单中选择"重命名",在弹出的窗口中进行重命名,或者使用鼠标左键在索引名称上有间隔的地方单击两次进行重命名。操作比较简单,这里不再举例。

利用 T-SQL 命令重命名索引,同样也是调用了系统自定义的存储过程 sp_rename,其基本语法结构如下:

```
EXEC sp_rename 'table.old_index','new_index'
```

参数说明:

table.old_index　当前的索引名称。

new_index　新的索引名称。

【例 7.3】用 sp_rename 存储过程重命名 CJGL 数据库中的 Student 表下的 IX_Student 索引为 IX_new_Student。

在查询窗口中输入以下 T-SQL 命令:

```
USE CJGL
GO
EXEC sp_rename 'student.IX_Student','IX_new_Student'
GO
```

执行上述命令后,在下方的消息框中会出现如图 7.7 所示的警告信息。

【注意】 对象名.索引名上一定要加上英文的单引号"'";旧名称和新名称之间用英文逗号","隔开;重名后并不能看到新的索引名称,这时应该刷新 CJGL 数据库或者刷新 Student 表。

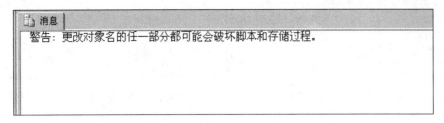

图 7.7　执行 sp_rename 对索引进行重命名的提示信息

（3）删除索引。删除已经存在的索引同样也有两种方法，即使用"对象资源管理器"删除和使用 T-SQL 命令删除。

使用"对象资源管理器"删除索引

【例 7.4】　使用 SQL Server Management Studio 窗口中的"对象资源管理器"删除 CJGL 数据库下的 Student 表中的名为 IX_new_Student 的索引。

首先在"对象资源管理器"面板中依次展开"数据库"→CJGL→表→dbo.Student→"索引"前面的"+"号，就能看到表中的所有索引；然后右键单击名为 IX_new_Student 的索引，在弹出的快捷菜单中执行"删除"命令，如图 7.8 所示，此时会弹出"删除对象"窗口，单击窗口中的"确定"按钮即可删除此索引。

图 7.8　执行"删除"命令

使用 T-SQL 命令删除索引

使用 T-SQL 命令的 DROP INDEX 语句删除索引的基本语法如下：

```
DROP INDEX
table_or_view_name.index_name[,…n]
```

其中，

table_or_view_name：表或视图名。

index_name：索引名。

…n：删除多个索引。

【例 7.5】　删除【例 7.3】中的索引。

在查询窗口中输入以下 T-SQL 语句：

```
USE CJGL
```

```
GO
DROP INDEX
Student.IX_new_Student
GO
```

【注意】 ①DROP INDEX 语句不能删除由 PRIMARY KEY 或 UNIQUE 约束建立的索引，否则会出现如图 7.9 所示的错误，要删除这些索引必须先删除 PRIMARY KEY 或 UNIQUE 约束；②在删除聚集索引时，表或视图中的所有非聚集索引都将被重建。

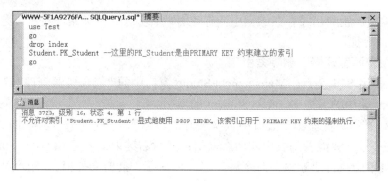

图 7.9　删除 PRIMARY KEY 约束建立的索引的提示

7.1.4　索引分析和维护

1. 索引分析

索引是提高数据查询最有效的方法，也是最难全面掌握的技术，因为正确的索引可能使效率提高 10000 倍，而无效的索引可能是浪费了数据库空间，甚至大大降低了查询性能。如果利用索引查询的速度不如扫描整个表的速度快，那么 SQL Server 就会采用扫描表而不是通过索引来查询数据。所以，在建立索引后要根据实际的查询需求来对查询进行分析，从而判定其是否能提高数据的查询速度。

SQL Server 提供了分析索引和查询性能的方法，这里只介绍常用的 SHOWPLAN_ALL 和 STATISTICS IO 两种命令。

（1）SHOWPLAN_ALL 命令，显示全部查询计划。SQL Server 将显示在执行查询的过程中连接表时所采取的每个步骤，以及是否选择和选择了哪个索引，从而达到帮助用户分析有哪些索引被系统采用的目的。

SHOWPLAN_ALL 的基本语法如下：

```
SET SHOWPLAN_ALL{ON|OFF}
```

【注意】关于 ON 和 OFF 的几点说明：如果 SET SHOWPLAN_ALL 为 ON，则 SQL Server 将返回每个语句的执行信息但不执行语句，T-SQL 语句不会被执行；将此选项设置为 ON 后，将始终返回有关所有后续 T-SQL 语句的信息，直到将该选项设置为 OFF 为止。所以应该在语句结束后加上语句：SET SHOWPLAN_ALL OFF。具体请参考实例。

【例 7.6】 在 CJGL 数据库中的 Student 表中查询姓氏为"王"的所有学生的信息，并且分析哪些索引被采用。

在本例中，假设已经创建了 3 个索引，第一个是基于"学号"PRIMARY KEY 约束的索引

PK_Student,第二个是基于"性别"的名为 IX_SSex_Student 的索引,第三个是基于"姓名"的名为 IX_SName_Student 的索引。在查询窗口中输入如下命令,并查看结果。

```
USE CJGL
GO
SET SHOWPLAN_ALL ON
GO
SELECT *
FROM Student
WHERE 姓名 LIKE '王%'
GO
SET SHOWPLAN_ALL OFF
GO
```

执行结果如图 7.10 所示。

图 7.10　使用 SHOWPLAN_ALL 分析索引

执行语句 SHOWPLAN_ALL 后,能发现在建立的 3 个索引中,只有基于"学号"PRIMARY KEY 约束的 PK_Student 索引被调用(图 7.10 中加框处),而其余两个并未出现,从而说明其余的两个索引在这里是毫无用处的。关于结果的更多说明请参看帮助文档。

(2)STATISTICS IO 命令。在查找数据时,实际上是从磁盘中查找的,所以就有必要使用 STATISTICS IO 命令来显示磁盘的输入/输出信息。

设置磁盘的显示 IO 统计命令的基本格式为:

SET STATISTICS IO {ON|OFF}

【注意】 关于 ON 和 OFF 的几点说明:如果 STATISTICS IO 为 ON,则显示统计信息。如果为 OFF,则不显示统计信息。如果将此选项设置为 ON,则所有后续的 T-SQL 语句将返回统计信息,直到将该选项设置成 OFF 为止。所以应该在语句结束后加上 SET STATISTICS IO OFF 语句,具体请参考实例。

【例 7.7】 在 CJGL 数据库中的 Student 表中查询姓氏为"王"的所有学生的信息,并且执行该数据查询所花费的磁盘 IO 活动量信息。

在查询窗口中输入以下命令:

```
use TEST
go
set statistics io on
go
select *
from Student
where 姓名 like '王%'
```

```
go
set statistics io off
go
```

执行结果如图 7.11 所示。

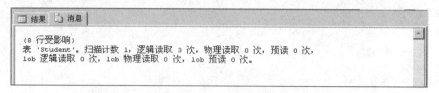

图 7.11 使用 STATISTICS IO 分析索引的结果

从图 7.11 中的"消息"面板中，可以看到本次查询所花费的磁盘 IO 活动量信息。如果没有建立索引同样执行该命令，执行结果如图 7.12 所示。

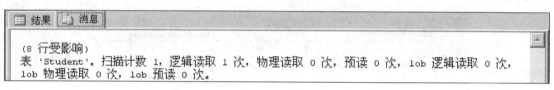

图 7.12 没有使用索引时执行 STATISTICS IO 分析索引的结果

2. 索引维护

在索引使用的过程中需要不断维护，因为用户需要在数据库上进行很多次的插入、更新和删除操作，久而久之就会使数据变得杂乱无序，从而造成索引性能的下降。

那么该以什么标准来判断索引需要维护呢？最主要的参考标准就是索引碎片的大小。通常情况下，索引碎片在 10%以内是可以接受的，碎片越多索引页就越不连续。扫描密度能较好地反映这一结果。

究竟什么是索引碎片呢？对表进行操作可能会导致表碎片的产生，而表碎片会导致读取额外页，查询等操作正是建立在索引之上，所以会造成查询性能的降低。

用户可以通过 DBCC SHOWCONTIG 命令来扫描表，同其返回值来确定该索引页的碎片是否严重。

DBCC SHOWCONTIG 语句的基本语法是：

```
DBCC SHOWCONTIG
[ (
{'table_name|table_id |'view_name'|view_id}
[,'index_name'|index_id]
)]
```

【例 7.8】利用 DBCC SHOWCONTIG 命令返回 CJGL 数据库中 Student 表的 IX_new_Student 索引的碎片信息。

在查询窗口中输入如下命令：

```
use CJGL
go
DBCC SHOWCONTIG(Student,IX_new_Student)
```

go

返回的信息如图 7.13 所示。

图 7.13　利用 DBCC SHOWCONTIG 命令扫描 Student 表

从返回的信息可以看到扫描密度为 100，如果所有内容都是连续的，则该值为 100；如果该值小于 100，则存在一些碎片。

当碎片较多时就需要整理，碎片整理的命令为：DBCC INDEXDEFRAG。

DBCC INDEXDEFRAG 命令的基本语法格式为：

DBCC INDEXDEFRAG（database_name,table_name|view_name,index_name）

【例 7.9】 用 DBCC INDEXDEFRAG 命令对 CJGL 数据库中 Student 表的 IX_new_Student 索引进行整理。

在查询窗口中输入以下语句：

use CJGL
go
DBCC INDEXDEFRAG(CJGL,Student,IX_new_Student)
go

整理的结果如图 7.14 所示。

图 7.14　用 DBCC INDEXDEFRAG 命令进行碎片整理

有关索引整理的内容请查看 SQL Server 提供的联机帮助，限于篇幅这里不再介绍。

7.2　视图

视图是一个用来查看数据的窗口，它是从一个或几个表导出来的虚表，实际上是一个查询结果。视图是关系数据库系统提供给用户从多种角度观察数据库中数据的重要机制。视图是一种数据库对象。

7.2.1 视图基础知识

1. 视图的概念

视图是原始数据库数据的一种变换,是查看表中数据的另外一种方式。可以将视图看成是一个移动的窗口,通过它可以看到感兴趣的数据。

视图是从一个或多个实际表中获得的,这些表的数据存放在数据库中。那些用于产生视图的表称为该视图的基表。视图也可以从另一个视图中产生。

视图的定义存储在数据库中,与此定义相关的数据并没有在数据库中再存储一份。通过视图看到的数据存放在基表中。

视图看上去非常像数据库的物理表,对它的操作同任何其他的表一样。当通过视图修改数据时,实际上是在改变基表中的数据;相反,基表数据的改变也会自动反映在由基表产生的视图中。由于逻辑上的原因,有些视图可以修改对应的基表,有些则不能(仅仅能查询)。

2. 视图的作用

在程序设计时必须先了解视图的优缺点,这样可以扬长避短,视图具有如下一些优点:

(1)简单性。视图不仅可以简化用户对数据的理解,也可以简化操作。那些被经常使用的查询可以被定义为视图,从而使用户不必在以后的操作中每次都指定全部的条件。

(2)安全性。通过视图用户只能查询和修改所能见到的数据。数据库中的其他数据则既看不见也取不到。数据库授权命令可以使每个用户对数据库的检索限制到特定的数据库对象上,但不能授权到数据库特定行和特定列上。通过视图,用户可以被限制在数据的不同子集上。

(3)逻辑数据独立性。视图可以使应用程序和数据库表在一定程度上独立。如果没有视图,应用一定是建立在表上的。有了视图之后,程序可以建立在视图之上,从而使程序与数据库表被视图分割开来。

视图也存在一些缺点,主要如下:

(1)性能。SQL Server 必须把视图的查询转化成对基本表的查询,如果这个视图是由一个复杂的多表查询所定义,那么,即使是视图的一个简单查询,SQL Server 也会因把它变成一个复杂的结合体而花费一定的时间。

(2)修改限制。当用户试图修改视图的某些行时,SQL Server 必须把它转化为对基本表的某些行的修改。对于简单视图来说,这是很方便的,但是,对于比较复杂的视图,可能是不可修改的。

所以,在定义数据库对象时,不能不加选择地来定义视图,而应该权衡视图的优点和缺点,合理地定义视图。

7.2.2 创建视图

视图是在表的基础上创建的,视图所依赖的表称为基表,用户必须对定义视图时所引用的表有适当的权限。同样首先必须拥有数据库所有者所授予的创建视图的权限。

视图的命名必须遵循标识符规则,对每一个用户都是唯一的,视图名称不能和创建该视图的用户的其他任何一个表的名称相同。

【注意】 在创建视图时应根据需要采取加密措施,以保证不被其他人获取。

1. 用"对象资源管理器"创建视图

【例 7.10】 用"对象资源管理器"在 Student 表上创建名为 v_Student 的视图,该视图只具有查看所有姓"王"的学生的信息的功能。

(1)在"对象资源管理器"面板中依次展开"数据库"→CJGL,找到"视图"文件夹,如图 7.15 所示。

(2)在"视图"上单击鼠标右键,在弹出的快捷菜单中单击"新建视图"命令,如图 7.16 所示。

图 7.15 "视图"文件夹　　　　图 7.16 执行"新建视图"命令

(3)在弹出的"添加表"窗口中,选择"表"选项卡下的 Student 并单击"添加"按钮(见图 7.17),弹出名为 Student 的界面(见图 7.18),关闭如图 7.17 所示的对话框,执行结果如图 7.19 所示。

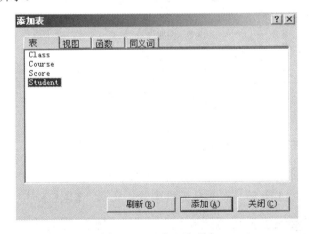

图 7.17 "表"选项卡　　　　图 7.18 "Student"窗口

(4)根据题目要求,这里选择如图 7.19 所示的"*(所有列)",执行结果如图 7.20 所示。

通过观察图 7.19 和图 7.20 可以发现,下方的 SQL 语句不同。但再对照题目的要求可以看出,并没有条件(姓王的学生),这时可以执行工具条上的"执行 SQL"命令,也可以在空白处单击鼠标右键,在弹出的快捷菜单中选择"执行 SQL(X)"命令,如图 7.21 所示。

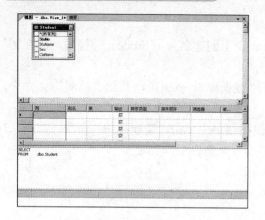
图 7.19　选择所有列

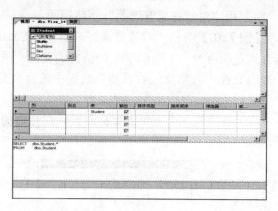
图 7.20　显示表和列

图 7.21　选择"执行 SQL（X）"命令

（5）在窗口的下方会得到如图 7.22 所示的信息。可以看出，这些数据并不是我们想要的数据，我们想要的是所有姓"王"的学生的信息。接着进行下一步的操作。

StuNo	StuName	Sex	ClaName	City	Notes
2007230301	钟珮文	男	会计电算化3班	四川成都	班长
2007230302	李永强	男	会计电算化4班	四川都江堰	NULL
2007230303	王康	男	多媒体1班	四川绵阳	NULL
2007230304	陈浩林	男	软件.NET2班	四川广元	三好学生
2007230305	吴是果	男	软件JAVA1班	四川广安	NULL
2007230306	黄义强	男	计算机网络3班	重庆沙坪坝	NULL
2007230307	汤勤	女	计算机网络2班	重庆沙坪坝	NULL

图 7.22　不符合要求的视图

（6）窗口中间部分如图 7.23 所示，在"筛选器"列和 StuName 行的交点处单击鼠标，则此单元格变为可以编辑状态，如图 7.24 所示，在此单元格中输入条件"LIKE N'王%'"。

列	输出	排序类型	排序顺序	筛选器	或...	或...
学号	☑					
姓名	☑					
性别	☑					
专业班级	☑					
住址	☑					
职位	☑					

图 7.23　选择列

第7章 索引和视图

列	别名	表	输出	排序类型	排序顺序	筛选器	或...
StuNo	Expr1	Student	☑				
StuName	Expr2	Student	☑			LIKE N'王%'	
Sex	Expr3	Student	☑				
ClaName	Expr4	Student	☑				
City	Expr5	Student	☑				
Notes	Expr6	Student	☑				

图 7.24　为筛选器添加条件

（7）将光标移到其他地方并单击，窗口中的 SQL 语句发生了变化，如图 7.25 所示。

```
SELECT    StuNo AS Expr1, StuName AS Expr2, Sex AS Expr3, ClaName AS Expr4, City AS Expr5, Notes AS Expr6
FROM      dbo.Student
WHERE     (StuName LIKE N'王%')
```

图 7.25　窗口操作生成的 SQL 语句

（8）再一次单击"执行 SQL"命令，在窗口的下方会得到如图 7.26 所示的结果。

Expr1	Expr2	Expr3	Expr4	Expr5	Expr6
2007230303	王康	男	多媒体1班	四川绵阳	NULL
2007230312	王桂芳	女	商务英语1班	新疆乌鲁木齐	NULL
2007230327	王丹	女	软件JAVA1班	重庆沙坪坝	NULL
2007230332	王凤	女	影视评论1班	重庆北碚	团支部书记
2007230346	王丹	男	计算机应用3班	新疆乌鲁木齐	NULL
2007230348	王小	男	商务英语2班	黑龙江哈尔滨	NULL

图 7.26　完成后的视图

（9）但此时并没有完成视图的创建，因为没有进行保存。执行工具条上的"保存"命令，在弹出的"选择名称"对话框中将视图名称改为 v_Student，如图 7.27 所示，然后单击"确定"按钮即可。此时在"对象资源管理器"中的"视图"文件夹的下方就能看到创建好的视图了。

图 7.27　修改视图名

2. 使用 T-SQL 语句创建视图

使用 T-SQL 语句创建视图的基本语法如下：

CREATE VIEW view_name [(column [,...n])]

```
[ WITH <view_attribute> [ ,...n ] ]
AS select_statement [ ; ]
```

参数说明：
- view_name 视图的名称。视图名称必须符合有关标识符的规则。
- column 视图中的列使用的名称。仅在下列情况下需要列名：列是从算术表达式、函数或常量派生的；两个或更多的列可能会具有相同的名称；视图中的某个列的指定名称不同于其派生出来源列的名称。还可以在 SELECT 语句中分配列名。如果未指定 column，则视图列将获得与 SELECT 语句中的列相同的名称。
- WITH <view_attribute> 对视图进行属性设置，如 WITH ENCRYPTION 命令可对视图进行加密，防止在 SQL Server 复制过程中发布视图。
- AS 指定视图要执行的操作。
- select_statement 定义视图的 SELECT 语句。该语句可以使用多个表和其他视图。

【例 7.11】 使用 T-SQL 语句创建【例 7.10】中的视图。

在"新建查询"窗口中输入以下 T-SQL 语句：

```
use CJGL
go
create view v_Student
as
select *
from Student
where 姓名 like '王%'
go
```

单击工具栏上的"执行"命令，如果语句中没有错误，则会在信息窗口中显示如图 7.28 所示信息。

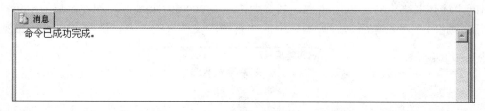

图 7.28 得到的提示信息

虽然显示已经创建成功，但是在"对象资源管理器"浮动面板中的"视图"选项下还是看不到已经创建成功的 v_Student 视图，如图 7.29 所示。怎样才能看到刚刚创建成功的视图的内容呢？有以下两种方法：

（1）在"对象资源管理器"浮动面板中的"视图"选项上单击鼠标右键，在弹出的快捷菜单中单击"刷新"命令，这时名称为 v_Student（其全称为 dbo.v_Student）的视图就会显示出来。在其上面单击鼠标右键，在弹出的快捷菜单中单击"打开视图"命令，就能看到该视图的内容了，如图 7.30 所示。

图 7.29　在"视图"选项下不能看到名为 v_Student 的视图

图 7.30　视图 v_Student 的内容

(2) 在"新建查询"窗口中输入以下 SQL 语句:

use CJGL
go
select *
from v_Student
go

执行上述命令后的结果如图 7.31 所示。

图 7.31　用 SQL 语句查看视图的内容

【例 7.12】 创建一个名为"v_C 语言成绩"的视图,要求该视图能显示所有"C 语言程序设计"的成绩为合格的学生的学号、姓名和分数。

根据本例的要求可知所要查询的列有学号、姓名和分数,但是由于 Score 表中并没有相对应的列，所以这里的操作应该在表 Score、Course 和 Student 中进行。

在“查询”窗口中输入以下 SQL 语句：

```
use CJGL
go
create view v_C 语言成绩
as
select distinct Student.StuNo,Student.StuName,Score.Grade
from Student,Score,Course
where Score.Grade>='60' and Student.StuNo=Score.StuNo and   Score.CouNo=
 (
     select Course.CouNo
      from Course
      where CouName='C 语言程序设计'
  )
go
```

执行上述命令后的结果如图 7.32 所示。

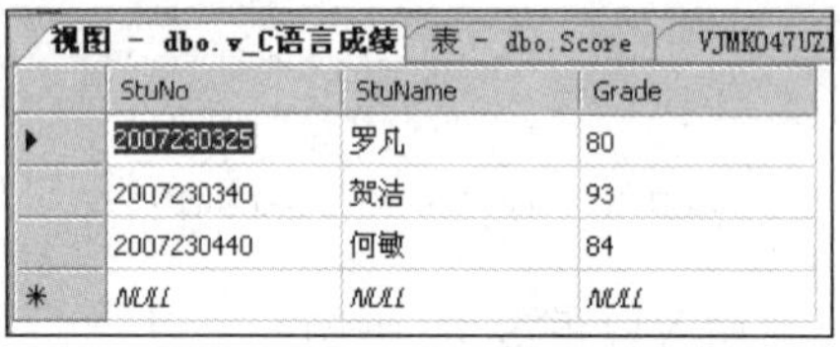
视图 - dbo.v_C语言成绩 | 表 - dbo.Score | VJMK047UZI

	StuNo	StuName	Grade
▶	2007230325	罗凡	80
	2007230340	贺洁	93
	2007230440	何敏	84
*	NULL	NULL	NULL

图 7.32 “v_C 语言成绩”的视图

【注意】 本例要创建的视图中的内容在 3 个表中，所以在列名前应加上表名，如这里的 Student.StuNo，以表明要查找的学号是 Student 表中的。语句中的关键字 distinct 能删除查询结果中重复项；本例的条件比较复杂，所以用到了嵌套查询，如程序中“()”里的部分就是对条件的查询，具体的用法在 T-SQL 语言中有详细介绍，读者也可以查阅相关帮助文档。

【例 7.13】 创建一个名为“v_专业学生数”的视图，要求该视图能显示各专业的学生总数。

根据本例的要求可知，在新的视图中应该包括两列——专业名称和学生总数列。在 Student 表中，专业名称列的名字为“专业班级”，但其中没有相对应的“学生总数”列，所以应该在创建视图的同时，添加新的列来显示学生总数；另外，学生总数的内容应该根据 Student 表中出现的各相同专业的分组求和，这里应用到函数 Count()和 group by 子句。

在查询窗口中输入以下代码：

```
use CJGL
go
create view v_专业学生数
as
select  专业班级,count(*) 各专业学生数
from Student
group by  专业班级
go
```

执行上述命令后的结果如图 7.33 所示。

图 7.33 "v_专业学生数"视图

【注意】 本类型的视图容易出错的地方有以下几个方面：① Count()函数的用法，请参考附录 C；②"各专业学生数"列是新加的列名，所以这里不能省略；③group by ClaName 子句非常重要，就是以此为依据提供分组功能，容易出错的地方如图 7.34 和图 7.35 所示。

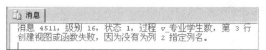

图 7.34 没有指定列名的错误提示

图 7.35 没有 group by ClaName 子句的错误提示

7.2.3 管理视图

视图在使用的过程中根据需要可能要进行重命名、修改、删除等操作，下面分别针对这些操作进行讲解。

1．重命名视图

使用"对象资源管理器"重命名视图

【例 7.14】 用"对象资源管理器"将【例 7.13】中创建的视图"v_专业学生数"改名为"v_学生数"。

具体操作步骤如下：

（1）在"对象资源管理器"的浮动面板中依次展开选项前面的"＋"号，在"视图"选项下将看到已经存在的名为"dbo.v_专业学生数"的视图，在其上面单击鼠标右键，在弹出的快捷菜单中执行"重命名"命令，如图 7.36 所示。

（2）执行"重命名"命令后，该视图的名称变为可编辑状态，如图 7.37 所示，然后输入新的名称"v_学生数"。

图 7.36　执行"重命名"命令

图 7.37　修改视图名称

使用 T-SQL 命令重命名视图

【例 7.15】　使用 T-SQL 命令重命名【例 7.13】中的视图。

使用 T-SQL 命令进行视图的重命名实际上是使用了系统存储过程 sp_rename，其语法格式为：

```
sp_rename  old_name,new_name
```

参数说明：
- old_name　原视图名称。
- new_name　新视图名称。

在"查询"窗口中输入以下代码：

```
use CJGL
go
sp_rename v_专业学生数,v_学生数
go
```

执行并刷新"视图"选项就能显示修改后的视图名称，如图 7.38 所示。

图 7.38　使用 T-SQL 命令重命名视图

2. 修改视图

视图被定义后，如果对其创建时所定义的内容不满意，可以使用"对象资源管理器"或 T-SQL 命令的 ALTER VIEW 语句对其进行修改。

【注意】　使用"对象资源管理器"只能对没加密的视图进行修改。

使用"对象资源管理器"修改视图

【例7.16】 将【例7.11】创建的视图 v_Student 中的筛选条件改为"所有姓王的女生"。具体操作步骤如下：

（1）在"对象资源管理器"的浮动面板中依次展开选项前的"＋"号，直到"视图"选项下的内容显示出来为止，在名为 v_Student 的视图上单击鼠标右键，在弹出的快捷菜单中单击"修改"命令，如图 7.39 所示。

图 7.39　执行"修改"命令

（2）此时打开的窗口类似于创建视图的窗口，如图 7.40 所示。

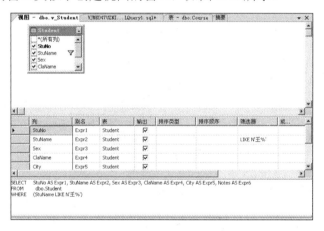

图 7.40　修改视图窗口

（3）在"筛选器"列和"性别"行相交单元格里添加条件"='女'"，然后在窗口的空白处单击鼠标，会发现在图 7.40 下方的 SQL 命令处发生了变化，具体如图 7.41 和图 7.42 所示。

图 7.41　设置筛选条件

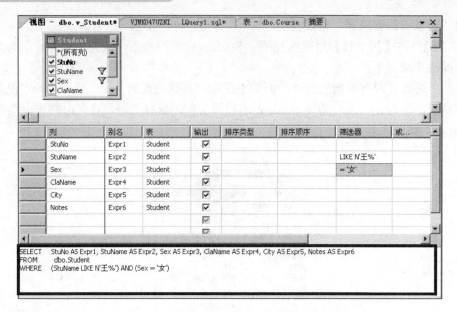

图 7.42　系统自动执行操作后的界面

（4）修改完后单击工具条上的“执行”命令，会看到修改后的视图，如图 7.43 所示，至此，视图的修改已完成。

	Expr1	Expr2	Expr3	Expr4	Expr5	Expr6
▶	2007230312	王桂芳	女	商务英语1班	新疆乌鲁木齐	NULL
	2007230327	王丹	女	软件JAVA1班	重庆沙坪坝	NULL
	2007230332	王凤	女	影视评论1班	重庆北碚	团支部书记
	2007230441	王廷	女	软件.NET2班	重庆万州	NULL
*	NULL	NULL	NULL	NULL	NULL	NULL

图 7.43　修改后的视图

使用 T-SQL 命令修改视图

使用的 T-SQL 命令为 ALTER VIEW，其基本语法为：

```
ALTER VIEW view_name [ ( column [ ,...n ] ) ]
[ WITH <view_attribute> [ ,...n ] ]
AS select_statement [ ; ]
[ WITH CHECK OPTION ]
```

参数说明：

view_name　要修改的视图名称。

Column　列名。

view_ attribute　视图的属性。

select_statement　定义视图的 SELECT 语句。

WITH CHECK OPTION　要求对该视图执行的所有数据修改语句都必须符合 select_statement 中所设置的条件。

【例 7.17】 使用 T-SQL 命令修改【例 7.16】中的视图。

在“查询”窗口中输入以下命令：

```
use CJGL
go
alter view v_Student
as
select *
from Student
where 姓名 LIKE '王%' and 性别='女'
go
```

执行上述命令后即可实现修改的目的。

3. 通过视图修改数据

视图是基于基本表创建的，通过视图也可以修改基本表中的数据（包括数据插入、数据删除和数据修改）。由于视图本身不实际存储数据，它只是一个或多个基本表或视图的查询结果，修改视图中数据的实质是修改在视图引用的基本表中的数据，因此，在使用视图修改数据时，要注意以下一些事项：

（1）不能在一个语句中对多个基本表使用数据修改语句。如果要修改由两个或两个以上基本表得到的视图，则视图不允许更新。

（2）对于基表中需要更新而又不允许空值的所有列，它们的值在 INSERT 语句或 DEFAULT 定义中指定。这将确保基表中所有需要值的列都可以获取值。

（3）不能修改经过计算得到结果的列。

（4）在视图定义中使用了 WITH CHECK OPTION 子句，则所有在视图上执行的数据修改语句都必须符合定义视图的 SELECT 语句中所设定的条件。

（5）在基表的列中修改的数据必须符合对这些列的约束条件，如是否为空、约束、DEFAULT 定义等。

以下列举几个示例加以说明。

【例7.18】 将 v_Student 视图中学号为 2007230441 的学生的家庭住址改为"四川成都"。

在"查询"窗口中输入以下代码：

```
use CJGL
go
update v_Student
set 住址='四川成都'
where 学号='2007230441'
go
```

执行此命令后，刷新视图后再打开 v_Student 视图，即可看到更新后的结果。

【例7.19】 向视图 v_Student 中插入一条新的记录。

在"查询"窗口中输入以下代码：

```
use CJGL
go
insert into v_Student
values('2007250400','王俊海','男','GIS','湖北襄樊','班长')
go
```

执行此命令后，刷新该视图就能看到如图 7.44 所示的新增内容（颜色较深的部分）。

图 7.44 向视图中插入记录

同样刷新 Student 表，然后打开该表也能看到在表中插入的内容，如图 7.45 所示。

图 7.45 通过向视图中插入数据来向基表中插入数据

针对上面提到的几点注意事项，这里只讲解其中一个错误，其余方面请读者参阅资料自行理解。

【例 7.20】 针对【例 7.13】中创建的视图"v_专业学生数"进行修改，要求：将视图中的专业班级名为"计算机应用 3 班"改为"计算机应用 2 班"。

在"查询"窗口中输入以下代码：

```
use CJGL
go
update v_专业学生数
set ClaName='计算机应用 2 班'
where ClaName='计算机应用 3 班'
go
```

执行该命令后的结果如图 7.46 所示。

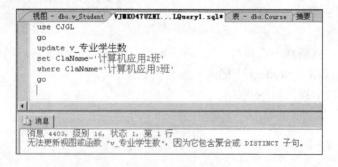

图 7.46 对视图"v_专业学生数"进行修改操作的提示

以下针对本例的错误信息进行分析：当执行更新命令后发现无法更新该视图时，错误提示视图包含了聚合或 DISTINCT 子句，究其原因，是在创建视图时使用了统计函数 Count()。

以后在使用视图修改数据时一定要重视上面提到的注意事项。

4．删除视图

对于不需要的视图，可以使用"对象资源管理器"或 T-SQL 的 DROP VIEW 语句将其删除，删除后其所对应的数据不会受到影响。如果有其他数据库对象是以此视图为基础建立的，仍可以删除此视图，但在使用数据库对象时，将会发生错误。

使用"对象资源管理器"删除视图

【例 7.21】 删除名为"v_专业学生数"的视图。

具体操作步骤如下：

（1）在"对象资源管理器"浮动面板中找到"视图"选项下名为"v_专业学生数"的视图，在其上面单击鼠标右键，在弹出的快捷菜单中单击"删除"命令。

（2）单击"删除对象"窗口下方的"确定"按钮即可完成删除操作。

也可以使用 T-SQL 命令的 DROP VIEW 语句删除视图，其基本语法为：

```
DROP VIEW view_name [ ...,n ]
```

使用该语句删除多个视图时，视图名称之间用","隔开。

【例 7.22】 使用 T-SQL 命令删除【例 7.21】中的视图。

在查询窗口中输入以下代码：

```
use CJGL
go
drop view v_专业学生数
go
```

执行该命令后，重新刷新"视图"选项，即可删除视图，如图 7.47 所示。

图 7.47 重新刷新"视图"选项

5．查看视图定义信息

关于查看视图的定义信息也有多种方法，可以通过"对象资源管理器"查看，也可以利用系统提供的存储过程来查看。

使用"对象资源管理器"查看视图的定义信息

【例 7.23】 使用"对象资源管理器"查看视图 v_Student 的定义信息。

具体操作步骤如下：

在"对象资源管理器"浮动面板中打开"视图"选项，接着在 v_Student 视图上单击鼠标右键，在弹出的快捷菜单中单击"修改"命令，此时在弹出的窗口的下方能看到该视图的定义信息，如图 7.48 所示。

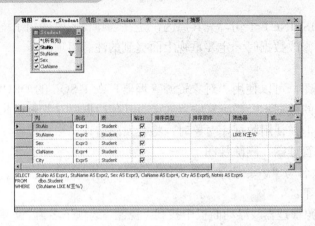

图 7.48 使用"对象资源管理器"查看视图定义信息

也可利用 SQL Server 系统提供的存储过程 sp_helptext 来查看视图的定义信息。其基本语法格式为:

    sp_helptext name

【例 7.24】 使用 T-SQL 命令查看【例 7.23】中的视图定义信息。

在查询窗口中输入以下代码：

```
use CJGL
go
sp_helptext v_Student
go
```

执行上述命令后的结果如图 7.49 所示。

图 7.49 用 T-SQL 命令查看视图定义信息

7.3 本章小结

本章介绍了索引和视图的作用，在什么情况下需要创建索引及索引的分析和维护，以及什么情况下需要创建视图和对视图的修改等操作。

应该掌握使用对象资源管理器和 T-SQL 语句创建、修改、删除索引和视图，以及使用系统提供的存储过程查看索引和视图的定义信息。

7.4 思考与练习

一、填空题

1. SQL Server 中的索引分为 3 类，其中_____会对表和物理视图进行排序，所以这种索引对查询非常有效，在表和视图中只能有一个这样的索引；_____不会对表和视图进行物理排序；_____确保索引键不包含重复的值。

2. 在 CJGL 数据库中 Score 表上创建一个名为 idex_Score 的唯一、聚集索引，该索引基于课程编号列。将下面的 T-SQL 语句补充完整：

  Use CJGL
  Go
  Create _____
  INDEX idex_Score
  On _____

3. 在 CJGL 数据库中创建一个能反映各门课程平均成绩的视图。请将下面的 T-SQL 语句补充完整：

  Use CJGL
  Go
  Create view VV
  As
  Select _____
  Form _____
  Where _____

二、设计题

1. 在 Student 表上创建 3 个索引，第一个是基于"学号"PRIMARY KEY 约束的索引 PK_Student，第二个是基于"性别"的名为 IX_SSex_Student 的索引；第三个是基于"姓名"的名为 IX_SName_Student 的索引。然后在 Student 表中查找所有姓"刘"的学生的信息，并分析哪些索引对于此次操作无用，可以删除。

2. 用 T-SQL 语句创建一个名为"view_C 语言成绩"的视图，要求该视图能显示所有"C 语言程序设计"的成绩为不合格的学生的学号、姓名、分数和班级。

7.5 实训项目

一、实验目的

完成本实验后，将掌握以下内容：
（1）创建不同类型的索引。
（2）分析索引的利用效率。

（3）创建和管理视图。

二、准备工作

在进行本实验前，必须具备以下条件：

（1）已安装 SQL Server 系统。

（2）已经建立人力资源管理 HR 数据库。

（3）在各张表中已经存在示例数据，并且表上已经存在相关的约束。

三、实验相关

（1）参考网上下载内容中第 7 章的实训项目。

（2）实验预估时间：60 分钟。

四、实验设置

无。

五、实验方案

在第 5 章创建的基本表的基础上进行以下实训练习：

（1）为了方便按考勤编号和职工编号对职工的考勤信息进行查询，请为考勤表 Attend 创建一个基于 AttendNo 和 EmpNo 组合列的非聚集、复合索引 index_Ano_Eno。

（2）在考勤表中查找职工编号为 200907 的所有信息，并使用 SHOWPLAN_ALL 命令分析该表中的哪些索引被采用。

（3）删除名称为 index_Ano_Eno 的索引。

（4）创建一个能包含职工姓名、部门、考勤、工资信息的视图 V_NAAS。

（5）查看视图名为 V_NAAS 的定义信息。

第 8 章

T-SQL 编程基础

➲ 学习目标

1. 了解 T-SQL 语言的作用。
2. 掌握用户自定义数据类型的方法。
3. 了解并掌握 T-SQL 语言中创建规则和默认的方法。
4. 掌握变量的类型和局部变量的定义与使用。
5. 掌握常用的系统函数和系统存储过程，会自定义函数。
6. 掌握各种流程控制语句的用法。
7. 解决任务引入中提出的问题，通过实训项目巩固知识。

➲ 知识框架

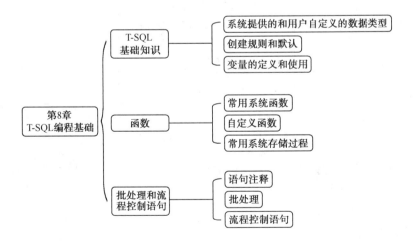

➲ 任务引入

在未讲解 T-SQL 语法之前，在前面的几个章节中已经使用了 T-SQL 的相关知识进行数据库、数据表、表间约束等的创建和修改。利用 SQL Server 的"对象资源管理器"也能创建和删除数据库、表等对象,那么当要查询一个表中符合要求的记录时,对象资源管理器就显得无能为力了。掌握 T-SQL 的相关知识也为其他方面的程序设计提供了良好的开发基础和依据,比如,要在 BBS 网站上动态显示用户感兴趣的数据,必须要使用 T-SQL 语句和数据库建立联系。

8.1 T-SQL 基础知识

T-SQL(Transact-SQL)是 Microsoft 公司设计开发的一种结构化查询语言(Structure Query Language,SQL),它在关系数据库管理系统(Relational Database Management System,RDBMS)中实现数据的检索、操纵和添加功能。严格意义上说,T-SQL 并不是一种编程语言,而是结构化查询语言。

8.1.1 用户定义数据类型

定义数据类型使数据库开发人员可以根据需要定义符合自己要求的数据类型。用户所定义的数据类型保存在如图 8.1 所示的选项中。

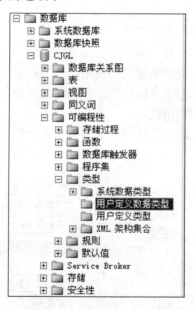

图 8.1 用户定义数据类型的保存位置

创建和删除用户定义数据类型的方法很简单,可以使用系统提供的两个存储过程来实现创建和删除,也可以在"对象资源管理器"中进行操作。

1. 添加用户定义数据类型

其基本语法格式如下:

```
sp_addtype [ @typename = ] type,
          [ @phystype = ] system_data_type
          [ , [ @nulltype = ] 'null_type' ]
```

参数说明：

@typename　　用户定义的数据类型的名称。

[@phystype=] system_data_type　　定义类型所依据的系统提供的数据类型。

[[@nulltype =] 'null_type']　　定义数据类型处理空值的方式。

用户在创建数据表时，各字段的类型选择的都是系统提供的类型，接下来通过一个示例来说明如何创建用户自己的数据类型。

【例 8.1】　在 CJGL 数据库中新建一个名为 Users 的数据表，其中有如表 8.1 所示的字段，这里要求各字段的类型不是系统提供的数据类型，而是用户自定义的数据类型。

表 8.1　要创建数据表中的字段

字 段 名 称	说　　明
UserName	用户名称
UserPassword	用户密码
UserType	用户角色

具体操作步骤如下：

（1）创建用户定义数据类型。在"新建查询"窗口中输入以下代码，用于创建用户定义的数据类型：

```
Use CJGL
Go
Exec sp_addtype usernametype,'varchar(20)','not null'
Exec sp_addtype userpasswordtype,'varchar(20)','not null'
Exec sp_addtype userclasstype,'char(1)','not null'
```

执行此代码后，在"对象资源管理器"的"数据库"→CJGL→"可编程性"→"类型"→"用户定义数据类型"下能看到 3 个已经创建成功的用户定义的数据类型（如果未列出，请刷新"用户定义数据类型"文件夹），如图 8.2 所示。

图 8.2　新创建的 3 个用户定义数据类型

（2）创建名为 Users 的数据表，包含表 1 中的 3 个字段，各字段的类型分别为（1）中创建的 3 个类型。在"新建查询"窗口中输入以下代码用于创建数据表：

```
Use CJGl
Go
Create table Users
( UserName usernametype,
```

```
    UserPassword userpasswordtype,
    UserType userclasstype)
```

执行此代码成功后,在"对象资源管理器"中的相应位置能看到名为 Users 的数据表(如果未列出,请刷新"表"文件夹),展开"列"选项,能看到 3 个字段的名称和类型等信息,如图 8.3 所示。

图 8.3 Users 表中用户定义数据类型的字段信息

(3)向 Users 表中插入一条记录(此步可省略)。
使用的代码如下:

```
Use CJGL
Go
Insert into Users
Values('giswjh','78750874','A')
```

【例 8.2】 用"对象资源管理器"创建【例 8.1】中定义的数据类型。
具体操作步骤如下:

(1)按照如图 8.1 所示的方式依次展开"对象资源管理器"中的各项,直到出现"用户定义数据类型"选项。

(2)在"用户定义数据类型"选项上单击鼠标右键,在弹出的快捷菜单中单击"新建用户定义数据类型"命令,如图 8.4 所示。

图 8.4 在"对象资源管理器"中创建用户定义数据类型

(3)在新弹出的窗口中进行以下设置。
架构:dbo
名称:usernametype
数据类型:nvarchar
长度:20

其余设置采用默认设置，设置完成后如图 8.5 所示。

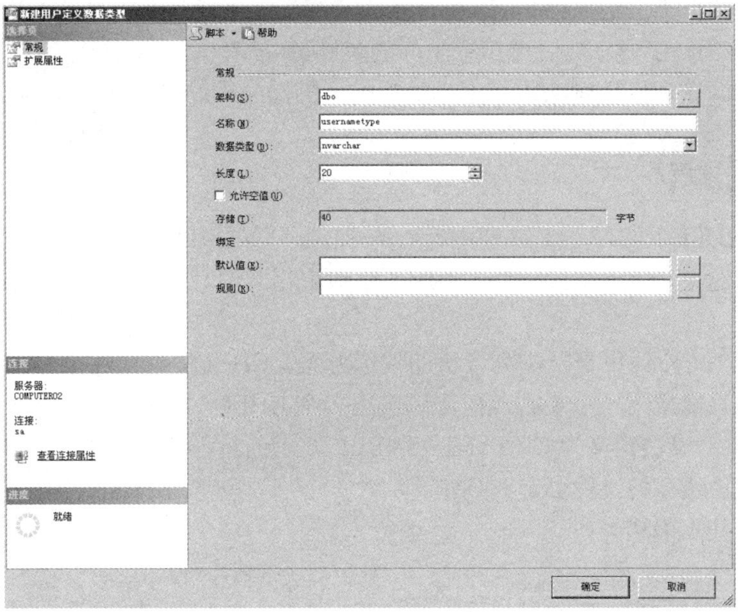

图 8.5　用"对象资源管理器"创建用户定义数据类型

（4）单击"确定"按钮，即可在"对象资源管理器"的相应位置出现名为 usernametype 的定义数据类型。

2. 删除用户定义的数据类型

删除用户定义的数据类型时要注意，当该自定义类型在使用时不能删除，必须先停止使用，才能执行删除的操作。

删除用户定义的数据类型的基本语法为：

```
sp_droptype [ @typename = ] 'type'
```

【例 8.3】　删除【例 8.1】中创建的类型为 usernametype 的用户定义数据类型。

在"新建查询"窗口中输入以下代码并执行：

```
use CJGL
go
exec sp_droptype usernametype
```

执行此代码后，出现的错误提示如图 8.6 所示。

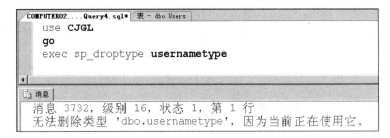

图 8.6　删除用户定义数据类型时的错误提示

此结果说明,并没有删除名为 usernametype 的用户定义数据类型,那么如何才能删除呢?不能删除此定义数据类型的原因是表 Users 的 UserName 字段是此类型的,所以应该先删除表 Users 中的 UserName 字段,然后再执行上面的代码。

用"对象资源管理器"删除用户定义数据类型的操作很简单,这里不再描述。

8.1.2 规则和默认

1. 规则(RULE)

规则是一种约束,用于执行一些与 CHECK 约束相同的功能,但要注意规则和 CHECK 约束的区别:

(1)使用 CHECK 约束是限制列取值的首选方案,CHECK 约束比规则更简明。

(2)一个列只能应用一个规则,但可以应用多个 CHECK 约束。

(3)CHECK 约束被定义为 CREATE TABLE 语句的一部分,而规则是作为一个单独的对象来创建,并由系统存储过程绑定到列上。

创建规则的基本语法为:

```
CREATE  RULE  rule_name
AS condition_expression
```

参数说明:

rule_name 规则的名称。

condition_expression 定义规则的条件,条件中应该使用一个变量加以判断和传递。

绑定规则使用的是系统存储过程:

```
sp_bindrule 'rule_name', '[db.]table_name.column_name'
```

取消绑定规则的系统存储过程为:

```
sp_unbindrule  '[db.]table_name.column_name'
```

删除规则的基本语法为:

```
DROP  RULE  rule_name
```

【例 8.4】为【例 8.1】创建的 Users 表的 UserPassword 列加上一个约束规则:要求密码的长度不能少于 8 位。

【分析】 Users 表已经创建完成了,就不能使用 CHECK 进行列的约束了,所以这里使用规则进行约束。

(1)在"新建查询"窗口中输入以下代码并执行,用以创建规则:

```
Use   CJGL
Go
CREATE RULE   rule_Password
As
Len(@password)>=8   --Len( )是系统函数,用于返回字符串的长度
```

执行上述命令后,在左边的"对象资源管理器"中能看到已经创建成功的名为 rule_Password 的规则,如图 8.7 所示。

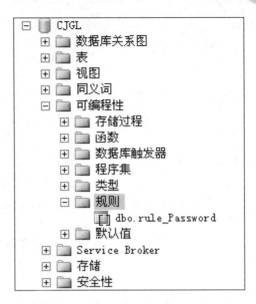

图 8.7 创建规则 rule_Password

（2）将此规则绑定到 Users 表的 UserPassword 列上。输入以下代码并执行：

Use CJGL
Go
Exec sp_bindrule 'rule_Password','Users.UserPassword'

执行上述命令后，系统会给出执行成功的提示，否则请检查错误。

（3）测试规则。向 Users 表插入两条记录，其中一条记录中 UserPassword 值的长度小于 8 位，一条记录的 UserPassword 值大于 8 位。代码与执行结果如图 8.8 所示。

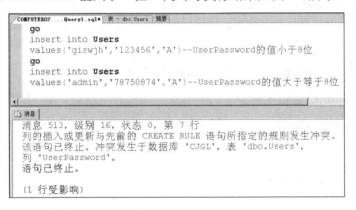

图 8.8 测试规则

由图 8.8 可知，当 UserPassword 值的长度小于 8 位时就给出错误提示，否则就会插入成功。

【例 8.5】 删除上例中创建的 rule_Password 规则。

【分析】 规则被绑定到表中时，是不能直接删除的，必须要先取消绑定，或者将表删除后才能删除规则，具体操作步骤如下：

（1）取消绑定规则 rule_Password。在"新建查询"窗口中输入以下代码用于取消绑定规则：

Use CJGL

```
        Go
        Exec   sp_unbindrule   'Users.UserPassword'
```

(2) 删除规则。使用的代码如下：

```
        Use CJGL
        Go
        DROP   RULE   rule_Password
```

执行此命令后就完成了规则的删除。

【注意】 不能用"对象资源管理器"创建规则。关于规则的绑定要注意以下几点：
- 在创建表时，表中字段的数据类型如果为系统提供的数据类型，则不能用"对象资源管理器"对规则进行绑定。
- 在用户使用"对象资源管理器"创建用户自定义数据类型时，可以用"对象资源管理器"对规则进行绑定。

2. 默认（DEFAULT）

默认就是用户在创建表或向表中添加记录时，对某些列预输入的默认值，比如在 CJGL 数据库中的 Score 表中的某一门课程的成绩，在没有成绩时，系统的默认值是 null。

默认的使用方法和规则相似，这里不再详细举例。

创建默认的基本语法为：

```
        CREATE   DEFAULT   [db.]default_name
        AS   constant_expression
```

参数说明：
db   数据库的名称。
default_name   创建默认的名称。
constant_expression   默认的表达式。这里只包含常量值的表达式，不能使用用户自定义函数。
绑定默认的系统存储过程为：

```
        sp_bindefault 'default_name', ' [db.]table_name.column_name'
```

取消绑定默认的系统存储过程为：

```
        sp_undbindefault ' [db.]table_name.column_name'
```

删除默认的基本语法为：

```
        DROP DEFAULT default_name
```

8.1.3 索引基础知识

SQL Server 中的变量有两种类型：一种是用户自定义的变量（局部变量）；另一种是系统提供的变量（全局变量）。以下分别用全局变量和局部变量表示。

1. 全局变量

全局变量是 SQL Server 系统内部使用的变量，其作用范围是全局的，不局限于某一程序，用户不能定义全局变量。全局变量以@@前缀开头，使用时不必进行声明。

SQL Server 中的全局变量被当成系统函数进行维护，其存放的位置和系统函数在一起，没有单一的存放区域，如图 8.9 所示。

图 8.9　全局变量的存放位置

系统提供的全局变量有很多，但这里只列出几个常用的，其余的请读者查阅 SQL Server 的帮助文档。

【例 8.6】　要将 Student 表中的 StuNo "2007230329" 改为 "20072303290"，用全局变量 @@ERROR 检查某列的取值是否超过范围。

【分析】　当字段长度超过规定长度时，系统的错误代码为 8152；当取值违反了约束，系统的错误代码为 547……。全局变量@@ERROR 的返回值是一个 integer 类型。

在"新建查询"窗口中输入以下代码：

```
use CJGL
go
update Student
set StuNo='20072303290'
where StuNo='2007230329'
if @@ERROR =547
    print '新值的长度超过了定义类型的取值范围'
```

执行结果如图 8.10 所示。

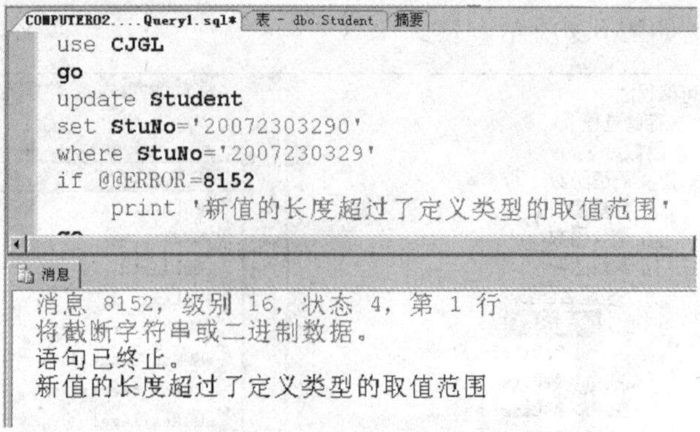

```
COMPUTER02....Query1.sql*   表 - dbo.Student   摘要
use CJGL
go
update Student
set StuNo='20072303290'
where StuNo='2007230329'
if @@ERROR=8152
    print '新值的长度超过了定义类型的取值范围'
```

消息
消息 8152,级别 16,状态 4,第 1 行
将截断字符串或二进制数据。
语句已终止。
新值的长度超过了定义类型的取值范围

图 8.10 @@ERROR 的简单使用

2. 局部变量

局部变量是一个有特定数据类型的对象，它的作用范围仅限于程序内部。局部变量可以保存数据值、控制循环执行的次数、控制语句的流程等。局部变量前应加上@符号，必须要先定义才能引用，定义局部变量使用的关键字是 DECLARE。

定义局部变量的基本语法如下：

DECLARE @variable_name datatype[,@variable_name datatype …]

【注意】局部变量的命令必须要符合有关标识符的规则。要特别注意，不能使用 SQL Server 中的关键字，也不能和全局变量同名。

在 T-SQL 语句中，对局部变量赋值时，不能和其他程序设计语言一样直接对其赋值，必须使用 SET 或 SELECT 命令来设置变量的值，其基本语法如下：

SET @variable_name=value   或   SELECT @variable_name=value

【注意】 SET 和 SELECT 对变量赋值还是有区别的：如果对单个变量进行赋值，通常使用 SET 赋值；如果对多个变量进行赋值，而且这些值从数据表中读取时，一般采用 SELECT 赋值。

【例 8.7】 对两个变量赋值，并且求它们的和。
在"新建查询"窗口中输入以下代码，并执行：

```
declare @a int,@b int, @sum int
set @a=2    --这里也可以使用 select 赋值
set @b=5
set @sum=@a+@b
print @sum
```

【注意】 局部变量是有范围的，当在语句中间加入 go 语句后，情况就发生了变化。将本例中的代码改为如下代码，看看结果如何？

```
declare @a int,@b int, @sum int
set @a=2    --这里也可以使用 select 赋值
set @b=5
go          --在这里添加一个 go 语句
set @sum=@a+@b
```

print @sum

执行结果如图 8.11 所示。

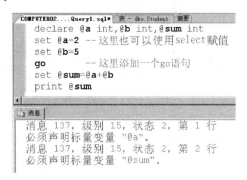

图 8.11　添加 go 语句后的执行结果

由执行结果可知，在 go 语句的下方，@sum、@a、@b 已经超出其定义的范围，所以是不能使用的，这里主要是 go 语句在起作用。举这个错误例子的用意在于表明用户自定义变量的作用范围，关于 go 语句的用法，将在本章的 8.3 小节中进行说明。

8.2　函数

函数是任何一门程序设计语言的重要组成部分，函数的出现为程序设计提供了方便。SQL Server 中的函数分为两种类型：一种是系统提供的内部函数（系统函数）；另一种是用户自定义函数。

8.2.1　常用系统函数

利用系统函数，可以帮助用户获取系统的相关信息，执行相关计算，实现数据转换，以及统计功能等，SQL Server 提供的系统函数包括聚合函数、日期和时间函数、数学函数、字符串函数等，如图 8.12 所示。

图 8.12　SQL Server 中的系统函数

1. 聚合函数

常用的聚合函数如表 8.2 所示。

表 8.2　常用的聚合函数

函 数 名 称	描　　述
Avg()	返回组中各值的平均值
Count()	返回组中的项数
Max()	返回表达式的最大值
Min	返回表达式的最小值
Stdev()	返回给定表达式中所有值的偏差
Sum()	返回表达式中所有值的和

【例 8.8】求 Student 表中的记录总数。

在"新建查询"窗口中输入以下代码，并执行以下代码：

```
use CJGL
go
select Count(*)
from Student
```

执行结果如图 8.13 所示。

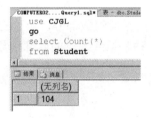

图 8.13　Student 表中的记录总数

【例 8.9】求 Score 表中的平均成绩。

在"新建查询"窗口中输入以下代码：

```
use CJGL
go
select avg(Grade)   --成绩列
from Score
```

执行结果如图 8.14 所示。

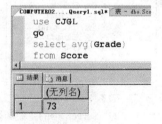

图 8.14　Score 表中的平均成绩

2. 日期和时间函数

常用的日期和时间函数如表 8.3 所示。

表 8.3 常用的日期和时间函数

函 数 名 称	说　　明
Dateadd(datepart,日期)	返回 datepart 加上日期产生的新日期
Datediff(datepart,日期 1,日期 2)	返回两个日期的差值，转化为指定 datepart 的形式
Datename(datepart,日期)	返回表示指定日期的指定日期部分字符串
Day(日期)	返回一个整数，表示日期中"日"的部分
Month(日期)	返回一个整数，表示日期中"月"的部分
Year(日期)	返回一个整数，表示日期中"年"的部分
Getdate()	返回服务器当前的系统日期和时间

表 8.4 给出了表 8.3 中的 Datepart 及其缩写和取值范围。

表 8.4　Datepart 及其缩写和取值范围

Datepart	缩　写	取值范围	说　明	Datepart	缩　写	取值范围	说　明
Year	yy	1753～9999	年	Hour	hh	0～23	小时
Month	mm	1～12	月	Minute	mi	0～59	分钟
Day	dd	1～31	日	Quarter	qq	1～4	刻
Week	wk	0～52	周数	Second	ss	0～9	秒
Weekday	dw	1～7	一周中某天	Millisecond	ms	0～999	毫秒
DayOfYear	dy	1～366	一年中某天				

【例 8.10】 求从今天算起到 2016 年的元旦还有多少天。

【分析】 本例很简单，只须求出今天的日期，并且用 Datediff()函数即可，函数中一共有 3 个参数，分别是"日"，"今天的时间"和"01/01/2016"。但一定要注意：求出的结果必须要输出，输出的方式可以使用 print 语句输出，也可以使用 SELECT 语句查询。具体代码如下：

```
print Datediff(dd，Getdate(),'01/01/2016')
```

3. 数学函数

常用的数学函数如表 8.5 所示。

表 8.5　常用的数学函数

函 数 名 称	说　　明
Abs(数值表达式)	返回表达式的绝对值
Acos(浮点型表达式)	返回浮点表达式反余弦值（单位/弧度）
Asin(浮点型表达式)	返回浮点表达式反正弦值（单位/弧度）
Sin(浮点型表达式)	返回浮点表达式正弦值（单位/弧度）
Atan(浮点型表达式)	返回浮点表达式反正切值（单位/弧度）

续表

函 数 名 称	说　　明
Tan(浮点型表达式)	返回浮点表达式正切值（单位/弧度）
Cos(浮点型表达式)	返回浮点表达式余弦值
Cot(浮点型表达式)	返回浮点表达式余切值
Ceiling(数值表达式)	返回大于或等于数值表达式的最小整数
Degrees(数值表达式)	将弧度转化为度
Randians(数值表达式)	将度转化为弧度
Rand(整数型表达式)	返回一个 0~1 的随机十进制数
Round(数值表达式，整数型表达式)	返回与数值表达式最接近的整数
Sqrt(浮点型表达式)	返回一个浮点表达式的平方根
Pi()	返回值：3.1415926535897931

4．字符串函数

常用的字符串函数如表 8.6 所示。

表 8.6　常用的字符串函数

函 数 名 称	说　　明
Ascii(字符型表达式)	返回字符表达式最左边字符的 ASCII 码值
Char(整型表达式)	将 ASCII 码转换成字符，ASCII 码值为 0~255
Charindex(str1,str2[,开始位置])	返回字符串中指定表达式的起始位置
Left(str,整型表达式)	返回字符串从左边开始指定个数的字符
Right(str,整型表达式)	返回字符串从右边开始指定个数的字符
Len(str)	返回给定字符串表达式的字符数
Lower(str)	将大写字符转换成小写字符
Ltrim(str)	返回删除前导空格后的字符表达式
Rtrim(str)	返回删除后导空格后的字符表达式
Str(浮点型表达式，[,长度[,小数]])	返回从浮点型表达式转换而成的字符数据
Substring(字符表达式,起始点,n)	返回字符的一部分

【例 8.11】　向 Student 表中插入一条记录，检查当 StuNo 的长度大于 8 时，提示不允许插入的信息，否则允许插入，并提示插入成功的信息。

在"新建查询"窗口中输入以下代码并执行：

```
use   CJGL
go
declare @ls   nvarchar(20)
set @ls='0123'
if   len(@ls)<=8
    begin
        insert into Student
        values(@ls,'李欢','男','飞刀1班','四川成都','班长')
```

```
                print '此记录插入成功！'
            end
    else
        print 'StunNo 的长度为'+convert(nvarchar,len(@ls))+'位,超过了 8 位'
```

【注意】 本例中使用了两个系统函数，一个是 len()，另一个是 convert()。len()函数计算字符长度；convert()函数则是将数据类型进行转换，因为这里的 len()函数返回的是一个整型数据，而单引号里的是字符串类型，不能进行连接（+）运算，所以需要将整型数据转换成字符型数据，再进行连接运算。convert()函数比较常用，也非常重要。

系统函数远不止列出的这些，限于篇幅不再列举，请读者在使用到未列出的系统函数时参看附录 C。

8.2.2 自定义函数

系统提供的函数虽然很多，但并不能满足用户的所有要求，比如用户想将变量 a 和变量 b 的值交换后输出，就只有靠用户自己编写函数来实现了。我们把用户自己编写的函数称为自定义函数。

在 SQL Server 中，用户自定义函数有两种，分别是标量函数和表值函数。

1. 标量函数

用户定义的标量函数返回在 RETURNS 子句中定义的类型的单个数据值，标量值是单个语句的结果；对于多个语句标量函数，定义在 BEGIN…END 块中的函数包含一系列返回单个值的 T-SQL 语句。返回类型可以是除 text、ntext、image、cuisor 和 timestamp 外的任何数据类型。

创建标量函数的基本语法为：

```
CREATE   FUNCTION [owner_name.] function_name
([{@parameter_name[AS]parameter_data_type[=default]}][,…,n])
RETURNS return_data_type
    [WITH<function_option>[,…,n]]
    [AS]
    BEGIN
        function_body
        RETURN scalar_expression
    END
```

参数说明：

function_name　用户自定义的函数名称。

@parameter_name　用户自定义函数的参数，可以声明一个或多个参数。

parameter_data_type　参数的类型。

[=default]　参数的默认值。

return_data_type　用户自定义标量函数的返回值，不能是 text、ntext、image、cuisor 和 timestamp 数据类型。

function_body　指定一系列定义函数值的 T-SQL 语句，这些语句一起使用的计算结果为标量值。

scalar_expression　指定标量函数返回的标量值。

【例 8.12】 求某一科目的平均成绩。

【分析】 系统提供了平均值函数 Avg() 求平均成绩，但这里的科目名称未定，Where 子句应该是一个待定条件。这里应该建立一个用户自定义标量函数以方便用户求解。

（1）在"新建查询"窗口中输入以下代码并执行，用于创建自定义标量函数：

```
Use CJGL
Go
Create function avgGrade(@kechengming   nvarchar(20))
Returns float
As
     Begin
     Declare @pingjunfen float
          Set @pingjunfen=(select avg(Grade)
From Score
Where CouNo=
(select CouNo
From Course
Where CouName=@kechengming
))
          Return @pingjunfen
     End
```

执行上述命令后，在"对象资源管理器"中的相应位置就能看到已经成功创建的名为 avgGrade 的自定义函数，如图 8.15 所示。

图 8.15 成功创建的 avgGrade 自定义函数

（2）调用此函数，再一次打开一个新的"新建查询"窗口，在其中输入以下代码，求出某科目的平均成绩：

```
use CJGL
go
Select dbo.avgGrade('三国古今') as '三国古今'
```

执行结果如图 8.16 所示。

图 8.16 用户自定义函数的调用结果

【例 8.13】 删除【例 8.12】中创建的名为 avgGrade 的用户定义函数。

【分析】 删除用户定义函数，可以在"对象资源管理器"中通过鼠标右键单击该函数名称，在打开的快捷菜单中执行"删除"命令，也可以用 T-SQL 的 DROP FUNCTION 命令进行操作，这里使用 DROP FUNCTION 命令进行操作。在"新建查询"窗口中输入以下代码并执行，以删除用户定义函数：

```
USE CJGL
GO
DROP FUNCTION avgGrade
```

【说明】 标量定义函数的创建和删除都能在"对象资源管理器"中进行，操作比较简单，这里没有详细讲解。

2. 表值函数

表值函数返回 table 数据类型。对于直接表值自定义函数，返回的结果只是一系列表值，没有明确的函数体，该表是 SELECT 语句的结果集。

8.2.3 常用系统存储过程

关于存储过程的详细讲解，请查考本书第 9 章的相关内容，这里只说明系统的存储过程。系统存储过程是一种特殊类型的系统函数，主要存储在 master 数据库中（见图 8.17），并以 sp_ 为前缀，在使用时用 EXEC 调用。如要查看【例 8.12】中用户定义函数的定义文本，就可以使用以下命令实现：

```
EXEC    sp_helptext    avgGrade
```

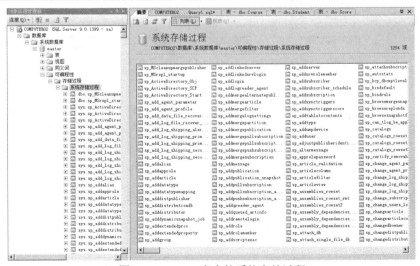

图 8.17 master 表中的系统存储过程

常用的系统存储过程如表 8.7 所示。

表 8.7 常用的系统存储过程

系统存储过程名称	功　　能
Sp_addtype	创建用户自定义数据类型
Sp_bindefault	绑定默认
Sp_bindrule	绑定规则
Sp_droptype	删除用户定义数据类型
Sp_help	查看对象的一般信息
Sp_helptext	查看对象的定义内容（文本）
Sp_rename	对象重命名

更多的系统存储过程请参看附录 C。

8.3 批处理和流程控制语句

8.3.1 语句注释

在软件开发思想中，注释分为序言性注释和功能性注释。序言性注释主要存放在程序的开头，用于描述程序的功能，开发情况介绍，作者简介等；而功能性注释主要存放在程序中，对程序块或者某一语句进行解释。

在 SQL Server 中，语句注释的标识符为- -，其实在前面的例子中或多或少地已经使用了注释语句，系统默认注释语句的演示为绿色。

注释语句可分为两大类：单行注释语句和多行注释语句。

1. 单行注释语句

单行注释语句是指注释语句的文本只占用一行，使用符号- -，即一个符号- -只能对一行的注释语句起作用，如图 8.18 所示。

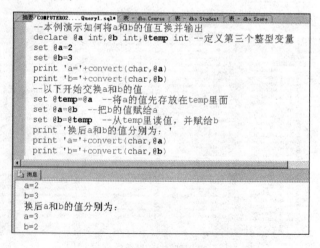

图 8.18 单行注释语句的使用

2. 多行注释语句

多行注释语句是用符号/*...*/注释的语句。当对某语句进行注释的文本过多,而一行又不能写完的情况下应使用多行注释语句。

8.3.2 批处理

批处理是包含一个或多个 T-SQL 语句的组,从应用程序一次性地发送到 SQL Server 中执行。SQL Server 将批处理语句编译成一个可执行的单元,此单元称为执行计划,执行计划中的语句每次只执行一条。

编译错误(如语法错误),使执行计划无法编译,从而导致批处理中的任何语句均无法执行。运行时错误(如值的溢出或违反约束)会产生以下两种影响:

(1)大多数运行时错误,将停止执行批处理中当前语句和它之后的所有语句。

(2)少数运行时错误(如违反约束),仅停止执行当前的语句,而继续执行批处理中的其他语句。

一些 SQL 语句不可以放在一个批处理语句中处理,它们需遵守以下规则:大多数 CREATE 命令要在单个命令中执行,但 CREATE DATABASE、CREATE TABLE、CREATE INDEX 除外。

T-SQL 语句中的批处理其实很简单,就是用 go 命令来通知 SQL Server 和 T-SQL 语句的结束。其实在以前的例子中出现过,现在请看【例 8.14】。

【例 8.14】 在同一个查询窗口中查找 Student 表中所有姓"王"的学生的信息和在 Score 表中查找所有成绩大于 60 分的信息,并将查询结果存放在名为 VV 的视图中。

使用的命令如下:

```
use CJGL
go
create view vv
as
select * from Student where StuName like'王%'
go
select * from Score where Grade>='60'
go
```

原本 create 语句应该是批处理中的第一条语句,但这里为了指明在 CJGL 数据库下创建视图,在前面先使用了 use CJGL,所以应该用 go 语句将其分开。如果将 use CJGL 和语句 create view vv 之间的 go 语句去掉,会有什么结果呢?请读者思考。有了对批处理语句和 go 语句的理解,对于本章【例 8.7】后面给出的错误演示就可以很好地解释了。

8.3.3 流程控制语句

T-SQL 中的流程控制语句就是指用来控制 T-SQL 程序的执行和流程分支的命令,在 SQL Server 中,流程控制语句主要控制 SQL 语句、语句块或存储过程执行流程。主要有以下几种。

1. IF…ELSE 语句

IF…ELSE 语句的基本格式为:

IF<条件表达式>

```
            <命令或程序块>
    [ELSE[条件表达式]
            <命令行或程序块>]
```

其中：

<条件表达式>可以是各种表达式的组合，但表达式的值必须为"真"或"假"。其功能是判断当某一条件成立时执行某段程序，条件不成立时执行另一段程序。另外，IF…ELSE 语句也能嵌套使用。

2．BEGIN…END 语句

BEGIN…END 语句的基本格式为：

```
BEGIN
        <命令行或程序块>
END
```

其中：

当 BEGIN…END 之间的语句只有一行时，可以不使用 BEGIN…END 语句。BEGIN…END 语句经常使用于 IF…ELSE 语句中，当 IF 的条件为"真"时，下面可能是一个语句块，这时就要使用 BEGIN…END 将此语句块包含起来当做一个整体。另外，BEGIN…END 也能嵌套使用。

3．CASE 语句

CASE 语句的基本格式为：

```
CASE <表达式或字段名>
        WHEN<逻辑表达式 1> THEN<结果表达式 1>
        …
        WHEN< 逻辑表达式 n> THEN<结果表达式 n>
        [ELSE <结果表达式>]
END
```

【例 8.15】 对 Score 表中的成绩进行修改，方案为：将家庭住址是四川的学生的成绩加 8 分；将家庭住址是重庆的学生的成绩加 5 分；将家庭住址是黑龙江的学生的成绩加 3 分，其余的加 1 分。当加分完成后分数超过 100 分的按 100 分计算。

在"新建查询"窗口中输入以下代码：

```
use CJGL
go
update Score
set Grade=
case    -- 按照方案加分
  when StuNo in (select StuNo from Student where City like '四川%') then
      Grade+8
  when StuNo in (select StuNo form Student where City like '重庆%') then
      Grade+5
  when StuNo in (select StuNo from Student where City like '黑龙江%') then
      Grade+3
  else
    Grade+1
end
```

```
go  -- 当分数大于等于 100 的时候调整为 100 分
update Score
set Grade='100'
where Grade>=100
go
```

执行结果如图 8.19 所示。

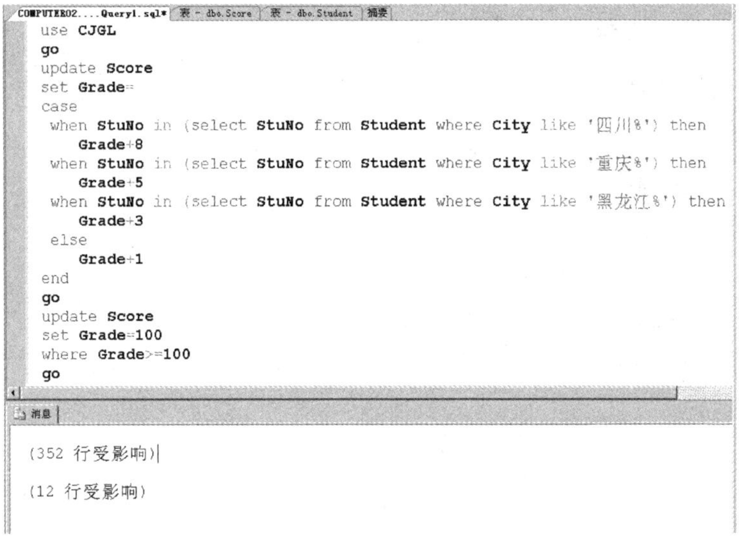
COMPUTER02....Query1.sql*
表 - dbo.Score
表 - dbo.Student
摘要
use CJGL
go
update Score
set Grade=
case
when StuNo in (select StuNo from Student where City like '四川%') then
Grade+8
when StuNo in (select StuNo from Student where City like '重庆%') then
Grade+5
when StuNo in (select StuNo from Student where City like '黑龙江%') then
Grade+3
else
Grade+1
end
go
update Score
set Grade=100
where Grade>=100
go
消息
(352 行受影响)
(12 行受影响)

图 8.19 CASE 语句执行结果

4. WHILE…CONTINUE…BREAK 语句

WHILE…CONTINUE…BREAK 的基本格式为：

```
WHILE<条件表达式>
    BEGIN
    <命令行或程序块>
    [BREAK]
    [CONTINUE]
    [命令行或程序块]
END
```

其中：

WHILE 语句在设置的条件为真时，重复执行命令行或程序块；CONTINUE 语句是让程序跳过 CONTINUE 语句之后的语句，回到 WHILE 循环的第一行；BREAK 语句则让程序完全跳出循环，结束 WHILE 循环的执行。另外，WHILE 语句也可以嵌套使用。

【例 8.16】 下面是一个求 1+2+3+…+100 的和的例子。请分析其中 WHILE、BREAK 和 CONTINUE 语句的含义和结果的输出情况。

```
declare @i int,@sums int
set @i=1
set @sums=0
while @i<=101
    begin
```

```
            set @sums=@sums+@i
            set @i=@i+1
            if @i>100
                begin
                    break
                    print '警告:i的值超过了100'
                end
            else
                begin
                    continue
                    print '继续求和'
                end
    end
print @sums
```

结果输出为 5050,如图 8.20 所示。

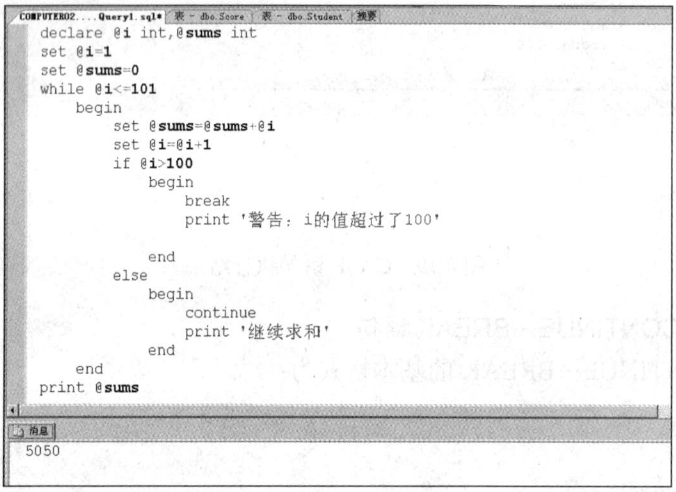

图 8.20 1~100 的和

T-SQL 中的流程控制语句还有 GOTO 语句、WAITFOR 语句等,这里不再一一列出,请参看相关资料。

8.4 本章小结

本章主要介绍了 T-SQL 的语言基础,通过示例介绍了全局变量、用户自定义变量、系统函数、用户自定义函数的用法,特别讲解了用户自定义数据类型的创建和应用,并在此基础上通过示例说明了如何创建规则和默认并绑定到相关数据表上,最后具体介绍了流程控制语句的用法。

8.5 思考与练习

一、填空题

1. 规则是一种约束，用于执行一些与 CHECK 约束相同的功能。一个列只能应用一个_____，但可以应用多个_____。

2. 向 Student 表中的 StuName 列上创建一个约束规则，要求其姓名长度不能大于 5 个汉字。请完成下面的程序。

   use CJGL
   go
   create　RULE　rule_Name
   as
   _____

3. SQL Server 中的变量有两种类型：一种是用户自定义的变量（局部变量）；另一种是系统提供的变量（全局变量）。_____以@@前缀开头，使用的时候不必进行声明，而_____前应加上@符号，必须要先定义才能使用。

二、设计题

1. 用自定义函数实现查找某一专业学生的某一科目的平均成绩。

2. 修改成绩表中学生的成绩。为所有学生的以下课程加分："专业英语"课程加 10 分；"Linux 操作系统"课程加 50 分；"关系数据库与 SQL Server"课程加 10 分；其余的课程均加 2 分。

三、思考题

在 T-SQL 中，批处理的特点有哪些？

8.6 实训项目

一、实验目的

完成本实验后，将掌握以下内容：
（1）自定义函数的用法。
（2）流程控制语句的用法。
（3）自定义数据类型的用法。

二、准备工作

（1）已安装 SQL Server 系统。
（2）已建立人力资源管理 HR 数据库。
（3）各张表中已经存在示例数据，并且表上已经存在相关的约束。

三、实验相关

（1）参考网上下载内容中第 8 章的实训项目。
（2）实验预估时间：60 分钟。

四、实验设置

无。

五、实验方案

（1）在数据库 HR 中自定义一个名为 avgSalary 的函数，要求能计算某一部门员工的平均工资。

（2）用 T-SQL 语言完成 1+2+…+100 的和，请简化【例 8.16】中的程序。

（3）在数据库 HR 中新建一个名为 Admins 的管理员表，要求表中有以下字段，且每个字段的数据类型也要满足给定的要求，具体如表 8.8 所示。要求在 APassword 列上加入规则：密码长度不能少于 8 位。

表 8.8 Admins 表内容

字 段 名	类 型	说 明
ANo	自定义类型 notype：nvarchar(10)	管理员编号
AName	自定义类型 nametype：nvarchar(20)	管理员姓名
APassword	自定义类型 passtype：nvarchar（20）	密码
ARole	自定义类型 roletype：char(2)	角色

第 9 章 存储过程

学习目标

1. 了解存储过程的作用和类型。
2. 掌握使用 SQL Server 管理控制器和 T-SQL 语句创建存储的过程。
3. 掌握存储过程中参数的使用方法,包括输入参数、参数的默认值设置和输出参数。
4. 掌握存储过程的调用方法。
5. 掌握使用 SQL Server 管理控制器和 T-SQL 语句修改和删除存储过程。
6. 灵活设计存储过程,解决一些复杂程序设计问题。

知识框架

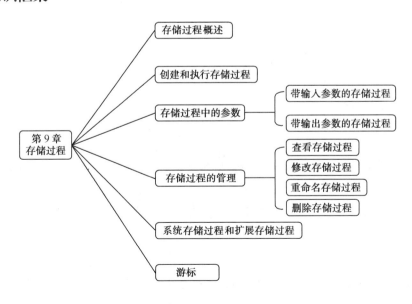

任务引入

有时可以编写一串 SQL 语句完成一系列的操作，但是这些语句一旦删除前没有保存，下次再完成相同的操作时需要重新编写一次语句。如果将第一次编写的 SQL 语句保存起来，并经过系统编译，下次只需调用这些语句即可，显然效率得到了很大提高。

比如，需要输入一个学生的学号或者姓名就能查询该学生的选课和成绩等信息。可能有很多学生需要查询，SQL 语句的主要部分没变，只是每次在 WHERE 条件中修改学号或姓名，所以可以创建一个查询学生选课信息的一个过程，下次只变换学号或姓名就可得到结果，这就是存储过程。

存储过程（Stored Procedure）是一组完成特定功能的 SQL 语句集，经编译后存储在数据库中，用户通过指定存储过程的名称并给出参数（如果该存储过程带有参数）来执行存储过程。本章介绍存储过程的创建、执行、修改和删除等操作。

9.1 存储过程概述

9.1.1 存储过程的概念

存储过程是一种数据库对象，是为了实现某个特定任务，以一个存储单元的形式存储在服务器上的一组 T-SQL 语句的集合。也可以把存储过程看成是以数据库对象形式存储在 SQL Server 中的一段程序或函数。存储过程既可以是一些简单的 SQL 语句，如 SELECT * FROM student，也可以由一系列用来对数据库实现复杂规则的 SQL 语句或控制流语句组成。

9.1.2 存储过程的优点

在 SQL Server 中使用存储过程有以下几个优点：
（1）存储过程已在服务器上存储。
（2）存储过程允许模块化程序设计。
（3）存储过程可以加快运行速度。
（4）存储过程可以减少网络通信流量。
（5）存储过程可以作为安全性机制。

在 SQL Server 中使用存储过程同其他编程语言中的过程相似，有如下特点：
（1）接收输入参数并以输出参数的形式将多个值返回至调用过程或批处理。
（2）包含执行数据库操作（包括调用其他过程）的编程语句。
（3）向调用过程或批处理返回状态值，以表明成功或失败及失败的原因。

9.1.3 存储过程的类型

在 SQL Server 中，存储过程可以分为 3 类：用户自定义的存储过程、系统存储过程和扩展存储过程。

（1）用户自定义的存储过程。用户自定义的存储过程是用户根据自身需要，为完成某一特定功能，在自己的普通数据库中创建的存储过程。

（2）系统存储过程。系统存储过程以 sp_为前缀，主要用来从系统表中获取信息，为系统管理员管理 SQL Server 提供帮助，为用户查看数据库对象提供方便。例如，用来查看数据库对象信息的系统存储过程 sp_help。从物理意义上讲，系统存储过程存储在资源数据库中。从逻辑意义上讲，系统存储过程出现在每个系统定义数据库和用户自定义数据库的 sys 构架中。

（3）扩展存储过程。扩展存储过程以 xp_为前缀，它是关系数据库引擎的开放式数据服务层的一部分，可以使用户在动态链接（DLL）文件所包含的函数中实现逻辑，从而扩展了 T-SQL 的功能，并且可以像调用 T-SQL 过程那样在 T-SQL 语句中调用这些函数。

9.2 创建和执行存储过程

9.2.1 存储过程的创建

在 SQL Server 中，通常可以使用两种方法创建存储过程：一种是使用 SQL Server 管理控制器创建存储过程；另一种是使用 T-SQL 的 CREATE PROCEDURE 语句来创建存储过程。在创建存储过程时，需要注意下列事项：

（1）只能在当前数据库中创建存储过程。

（2）不但要具有数据库 CREATE PROCEDURE 权限，还必须具有对构架（在其下创建过程）的 ALTER 权限。

（3）存储过程作为数据库对象，其名称必须遵守标识符命名规则。

（4）不能将 CREATE PROCEDURE 语句与其他 T-SQL 语句组合到一个批处理中。

（5）在创建存储过程时，应指定所有输入参数和向调用过程或批处理返回的输出参数、执行数据库操作的编程语句和返回至调用过程或批处理以表明成功或失败的状态值。

下面通过一个简单的例子来说明使用 SQL Server 管理控制器创建存储过程的操作步骤。

【例 9.1】 使用 SQL Server 管理控制器创建存储过程 maxscore，用于输出所有学生成绩的最高分。

具体操作步骤如下：

（1）启动 SQL Server 管理控制器。

（2）在"对象资源管理器"中展开 46F4FCB925D842D 服务器节点。

（3）展开"数据库"节点。

（4）选中数据库 CJGL，展开该数据库节点。

（5）展开"可编程性"节点并使用鼠标右键单击"存储过程"，在弹出的快捷菜单中单击"新建存储过程"命令，如图 9.1 所示。

（6）打开如图 9.2 所示的存储过程模板，用户可以参照模板在其中输入存储过程的 T-SQL 语句。

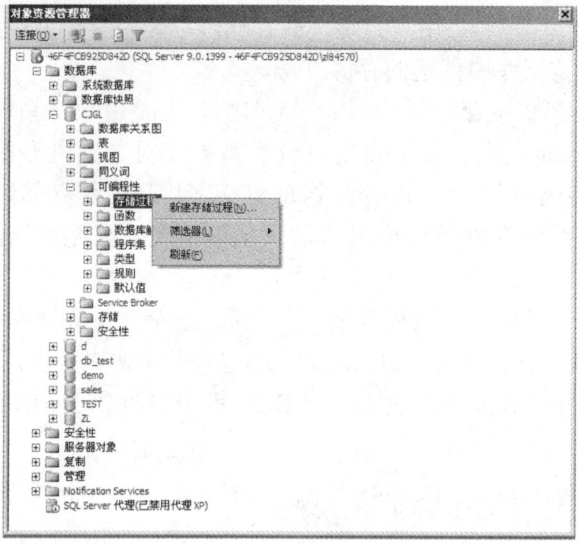

图 9.1　执行“新建存储过程”命令

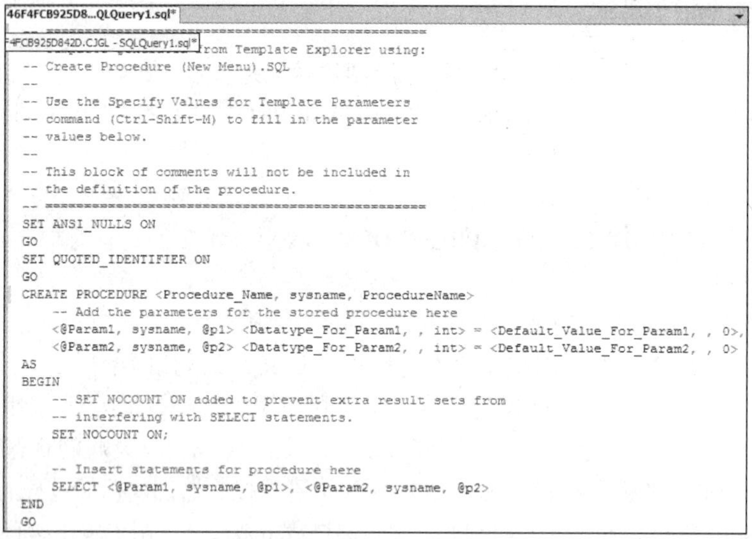

```
-- ================================================
-- Template generated from Template Explorer using:
-- Create Procedure (New Menu).SQL
--
-- Use the Specify Values for Template Parameters
-- command (Ctrl-Shift-M) to fill in the parameter
-- values below.
--
-- This block of comments will not be included in
-- the definition of the procedure.
-- ================================================
SET ANSI_NULLS ON
GO
SET QUOTED_IDENTIFIER ON
GO
CREATE PROCEDURE <Procedure_Name, sysname, ProcedureName>
    -- Add the parameters for the stored procedure here
    <@Param1, sysname, @p1> <Datatype_For_Param1, , int> = <Default_Value_For_Param1, , 0>,
    <@Param2, sysname, @p2> <Datatype_For_Param2, , int> = <Default_Value_For_Param2, , 0>
AS
BEGIN
    -- SET NOCOUNT ON added to prevent extra result sets from
    -- interfering with SELECT statements.
    SET NOCOUNT ON;

    -- Insert statements for procedure here
    SELECT <@Param1, sysname, @p1>, <@Param2, sysname, @p2>
END
GO
```

图 9.2　存储过程模板

输入的T-SQL语句如下：

```
SET ANSI_NULLS ON
GO
SET QUOTED_IDENTIFIER ON      --表示使用引号分隔标识符
GO
CREATE PROCEDURE maxscore      --创建存储过程 maxscore
AS
BEGIN
      SET NOCOUNT ON;
    SELECT MAX(Grade) AS '最高分' FROM Score WHERE NOT Grade IS NULL
     --查询出 score 表的最高分
```

```
END
GO
```

上述存储过程主要包含一个 SELECT 语句，对于复杂的存储过程，可以包含多个 SELECT 语句。

（7）单击工具栏中的"保存"按钮，将其保存在数据库中。此时选中"存储过程"节点并单击鼠标右键，在弹出的快捷菜单中单击"刷新"命令，会看到在"存储过程"的下方出现了 dbo.maxscore 存储过程，如图 9.3 所示。

（8）选中 dbo.maxscore 存储过程并单击鼠标右键，在弹出的快捷菜单中单击"执行存储过程"命令，其运行结果如图 9.4 所示。

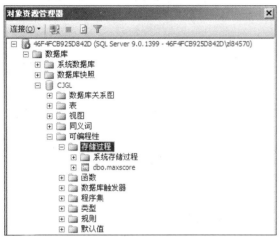

图 9.3 创建 dbo.maxscore 存储过程　　　　图 9.4 存储过程执行结果

使用 CREATE PROCEDURE 语句创建存储过程，其语法格式如下：

```
CREATE PROC[EDURE]    存储过程名称    [; number]
     [ {@parameter data_type}
[VARYING][ = default] [OUTPUT] ] [,…,n]
AS sql_statement    [,…,n]
```

其中，各参数的含义如下：

Number　是可选的整数，用来对同名的过程分组，以便用一条 DROP PROCEDURE 语句将同组的过程一起除去。

@parameter　过程中的参数。在 CREATE PROCEDURE 语句中可以声明一个或多个参数。用户必须在执行过程时提供每个所声明参数的值，存储过程最多可以有 2100 个参数。

data_type　参数的数据类型。

default　参数的默认值。如果定义了默认值，不必指定该参数的值即可执行过程。默认值必须是常量或 NULL。

OUTPUT　表明参数是返回参数。该选项的值可以返回给 EXE[UTE]。使用 OUTPUT 参数可将信息返回给调用过程。

sql_statement　过程中要包含的任意数目和类型的 T-SQL 语句，但有一些限制。

【例 9.2】　在 CJGL 数据库中，创建一个查询存储过程 st_bjmc，要求该存储过程列出学生所在的系。创建存储过程使用的代码如下：

```
USE CJGL          --打开数据库 CJGL
GO
CREATE PROCEDURE [dbo].[st_bjmc]    --创建 st_bjmc 存储过程
AS
SELECT    department  --建立查询语句
FROM   class Join student   ON  class.ClaName=Student.ClaName
Where    Student.StuName='李永强'
GO
```

单击工具栏中的 ! 执行(X) ✓ ■ 按钮执行该程序，看到"命令已成功完成"的消息，表示执行成功，该存储过程自动存储到 CJGL 数据库中。

9.2.2 执行存储过程

可以使用 EXECUTE 或 EXEC 语句来执行存储在服务器上的存储过程，其语法格式如下：

```
[ EXEC[UTE] ]
  [存储过程名称 | @procedure_name_ var}
[ [@parameter = ]{ value | @variable [ OUTPUT ]   }
[ ,…,n]
```

其中，各参数含义如下：

number   可选的整数，用于将相同名称的过程进行组合，使得它们可以用 DROP PROCEDURE 语句除去。

@parameter   过程参数，在 CREATE   PROCEDURE 语句中定义。

value   过程中参数的值。

@variable   用来保存参数或者返回参数的变量。

OUTPUT   指定存储过程必须返回一个参数。该存储过程的匹配参数也必须有关键字 OUTPUT。

【例 9.3】 执行【例 9.2】中创建的存储过程。

（1）选中 dbo.st_bjmc 存储过程并单击鼠标右键，在弹出的快捷菜单中单击"执行存储过程"命令，如图 9.5 所示。

图 9.5 执行"执行存储过程"命令

(2)打开执行过程窗口,单击"确定"按钮,如图 9.6 所示。

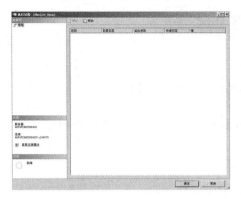

图 9.6 单击"确定"按钮

(3)打开执行存储过程的代码书写窗口,如图 9.7 所示。

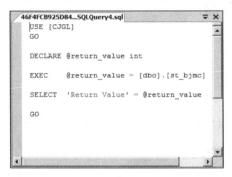

图 9.7 写入执行源代码

(4)输入以下代码:

```
USE [CJGL]
GO
EXEC st_bjmc      --执行 st_bjmc 存储过程
GO
```

(5)单击工具栏中的 ![执行] 按钮,执行该程序,其结果如图 9.8 所示。

图 9.8 存储过程运行结果

9.3 存储过程中的参数

9.3.1 在存储过程中使用参数

存储过程通过参数来与调用它的程序通信。在程序调用存储过程时，可以通过输入参数将数据传递给存储过程，存储过程可以通过参数和返回值将数据返回给调用它的程序。带参数的存储过程的一般格式如下：

CREATE PROCEDURE 存储过程名（参数列表）
AS   SQL   语句

9.3.2 带输入参数的存储过程

执行带参数的存储过程时，SQL Server 提供了以下 3 种传递参数的方式：
（1）按位置传递。
（2）通过参数名传递。
（3）第三方变量传递。

用第一种方式传递参数时，传递的参数和定义时的参数顺序一致。其一般格式如下：

EXEC   存储过程名   实参列表

第二种方式是采用"参数=值"的形式，此时，各个参数的顺序可以任意排列。其一般格式如下：

EXEC   存储过程名   参数1=值1，参数2=值2，…

第三种方式是创建第三方变量，然后给变量赋值，再通过变量传递参数给存储过程。其一般格式如下：

DECLARE @TEMP data_type
SET @TEMP=值
EXEC   存储过程名@TEMP

【例9.4】 在 CJGL 数据库中，创建一个查询存储过程 st_dcmc，以学生姓名为参数，输入学生姓名，并列出学生所在的系。存储过程的代码如下：

USE CJGL
GO
CREATE PROCEDURE st_bjmc(@sn char(10))
AS
SELECT   department
FROM   class   Join   student   ON   class.ClaName=Student.ClaName
Where   Student.StuName=@sn
GO

执行存储过程的代码如下：

```
USE CJGL
GO
DECLARE @sn char
EXEC    st_dcmc @sn='李永强'
GO
```

运行结果如图 9.9 所示。

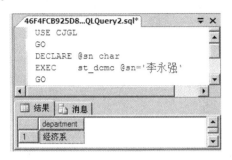

图 9.9 带参数存储过程的运行结果

【例 9.5】 设计一个存储过程 maxno，以学号为参数，输入某学生的学号后输出该学生的学号、姓名、所有课程中的最高分及课程名。

（1）采用 CREATE PROCEDURE 语句设计该存储过程如下：

```
USE CJGL
GO
CREATE PROCEDURE   [dbo].[maxno](@no int)
AS
     SELECT Student.StuNo,Student.StuName,Score.Grade,Course.CouName
   FROM   student   JOIN   score ON   S.StuNO=SC.StuNO
AND   score JOIN ON SC.CouNO=C.CouNo
   WHERE S.StuNo=@no   AND
          Score.Grade=(SELECT MAX(Grade) FROM Score WHERE StuNO=@no)
GO
```

（2）在执行 maxno 存储过程时输入如下语句：

```
USE [CJGL]
GO
EXEC    maxno  '2007230301'
GO
```

以上的代码也可以写为（定义第三方变量）：

```
USE [CJGL]
GO
Declare @temp_no varchar(20)
Set @temp_no='2007230301'
EXEC    maxno   @temp_no
GO
```

（3）运行结果如图 9.10 所示。

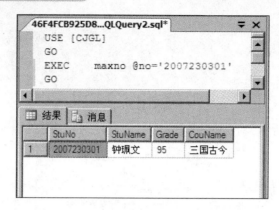

图 9.10 执行带输入参数的存储过程

9.3.3 在存储过程中使用默认参数

其一般格式如下:

CREATE PROCEDURE 存储过程名(参数 1=默认值 1,参数 2=默认值 2,…)

【例 9.6】 修改【例 9.5】中的存储过程，指定其默认学号为 2007230301，存储过程的代码如下：

```
USE CJGL
GO
CREATE PROCEDURE   maxno1(@no int='2007230301')
AS
    SELECT Student.StuNo,Student.StuName,Score.Grade,Course.CouName
    FROM    student JOIN score ON    S.StuNO=SC.StuNO
AND score JOIN Course ON SC.CouNO=C.CouNo
    WHERE Student.StuNo=@no
GO
```

执行结果如图 9.11 所示。

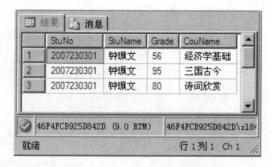

图 9.11 执行带默认参数的存储过程

9.3.4 带输出参数的存储过程

在创建存储过程时，通过定义输出参数（或返回参数），可以从存储过程中返回一个或多个值。定义输出参数需要在参数定义的数据类型后使用关键字 OUTPUT（简写为 OUT）。

【例 9.7】 在 CJGL 数据库中，创建一个查询存储过程 st_sccs，该存储过程带一个输出参数，用于返回平均分数。该存储过程将把学号为 2007230301 的学生的课程平均分数传递出来。

（1）存储过程的代码如下：

```
USE CJGL
GO
CREATE PROC st_sccs @p tinyint OUTPUT
AS
SELECT @p=AVG(Score.Grade)
    FROM    student JOIN Score ON    Student.StuNO=Score.StuNO
AND score   JOIN   course   ON Score.CouNO=Course.CouNo
    WHERE
        student.StuNo='2007230301'
GO
```

（2）执行存储过程的代码如下：

```
USE [CJGL]
GO
DECLARE    @p tinyint
EXEC       st_sccs @p   OUTPUT
PRINT     '学号为 2007230301 学生的课程平均分数为'+STR(@p)
GO
```

（3）存储过程的运行结果如图 9.12 所示。

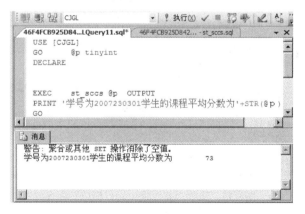

图 9.12 执行带输出参数的存储过程

9.4 存储过程的管理

9.4.1 查看存储过程

在创建存储过程后，它的名称就存储在系统表 sysobjects 中，它的源代码存放在系统表 syscomments 中。可以用 SQL Server 管理控制器或系统存储过程来查看用户创建的存储过程。

【例 9.8】 使用 SQL Server 管理控制器查看【例 9.7】中所创建的存储过程 st_sccs。

具体操作步骤如下：

（1）启动 SQL Server 管理控制器。

（2）在"对象资源管理器"中展开服务器节点。

（3）展开"数据库"节点。

（4）选中数据库 CJGL，展开该数据库节点。

（5）选中"可编程性"，展开该数据库节点。

（6）选中"存储过程"，展开该节点。

（7）选中 dbo.st_sccs 节点，并单击鼠标右键，在弹出的快捷菜单中执行"编写存储过程脚本为"→"CREATE 到"→"新查询编辑器窗口"命令，如图 9.13 所示。

（8）在右边的编辑器窗口中出现存储过程 st_sccs 源代码，用户可以对其进行编辑修改，如图 9.14 所示。

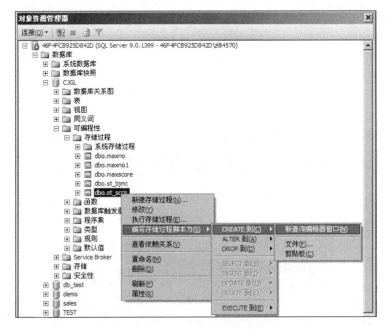

图 9.13　执行"新查询编辑器窗口"命令

图 9.14　st_sccs 存储过程的源代码

9.4.2 修改存储过程

1. 使用 SQL Server 管理控制器修改存储过程

【例 9.9】 使用 SQL Server 管理控制器修改【例 9.7】中所创建的存储过程 st_sccs。具体操作步骤如下：

（1）启动 SQL Server 管理控制器。
（2）在"对象资源管理器"中展开 46F4FCB925D842D 服务器节点。
（3）展开"数据库"节点。
（4）选中数据库 CJGL，展开该数据库节点。
（5）选中"可编程性"，展开该数据库节点。
（6）选中"存储过程"，展开该节点。
（7）选中 dbo.st_sccs 节点，单击鼠标右键，在弹出的快捷菜单中单击"修改"命令，如图 9.15 所示。
（8）在右边的编辑器窗口中出现存储过程 st_sccs 源代码，用户可以对其进行编辑修改，如图 9.16 所示。

图 9.15 单击"修改"命令

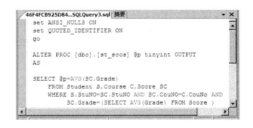

图 9.16 修改 st_sccs 存储过程

2. 使用 ALTER PROCEDURE 语句修改存储过程

其语法格式如下：

```
ALTER  PROC[EDURE]   存储过程名[{参数列表}]
AS   sql_statement
```

【例 9.10】 修改存储过程 st_SJCC，使该过程列出"计科系"和"多媒体 1 班"的所有学生的姓名。使用的代码如下：

```
USE CJGL
GO
ALTER PROC st_SJCC
AS
```

```
SELECT Student.StuName
FROM    student   JOIN Class ON Student.ClaName=Class.ClaName
WHERE Class.Departme ='计科系' AND Student.ClaName='多媒体 1 班'
GO
```

9.4.3 重命名存储过程

1. 使用 SQL Server 管理控制器重命名存储过程

【例 9.11】 使用 SQL Server 管理控制器重命名【例 9.7】中所创建的存储过程 st_sccs。

具体操作步骤如下：

（1）启动 SQL Server 管理控制器。

（2）在"对象资源管理器"中展开 46F4FCB925D842D 服务器节点。

（3）展开"数据库"节点。

（4）选中数据库 CJGL，展开该数据库节点。

（5）选中"可编程性"，展开该数据库节点。

（6）选中"存储过程"，展开该节点。

（7）选中 dbo.st_sccs 节点并单击鼠标右键，在弹出的快捷菜单中单击"重命名"命令，如图 9.17 所示。

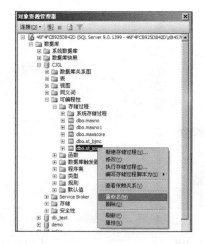

图 9.17 单击"重命名"命令

（8）此时可输入新建的存储过程名称。

2. 使用系统存储过程重命名用户存储过程

其语法格式如下：

sp_rename   原存储过程名称，新存储过程名称

【例 9.12】 使用系统存储过程 sp_rename 将【例 9.7】的存储过程 st_sccs 更名为 sp。

使用的代码如下：

```
USE CJGL
GO
EXEC sp_rename    st_sccs,sp
```

9.4.4 删除存储过程

1. 使用 SQL Server 管理控制器删除存储过程

【例 9.13】 使用 SQL Server 管理控制器删除【例 9.7】中所创建的存储过程 st_sccs。

具体操作步骤如下：

（1）启动 SQL Server 管理控制器。

（2）在"对象资源管理器"中展开 46F4FCB925D842D 服务器节点。

（3）展开"数据库"节点。

（4）选中数据库 CJGL，展开该数据库节点。

（5）选中"可编程性"，展开该数据库节点。

（6）选中"存储过程"，展开该节点。

（7）选中 dbo.st_sccs 节点，并单击鼠标右键，在弹出的快捷菜单中单击"删除"命令，如图 9.18 所示。

图 9.18 单击"删除"命令

2. 使用 DROP PROCEDURE 语句删除用户存储过程

其语法格式如下：

DROP PROCEDURE 用户存储过程列表

【例 9.14】 使用 DROP PROCEDURE 语句删除用户存储过程 st_sccs。

使用的代码如下：

```
USE CJGL
GO
DROP  PROCEDURE  st_sccs
GO
```

9.5 系统存储过程和扩展存储过程

在 SQL Server 中还有两类重要的存储过程：系统存储过程和扩展存储过程。这些存储过程为用户管理数据库、获取系统信息、查看系统对象提供了很大的帮助。

9.5.1 常用的系统存储过程

在 SQL Server 中存在着上百个系统存储过程，这些系统存储过程可以帮助用户很方便地管理 SQL Server 的数据库。

【例 9.15】 使用系统存储过程 sp_helpdbfixedrole 返回固定数据库角色的列表。使用的代码如下：

```
USE  CJGL
GO
EXEC sp_helpdbfixedrole
GO
```

返回的结果集如图 9.19 所示。

图 9.19　执行 sp_helpdbfixedrole 系统过程

【例 9.16】 使用 sp_monitor 显示 CPU、I/O 的使用信息。使用的代码如下：

```
USE CJGL
GO
EXEC sp_monitor
GO
```

返回的结果集如图 9.20 所示，该结果显示了当时有关 SQL Server 繁忙程度的信息。

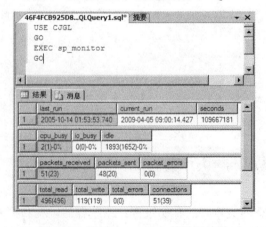

图 9.20　执行 sp_monitor 的运行结果

9.5.2 扩展存储过程

扩展存储过程是允许用户使用一种编辑语言创建的应用程序，程序中使用 SQL Server 开放数据服务的 API 函数，它们可以直接在 SQL Server 地址空间中运行。用户可以像使用普通的存储过程一样使用它们，也可以将参数传递给它们并返回结果集和状态值。

扩展存储过程编写好后，可以由系统管理员在 SQL Server 中注册登记，然后将其执行权限授予其他用户。扩展存储过程只能存储在 master 数据库中。下面通过几个例子，介绍扩展存储过程的创建和应用实例。

【例9.17】使用 sp_addextendedproc 存储过程将一个编写好的扩展存储过程 xp_userprint.dll 注册到 SQL Server 中。使用的代码如下：

```
USE    master
GO
EXEC   sp_addextendedproc   xp_userprint，'xp_userprint.dll'
GO
```

其中：

sp_addextendedproc 为系统存储过程。

xp_userprint 为扩展存储过程在 SQL Server 中的注册名。

xp_userprint.dll 为用某种语言编写的扩展存储过程动态链接库。

【例9.18】使用扩展存储过程 xp_dirtree 返回本地操作系统的系统目录 c:\program files 的目录数。使用的代码如下：

```
USE    master
GO
EXEC   xp_dirtree    'c:\program files'
GO
```

返回 c:\program files 目录数，执行结果如图 9.21 所示。

图 9.21 执行 xp_dirtree 系统存储过程

9.6 游标

9.6.1 游标的概念

游标包括以下两部分。
（1）游标结果集：由定义该游标的 SELECT 语句返回的行的集合。
（2）游标的位置：指向这个集合中某一行的指针。
游标使得 SQL Server 可以逐行处理结果集中的数据，游标具有以下优点：
（1）允许定位在结果集的特定行。
（2）从结果集的当前位置检索一行或多行。
（3）支持对结果集中当前位置的行进行数据修改。
（4）提供脚本、存储过程和触发器中使用的访问结果集中的数据的 T-SQL 语句。
（5）为由其他用户对显示在结果集中的数据库所做的更改提供不同级别的可见性支持。

9.6.2 游标的基本操作

游标的基本操作包括 5 部分：声明游标、打开游标、提取数据、关闭游标和释放游标。

1. 声明游标

游标在使用之前需要声明，以建立游标。声明游标的语法格式为：

```
DECLARE    游标名称   [SCROLL]
[STATIC | KEYSET | DYNAMIC | FAST_FORWORD]    CURSOR
   FOR   select_statement
    [FOR {READ   ONLY | UPDATE [OF   列名[,…n] ] } ]
```

其中，各参数含义如下。
（1）SCROLL：指定所有的提取选项。使用该选项声明的游标具有以下提取数据功能：
FIRST   提取第一行。
LAST   提取最后一行。
PRIOR   提取前一行。
NEXT   提取后一行。
如果声明中未指定 SCROLL，则 NEXT 是唯一支持的提取选项。
SQL Server 所支持的 4 种游标类型如下。
STATIC（静态游标）   静态游标的完整结果集在游标打开时建立在 tempde 中。静态游标总是按照游标打开时的原样显示结果集。
DYNAMIC（动态游标）   动态游标与静态游标相对。当滚动游标时，动态游标反映结果集中所做的所有更改。结果集中的行数据值、顺序和成员在每次提取时都会改变。
FAST_FORWARD（只进游标）   只进游标不支持滚动，它只支持游标从头到尾顺序提取。行只在从数据库中提取出来后才能检索。
KEYSET（键集驱动游标）   打开游标时，键集驱动游标中的成员和行顺序是固定的。键集驱动游标由一套称为键集的唯一标识符（键）控制。

（2）select_statement：定义游标结果集的标准 SELECT 语句。在游标声明的 select_statement 内不允许使用关键字 COMPUTE、COMPUTE BY、FOR BROWSE 和 INTO。

（3）READ ONLY：该游标只能读，不能修改。

（4）UPDATE [OF 列名[,…n]]： 定义游标内可以更新的列。如果指定"OF 列名[,…n]"参数，则只允许修改所列出的列。如果在 UPDATE 中未指定列的列表，则可以更新所有列。

2．打开游标

打开游标可以使用 OPEN 语句，其语法格式如下：

```
OPEN    游标名称
```

当打开游标时，服务器执行声明时使用的是 SELECT 语句。

【注意】 只能打开已经声明但还没有打开的游标。

3．提取数据

可以使用 FETCH 语句从游标结果集中提取数据。其语法格式如下：

```
FETCH[[NEXT | PRIOR | FIRST | LAST | ABSOLUTE {n | @nvar}
| relative{ n | @nvar }]
FROM
]游标名称
[INTO   @variable_name[,…n]]
```

其中，各参数的含义为：

NEXT   返回紧跟当前行之后的结果行，并且当前行递增为结果行。

PRIOR   返回紧邻当前行前面的结果行，并且当前行递减为结果行。

FIRST   返回游标中的第一行并将其作为当前行。

LAST   返回游标中的最后一行并将其作为当前行。

ABSOLUTE {n | @nvar}   如果 n 或@nvar 为正数，返回从游标头开始的第 n 行并将返回的行变成新的当前行。如果 n 或@nvar 为负数，返回从游标尾之前的第 n 行并将返回的行变成新的当前行。

relative{ n | @nvar }   如果 n 或@nvar 为正数，返回当前行之后的第 n 行并将返回的行变成新的当前行。如果 n 或@nvar 为负数，返回当前行之前的第 n 行并将返回的行变成新的当前行。

INTO   @variable_name[,…n]   允许将提取操作的列数据放到局部变量中。

4．关闭游标

关闭游标可使用 CLOSE 语句，其语法格式如下：

```
CLOSE   游标名称
```

关闭游标后可以再次打开。在一个批处理中，可以多次打开和关闭游标。

5．释放游标

释放游标将释放所有分配给此游标的资源。释放游标使用 DEALLOCATE 语句，其语法格式如下：

```
DEALLOCATE   游标名称
```

关闭游标并不改变游标的定义，可以再次打开该游标。但是，释放游标就释放了与该游标有关的一切资源，也包括游标声明，此时不能再次使用该游标了。

【例 9.19】 使用游标给出以下程序的结果。

```
USE CJGL
GO
--声明游标
DECLARE  st_cro CURSOR  FOR
     SELECT   StuNO,StuName,Sex,ClaName,city   FROM student
--打开游标
OPEN st_cro
--提取第一行数据
FETCH NEXT FROM st_cro
--关闭游标
close st_cro
```

该程序的运行结果如图 9.22 所示。

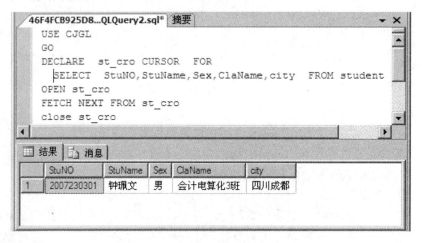

图 9.22 使用游标执行查询功能

【例 9.20】 编写一个程序，通过使用游标查询某学生的学号、姓名、班级、所在的系，使用的代码如下：

```
USE CJGL
GO
SET NOCOUNT ON
--声明游标
DECLARE  @s_no  int,@s_name   char(8),@c_class  char(20),@c_department   char(15)
DECLARE  st_yb   cursor
         FOR SELECT student.stuno,studnet.stuName,class.claname,class.department
             FROM student JOIN class ON student.claName=class.claName
--打开游标
OPEN st_yb
--提取第一行数据
FETCH NEXT FROM st_yb   INTO @s_no,@s_name,@c_class,@c_department
PRINT' 学号        姓名       班级              系'
```

```
PRINT'--------------------------------------------'
WHILE @@FETCH_STATUS=0
BEGIN
--打印第一行数据
PRINT CAST(@s_no   AS char(12))+@s_name+@c_class+'   '+@c_department
--提取下一行数据
FETCH   NEXT FROM st_yb INTO    @s_no,@s_name,@c_class,@c_department
END
--关闭游标
CLOSE st_yb
--释放游标
DEALLOCATE st_yb
GO
```

该程序的运行结果如图 9.23 所示。

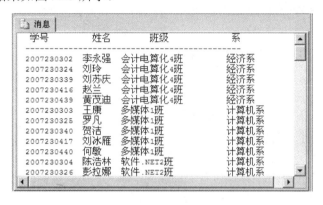

图 9.23　使用游标执行查询功能

9.7　本章小结

本章主要介绍了存储过程的相关操作，读者要重点掌握存储过程的创建、修改和执行，存储过程中参数的应用，存储过程的管理，了解系统存储过程和扩展存储过程的建立及游标的使用。

9.8　思考与练习

一、选择题

1．为了实现某个特定任务，以一个存储单元的形式存储在服务器上的一组 T-SQL 语句的集合，这种数据库对象是指（　　）。

　　A．数据库　　　　　　B．视图　　　　　　C．存储过程　　　　　　D．触发器

2．下列不是存储过程的优点的是（　　）。

　　A．存储过程已在服务器上存储

B. 存储过程允许模块化程序设计
C. 存储过程可以加快运行速度
D. 存储过程增加了网络通信流量
E. 存储过程可以作为安全性机制

3．在 SQL Server 中，存储过程可以分为（　　　）3 类。
A. 用户自定义的存储过程
B. 系统存储过程
C. 扩展存储过程
D. 临时存储过程

二、填空题

1．游标包括以下两个部分：_____，由定义该游标的 SELECT 语句返回的行的集合；_____指向这个集合中某一行的指针。

2．在执行带参数的存储过程时，SQL Server 提供了以下 3 种传递参数的方式：_____、_____和第三方变量传递。

3．查看存储过程的定义可以使用系统存储过程_____。

4．游标的基本操作包括 5 部分：声明游标、_____、_____、关闭游标和_____。

5．释放游标时将释放所有分配给此游标的资源。释放游标使用_____语句，释放后_____再次打开该游标。

三、设计题

在 CJGL 数据库中设计一个存储过程 allstudent，输入一个学生的学号，显示该学生的姓名、所在城市及所在系，并用相关数据进行测试。

9.9 实训项目

一、实验目的

完成本实验后，将掌握以下内容：
（1）使用简单的不带参数的存储过程。
（2）创建带输入/输出参数的存储过程。
（3）创建简单的数据库游标。

二、准备工作

在进行本实验前，必须要具备以下条件：
（1）已安装 SQL Server 系统。
（2）已建立人力资源管理 HR 数据库。

三、实验相关

（1）参考网上下载内容中第 9 章的实训项目。
（2）实验预估时间：80 分钟。

四、实验设置

无。

五、实验方案

（1）创建存储过程 pr_all_emp，显示所有员工的姓名、出勤情况、所在部门及员工的薪资情况。

（2）调用所创建的过程 pr_all_emp，查看得到的结果是否正确。

（3）创建存储过程 pr_emp，要求设置输入参数@ename 表示员工的姓名，输入参数@empid 表示员工的编号，输入员工号或者员工姓名即可查询员工的出勤情况、所在部门及员工的薪资情况。

（4）调用所创建的过程 pr_emp，并设置输入参数，查看得到的结果是否正确。

（5）创建存储过程 pr_dep，要求调用存储过程时，输入某个部门的名称（输入参数@dname），可查询得到该部门的概况和该部门员工的概要信息。

（6）调用所创建的过程 pr_dep，并设置输入参数，查看得到的结果是否正确。

（7）定义游标 yb_emp，显示所有员工的姓名、出勤情况、所在部门及员工的薪资情况。与实验方案（1）比较有何异同。

第10章 触发器

学习目标

1. 了解 SQL Server 中触发器的概念和优点。
2. 掌握触发器和外键约束的关系。
3. 掌握触发器的分类和特点。
4. 掌握各类触发器的创建和管理。
5. 解决任务引入中提出的问题,通过实训项目巩固知识。

知识框架

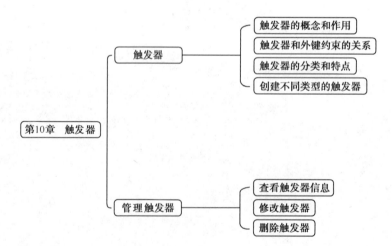

任务引入

在第 9 章中,我们学到了存储过程的相关知识,也掌握了存储过程的用法。如果向一个表中插入一条记录,并且得到插入后的相关提示信息,还能使用存储过程吗?答案是否定的。因为存储过程不是由动作或事件驱动的,而是由用户通过其名字调用的。该如何解决这类问题呢？使用触发器即可。

本章主要介绍触发器的基本概念和作用，如何创建基于不同操作的触发器，以及对触发器进行的各种管理。

10.1 触发器

10.1.1 为何要使用触发器

1. 触发器概述

想知道为什么要使用触发器，必须要了解触发器是什么。触发器是一种特殊的存储过程，它除了能完成存储过程的功能外，还具有显著的特点：它是一种在基本表被修改时自动执行的内嵌过程，主要通过事件或动作进行触发而被执行；它不能通过名称被直接调用，更不允许带参数；它主要用于 SQL Server 约束、默认值和规则的完整性检查，实施更为复杂的数据完整性约束。

2. 触发器的优点

由触发器的概述可知其具有以下优点。

（1）触发器自动执行。在对表或视图中的数据进行任何修改之后，触发器立即被激活并执行。

（2）触发器可以实现比 CHECK 约束更为复杂的数据完整性约束。在 CHECK 约束中不允许引用其他表中的列来完成检查工作，但触发器可以。例如，在 CJGL 数据库中，向 Student 表中插入记录时，当输入该学生所在班级的编号时，必须要先检查在 Class 表中是否存在该班级。这就只能通过触发器来实现，而不能通过 CHECK 约束完成。

（3）使用自定义的提示信息。当用户只要在数据完整性遭到破坏的情况下得到错误提示信息，就可以通过触发器来实现。

（4）比较数据库修改前后的状态。当用户对数据表进行了 INSERT、UPDATE 和 DELETE 操作后，便可通过触发器对其数据状态前后的变化进行访问。

（5）实现数据库中多张表的级联修改。触发器是基于一个表创建的，但可以针对多个表进行操作，实现数据库中相关表的级联修改。例如，可以在 Class 表的 Number（人数）字段上建立一个插入类型的触发器，当向 Student 表中添加一条记录后，就可在 Class 表的"人数"上自动加 1。

10.1.2 触发器和外键约束

众所周知，外键约束就是为了确保表和表之间的数据一致性而存在的。如果两个表之间有外键约束，当向外键表中插入一条记录而不向主键所在的表中插入此记录时就提示相应的错误信息。怎样才能实现向主键表中插入记录呢？这就要用到触发器。

大致可以这样理解：当向外键表中插入记录时就会触发事先定义的 INSERT 触发器，然后实现向主键表中插入记录。但现实情况并非如此，因为在建立外键约束时，系统默认"强制外键约束"的值为"是"，如图 10.1 所示。这时在向一个表中插入数据时系统要先检查该表是否和其他表有外键约束关系，如果有，则终止插入操作，也就是不能用执行 INSERT 触发器了，所以如果要向有外键约束的主表中插入数据,就必须将"强制外键约束"的值设为"否"。具体请看【例 10.1】。

图 10.1　外键约束的参数设置

【例 10.1】　向 Score 表中插入一条成绩记录,StuNo(学生学号)为 0211401,CouNo(课程号)为 X01024,Grade(成绩)为 98 分。

【分析】　要向成绩表中插入一条成绩记录,那么必须是某一个学生某一科目的成绩,如果在 Student 表中没有该学生的信息,则肯定不能向 Score 表插入记录,也不能向 Course 表插入记录。所以 Student 表中的 StuNo 列和 Course 表中的 CouNo 列是 Score 表的外键,这个在事先就应该建好。

在"新建查询"窗口中输入以下代码并执行,用来创建触发器:

```
USE CJGL
GO
create trigger tr_FK
on Score
      for insert
    as
          begin
insert into Student(StuNo) select StuNo from INSERTED
insert into Course(CouNo) select CouNO from INSERTED
   end
GO
```

执行此代码后,在"对象资源管理器"面板中能看到名称为 tr_FK 的触发器,如图 10.2 所示。

图 10.2　创建名为 tr_FK 的触发器

用 INSERT 命令向 Score 表插入题目要求的记录并执行。再次单击工具栏中的"新建查询"命令，在弹出的窗口中输入以下 T-SQL 命令：

```
use CJGL
go
insert into Score
values('0211401', 'X01024', '98')
go
```

执行上述代码后，窗口下方的"消息"栏显示 3 条"1 行受影响"的提示信息，表明执行成功。这时分别打开 Student 表、Course 表和 Score 表就能看到已经插入的新记录。

当然，也可以将创建触发器和执行 INSERT 命令的两部分代码在同一个窗口中输入并执行，读者可以自己练习。

10.1.3 触发器的分类和特点

SQL Server 包括两大类触发器：DML 触发器和 DDL 触发器。其中 DML 触发器用于 SQL Server 和以前的版本，而 DDL 触发器是 SQL Server 新增的功能。

1. DML（数据操纵语言）触发器

当数据库中发生数据操作语言（DML）事件时将调用 DML 触发器。DML 事件包括在指定表中修改数据的 INSERT 语句、UPDATE 语句或 DELETE 语句。DML 触发器可以查询其他表，还可以包含复杂的 T-SQL 语句。将触发器和触发它的语句作为可在触发器内回滚的单个事物对待。如果检测到错误（如磁盘空间不足），则整个事物会自动回滚 ROLLBACK。

DML 触发器在以下几个方面非常有用。

（1）DML 触发器可通过数据库中的相关表实现级联更改。不过，通过级联引用完整性约束可以更有效地进行这些更改。

（2）DML 触发器可以防止恶意或错误的 INSERT、UPDATE 以及 DELETE 操作，并强制执行比 CHECK 约束定义的限制更为复杂的其他限制。

（3）DML 触发器可以评估数据修改前后表的状态，并根据该差异采取措施。

（4）一个表中的多个同类 DML 触发器（INSERT、UPDATE 或 DELETE）允许采取多个不同的操作来响应同一个修改语句。

使用 CREATE TRIGGER 命令创建 DML 触发器，其基本的语法格式如下：

```
CREATE TRIGGER trigger_name
ON { table | view }
[ WITH <dml_trigger_option> [ ,...n ] ]
FOR { [ INSERT ] [ , ] [ UPDATE ] [ , ] [ DELETE ] }
AS {sql_statement}
```

参数说明：

trigger_name　触发器的名称。

table|view　对其执行 DML 触发器的表或视图，有时称为触发器表或触发器视图。可以根据需要指定表或视图的完全限定名称。视图只能被 INSTEAD OF 触发器引用。

FOR{ [DELETE] [,] [INSERT] [,] [UPDATE] }　指定数据修改语句，这些语句可在 DML

触发器对此表或视图进行尝试时激活该触发器。必须至少指定一个选项。在触发器定义中允许使用上述选项的任意顺序组合。

sql_statement　　触发条件和操作。

【注意】　触发器的类型根据操纵的类型分类，分为增（INSERT）、删（DELETE）、改（UPDATE）3 种类型。

【例 10.2】　创建显示用户操作信息的触发器 ShowInfo，要求：当在 Student 表中修改数据时，如果修改成功，则在客户端显示一条"记录已修改！"的信息。

在"新建查询"中输入以下 T-SQL 代码：

```
USE CJGL
GO
CREATE TRIGGER ShowInfo
ON Student
FOR update
AS
IF @@rowcount>0                    --判断是否有数据被修改
PRINT CONVERT(char(5),@@ROWCOUNT )+'一条记录已修改！' --显示被修改的数据的数量
GO
```

执行以上命令后，会在"消息"栏中显示"命令已完成"的提示信息，这时，可以依次展开"对象资源管理器"面板中的选项，看到新建的名为 ShowInfo 触发器，如图 10.3 所示。

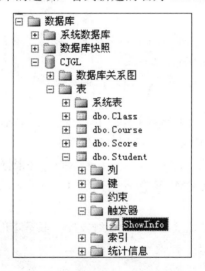

图 10.3　查看 ShowInfo 触发器

接下来执行相应的动作来触发此触发器，在"新建查询"窗口中输入以下 UPDATE 的 T-SQL代码：

```
use CJGL
go
update Student
set Notes='副班长'
Where StuNo='2007230301'
go
```

执行此 SQL 语句后，会看到返回的提示信息"记录已修改！"，如图 10.4 所示。

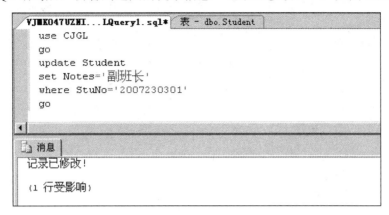

图 10.4　触发器被触发的执行结果

【例 10.3】　在 Student 表上创建一个名为 tri_dele 的触发器，要求当执行 DELETE 操作时触发器被触发，且要求触发触发器的 DELETE 语句在执行后被取消（错误时，让数据回滚），即删除不成功。

【分析】　这里建立一个 INSTEAD OF 类型的触发器，在触发器表上计划执行操作时，用触发器定义的操作代替计划的操作。

在"新建查询"查询窗口中输入以下代码用于创建触发器：

```
use CJGL
go
--创建 tri_dele 触发器
create trigger tri_dele
on Student
instead of DELETE
as
print '删除数据出错，程序将回滚！'
go
```

执行此命令后，在窗口下方的"信息"栏中显示"命令已完成"的提示信息，在左侧"对象资源管理器"中能看到已经创建成功的名为 tri_dele 的触发器。

再次单击工具栏中的"新建查询"命令，在窗口中输入并执行以下 T-SQL 代码：

```
use CJGL
go
--执行删除操作
delete
from Student
where StuNo='2007230301'
go
```

本例完整的 T-SQL 代码和执行结果如图 10.5 所示。

完成后可以打开 Student 表查看学号为 2007230301 的学生信息并没有被删除，可见在定义触发器时，定义 instead of 选项取消了触发 tri_dele 的删除操作，所以该记录未被删除。

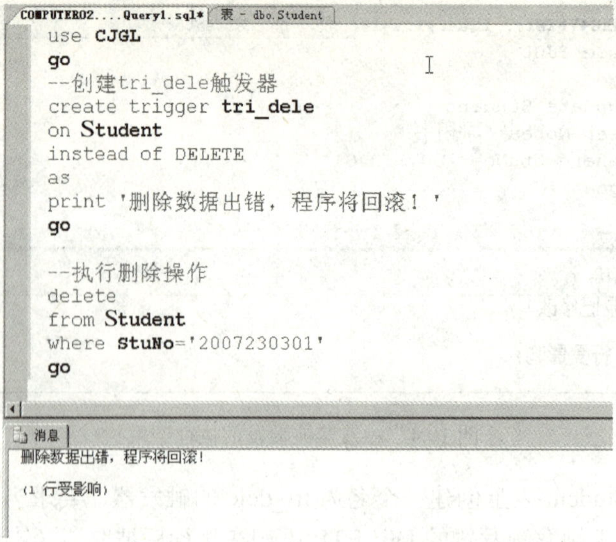

```
COMPUTER02....Query1.sql*  表 - dbo.Student
use CJGL
go
--创建tri_dele触发器
create trigger tri_dele
on Student
instead of DELETE
as
print '删除数据出错,程序将回滚!'
go

--执行删除操作
delete
from Student
where StuNo='2007230301'
go
```
消息
删除数据出错,程序将回滚!
(1 行受影响)

图 10.5　tri_dele 触发器的创建和被触发

【例 10.4】 在 Score 表上建立名为 NoUpdate 的触发器,该触发器不允许用户修改学生的成绩(Grade),即用户试图修改学生某科的成绩时,系统给出提示信息,并且让修改的数据回滚到以前的状态。

这里用到 rollback transaction 语句进行回滚操作。

在"新建查询"窗口中输入并执行以下命令,创建名为 NoUpdate 的触发器:

```
use CJGL
go
create trigger NoUpdate
on Score
for update
as
if update(score)
   begin
        print '成绩不允许被修改!'
        rollback transaction --数据回滚到以前的状态
   end
go
```

再次单击工具栏中的"新建查询"命令,在窗口中输入并执行以下 T-SQL 代码:

```
use CJGL
go
update Score
set Grade='60'
where StuNo='2007230301'
go
```

本例完整的代码及程序运行的结果如图 10.6 所示。

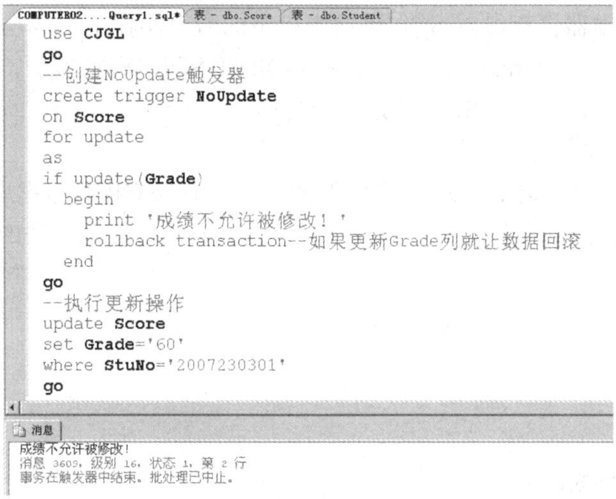

```
use CJGL
go
--创建NoUpdate触发器
create trigger NoUpdate
on Score
for update
as
if update(Grade)
  begin
    print '成绩不允许被修改！'
    rollback transaction--如果更新Grade列就让数据回滚
  end
go
--执行更新操作
update Score
set Grade='60'
where StuNo='2007230301'
go
```

```
成绩不允许被修改！
消息 3609，级别 16，状态 1，第 2 行
事务在触发器中结束。批处理已中止。
```

图 10.6 带回滚的 NoUpdate 触发器

【注意】 本例中的触发器只有在修改 Grade 列的数据时才能被触发，请注意程序里的 if 语句后面的条件 update(Grade)；图 10.6 下方的提示信息“事务在触发器中结束，批处理已中止”就是不允许用户修改 Grade 列，并将已经修改的数据进行回滚操作。本例在实际应用中很广泛，比如用户在上传数据的过程中，不当的操作可能会中止上传，这时系统应该将已经上传的不完整数据进行删除，即让数据回滚到未改变前的状态。

2. DDL（数据定义语言）触发器

DDL 触发器是 SQL Server 的新增特性，像常规触发器一样，DLL 触发器也将激发存储过程以响应事件。但是与 DML 不同的是，它们不会响应针对表或视图的 UPDATE、INSERT 和 DELETE 语句而激发。相反，它们会响应多种数据定义语句而激发，这些语句主要是以 CREATE、ALTER 和 DROP 开头的语句。DDL 触发器无法作为 INSTEAD OF 触发器使用。

发生以下情况时可以使用 DDL 触发器：

- 防止多数据库进行某些更改。如修改、删除数据表。
- 要记录数据库中的更改或事件。
- 希望数据库中发生某种情况以响应数据库的更改。
- 创建 DDL 触发器。
- 使用 CREATE TRIGGER 命令创建 DDL 触发器，其基本的语法格式如下：

```
CREATE TRIGGER trigger_name
ON { ALL SERVER | DATABASE }
[ WITH <ddl_trigger_option> [ ,...n ] ]
{ FOR | AFTER } { event_type | event_group } [ ,...n ]
AS { sql_statement }
```

参数说明：

trigger_name 指定 DDL 触发器的名称。

ALL SERVER 将 DDL 触发器的作用域应用于当前服务器。

DATABASE 将 DDL 触发器的作用域应用于当前数据库。

ddl_trigger_option 触发器其他属性的设置。

AFTER　指定触发器仅在触发 SQL 语句中指定的所有操作都已成功执行时才被激发。

event_type　执行之后将导致激发 DDL 触发器的 T-SQL 事件的名称。

event_group　预定义的 T-SQL 事件分组的名称。

sql_statement　触发条件和操作。

【例 10.5】　创建名为 CJGL_Safety 的触发器，用来确保 CJGL 数据库中数据表的安全性。

【分析】　要确保数据库中各数据表的安全性，就是不允许删除、修改数据表，所以这里要用到 DDL 触发器。

在 Microsoft SQL Server Management Studio 的"新建查询"窗口中，输入并执行以下的 T-SQL 代码，用来创建触发器：

```
use CJGL
go
create trigger CJGL_Safety
on database
for DROP_TABLE , ALTER_TABLE
as
print '为了数据库的安全，您不能删除或修改数据库中的表！'
rollback
go
```

执行此代码后，依次展开 Microsoft SQL Server Management Studio 中"对象资源管理器"面板的选项，就能看到已经创建成功的名为 CJGL_Safety 的触发器，如图 10.7 所示。

图 10.7　查看 CJGL_Safety 触发器

再次单击工具栏中的"新建查询"命令，在窗口中输入并执行以下 T-SQL 代码：

```
use CJGL
go
drop table Score
go
```

本例完整的程序（创建触发器和执行 drop 命令可以在同一个查询窗口中实现）及运行结果如图 10.8 所示。

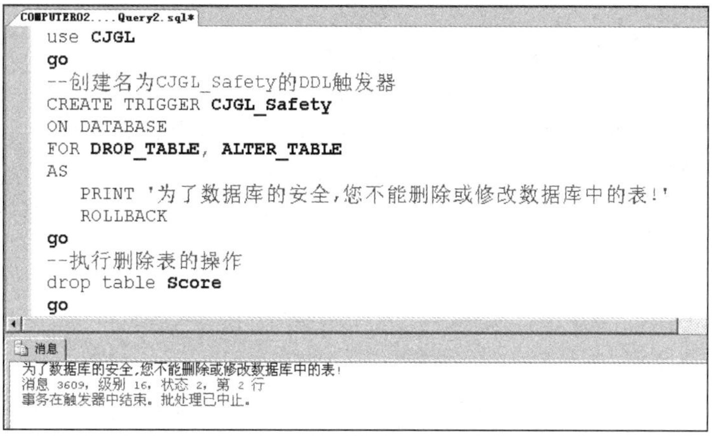

```
use CJGL
go
--创建名为CJGL_Safety的DDL触发器
CREATE TRIGGER CJGL_Safety
ON DATABASE
FOR DROP_TABLE, ALTER_TABLE
AS
    PRINT '为了数据库的安全,您不能删除或修改数据库中的表!'
    ROLLBACK
go
--执行删除表的操作
drop table Score
go
```

为了数据库的安全,您不能删除或修改数据库中的表!
消息 3609,级别 16,状态 2,第 2 行
事务在触发器中结束。批处理已中止。

图 10.8 触发器 CJGL_Safety 的执行结果

10.1.4 inserted 虚表和 deleted 虚表

inserted 表和 deleted 表是逻辑（概念）表，这些表在结构上类似于触发器表（也就是在其中尝试用户操作的表），这些表用于保存用户操作可能更改的行的旧值或新值。

inserted 表和 deleted 表都必须在触发器中才能使用。

1. inserted 虚表

inserted 虚表用于存储 insert 和 update 语句所影响行的副本。在插入或更新操作处理中，新建行被同时添加到 inserted 表和触发器表中。inserted 表中的行是触发器表中新行的副本。

本章中的【例 10.1】就用到了 inserted 表，接下来再举一个示例进行详细说明。

【例 10.6】 在 CJGL 数据库的 Score 表中插入一条新的记录。

【分析】 因为 Student 表、Course 表和 Score 表之间存在外键约束，所以在向 Score 表中插入一条记录的同时，必须要使用触发器向 Student 表中插入该记录的主关键字 StuNo 值，而记录中的 CouNo 值必须是 Course 表中已经存储的值。

在"新建查询"窗口中输入以下代码用来创建触发器：

```
use CJGL
go
create trigger tri_inserted
on Score
for insert
as
insert into Student(StuNo)
select StuNo from inserted
go
```

执行上述代码后在"对象资源管理器"中能看到新建的触发器 tri_inserted。

创建触发器的 T-SQL 语句可以用以下的语句来替换并完成相同的工作：

```
use CJGL
go
create trigger tri_inserted
```

```
on Score
for insert
as
declare @Student_No nvarchar(10)          --声明变量
select @Student_No=StuNo from Inserted    --变量的值是虚表中刚插入值的副本
insert into Student(StuNo)                --将变量的值插入到表 Student 中
values(@Student_No)
go
```

然后用 insert 语句来检验 tri_inserted 是怎么被触发的。再次单击工具栏中的"新建查询"命令，在窗口中输入并执行以下代码：

```
use CJGL
go
insert into Score
values('23','B0100261','85')    --'B0100261'必须在 Course 表中已经存在
```

在同一个窗口中进行创建触发器、编写 insert 代码，执行结果如图 10.9 所示。在图 10.9 中能发现 StuNo 为 23 的学生信息已经被添加到 Student 表中。

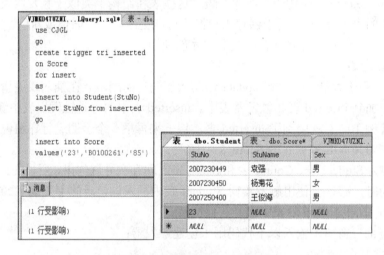

图 10.9　创建触发器和执行结果

【注意】　本例添加的记录信息临时保存在虚表 inserted 中，关键语句是 insert into Student（StuNo）　select StuNo from inserted，因为在向 Course 表插入数据的同时，也必须向 Student 表中插入 StuNo 值，所以就应该在 inserted 虚表中查找 StuNo 的值。

如果要查看 inserted 虚表中的值该怎么进行操作呢？是使用 select * from inserted 吗？因为 inserted 是虚表，其中间所存放的记录保存在内存中，所以用 select 语句是不能查找的。SQL Server 提供了 output 语句来显示虚表中的记录，请看下面的例子。

【例 10.7】使用 insert 语句向 Student 表插入一条记录，并显示 inserted 虚表中的全部内容。
在"新建查询"窗口中输入以下代码：

```
use CJGL
go
insert into Student
```

```
output inserted.*    --输出 inserted 中的内容
values('200101','老王','男','数据库应用班',null,'四川成都',null,'英语课代表')
go
```

执行结果如图 10.10 所示。

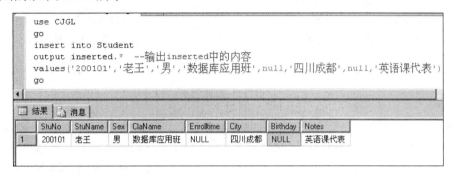

图 10.10 输出 inserted 虚表中的内容

2. deleted 虚表

deleted 虚表与 inserted 虚表相似，deleted 虚表用于存储 delete 和 update 语句所影响的行的副本。在执行 delete 或 update 语句时，行从触发器表中删除，并传输到 delete 虚表中。delete 表和触发器表通常没有相同的行。

【例 10.8】 删除 Score 表中的某一个学生成绩的信息，则自动将学生表 Student 中该学生的信息删除。

在"新建查询"窗口中编写并执行以下代码用于创建触发器 tr_stu_del：

```
use CJGL
go
create trigger tr_stu_del
on Score
for delete
as
delete from Student
where StuNo IN (select StuNo from Deleted)    --子查询用来获取删除的学号 StuNo
go
```

【思考】 该触发器中是否可以如上例那样定义一个变量来保存删除的学号 StuNo？如果可以，读者自己尝试来完成修改。

再次单击工具栏中的"新建查询"命令，在窗口中输入并执行以下代码（这里先检验删除的 StuNo 不为 2007230304 时的执行结果）：

```
use CJGL
go
delete from  Score
where StuNo='2007230304';
go
```

执行结果如图 10.11 所示。学生表 Student 中学号为 2007230304 的学生信息被删除。

2007230301	钟珮文	男	会计电算化3班
2007230302	李永强	男	会计电算化4班
2007230303	王康	男	多媒体1班
2007230305	吴金果	男	软件JAVA1班
2007230306	黄义强	男	计算机网络3班
2007230307	汤勤	女	计算机网络2班
2007230308	刘李	女	计算机信息管…

图 10.11　删除结果

【注意】　本例的触发器中就使用到了 deleted 虚表，关键语句为 Delete from Student where StuNo =(select StuNo from deleted)，当执行 delete 命令时，系统将删除的记录暂时保存在 deleted 表中，然后触发触发器 tr_stu_del，并执行其中的 select 语句，查找要删除的 StuNo 是否等于 2007230304，如果是，就删除学生表 Student 中的该学生的信息。

3. inserted 虚表和 deleted 虚表的比较

通过上面的讲解，下面给出 inserted 虚表和 deleted 虚表的区别，如表 10.1 所示。

表 10.1　inserted 虚表和 deleted 虚表的比较

操　　作	inserted 虚表	deleted 虚表
插入操作（inserte）	有数据	无数据
删除操作（delete）	无数据	有数据
更新操作（update）	存放新数据	存放旧数据

【思考】　有 inserted 和 deleted 虚表，为什么没有 updated 虚表呢？

实际上，如果对表进行的是数据修改（update）操作，我们可以把这一过程看做是先将原来的数据删除，再插入新的数据。也就是先进行删除操作再进行插入操作。

通过下面的例子将了解如何建立 update 类型的触发器。

【例 10.9】　将学生表 Student 中学生姓名为"蒋乐"的学号改为 2007230000，同时自动修改他在成绩表 Score 中的学号。

【分析】　由于学生"蒋乐"选修了课程，在成绩表 Score 中有学号 2007230405 的记录，现在修改了学生表 Student 中的学号，也将成绩表 Score 中的学号修改过来。需要建立一个 update 类型的触发器。

StuNo	StuName	Sex	ClaName	Enrolltime	City
2007230404	田城	男	商务英语1班	2007-8-16 0:00:00	新疆库尔勒
2007230405	蒋乐	男	中西文学3班	2007-8-16 0:00:00	黑龙江哈尔滨

在查询窗口中执行如下语句：

```
use CJGL
go
create trigger tr_score_upd
on Student
for update
as
```

```
declare @old_no nvarchar(10)
declare @new_no nvarchar(10)          /*--定义两个变量保存修改之前和修改之后的学号*/
select @old_no=StuNo from deleted;
select @new_no=StuNo from inserted;   /*--分别给变量赋值--*/
update Score Set StuNo=@new_no        /*--修改 Score 表中对应的学号*/
where StuNo=@old_no
go
```

通过上一步建立好触发器以后，需要用 update 语句来测试，检查触发器是否能够正确触发。在查询窗口中输入以下 update 语句来测试触发器。

```
use CJGL
go
update Student
set stuNo='2007230000'
where StuName='蒋乐'
go
```

通过测试发现，在修改 Student 表中学号 StuNo 的时候自动修改了表 Score 中的学号 StuNo。如图 10.12（a）和图 10.12（b）所示。

StuNo	CouNo	Grade
2007230404	Y09905	69
2007230405	B0100257	90
2007230405	X0201257	82
2007230405	Y09905	69
2007230405	Y09906	70
2007230406	B0100256	91

（a）修改前的 Score 表

StuNo	CouNo	Grade
2007230000	B0100257	90
2007230000	X0201257	82
2007230000	Y09905	69
2007230000	Y09906	70
2007230301	B0100261	56

（b）修改后的 Score 表

图 10.12　Score 表修改前后的对比

【思考】 本例是在修改表 Student 时修改了表 Score 中的学号，可否反过来，通过修改表 Score 中的学号将表 Student 中的 StuNo 自动修改。

10.2　管理触发器

1. 查看触发器信息

在 SQL Server 中查看触发器的信息有很多种方式，具体分为使用系统的存储过程查看、使用系统视图 sys.sysobjects 查看、使用"对象资源管理器"查看。以下分别对这几种查看方式进行举例解释。

（1）使用系统的存储过程查看触发器信息。

通过 sp_help 系统存储过程，可以了解触发器的名字、属性、类型、创建时间等一般信息。基本语法为：

```
sp_help trigger_name
```

【例 10.10】 查看【例 10.8】中建立的触发器 tr_stu_del 的一般信息。

在“新建查询”窗口中输入并执行以下代码：

```
use CJGL
go
exec sp_help tr_stu_del
go
```

执行上述命令后的结果如图 10.13 所示。

结果 | 消息

Name	Owner	Type	Created_datetime
tr_stu_del	dbo	trigger	2009-05-04 21:04:21.903

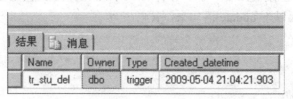

图 10.13 查看触发器 tr_stu_del 的一般信息

通过 sp_helptext 系统存储过程，能查看触发器的定义信息。其基本的语法格式为：

```
sp_helptext trigger_name
```

【例 10.11】 查看【例 10.8】中建立的触发器 tr_stu_del 的定义信息。

在“新建查询”窗口中输入并执行以下代码：

```
use CJGL
go
exec sp_helptext tr_stu_del
go
```

执行上述命令后的结果如图 10.14 所示。

结果 | 消息

	Text
1	CREATE trigger [dbo].[tr_stu_del]
2	on [dbo].[Score]
3	for delete
4	AS
5	Delete from Student
6	Where StuNo in(select StuNo from DELETED)

图 10.14 查看 tr_stu_del 的定义信息

通过 sp_depends 系统存储过程，能查看指定触发器所引用的表或指定的表所涉及的所有触发器。其基本的语法格式为：

```
sp_depends {trigger_name | table_name}
```

【例 10.12】 查看【例 10.6】中建立的触发器 tri_inserted 所引用的表。

在“新建查询”窗口中输入并执行以下代码：

```
use CJGL
```

```
go
sp_depends tri_inserted
```

执行上述命令后的结果如图 10.15 所示。

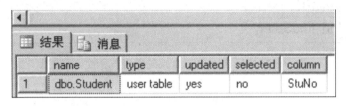

图 10.15　查看触发器所引用的表

【注意】　用户要查看的触发器必须是在当前数据库下,而且必须是已经建立了该触发器;使用 sp_helptext 系统存储过程查看触发器定义信息时,必须确定该触发器没有通过 WITH ENCRYPTION 对触发器的文本进行加密。

(2) 使用系统视图 sys.sysobjects 查看触发器信息。

系统视图 sys.sysobjects 是在 SQL Server 中的称谓,在 SQL Server 2000 中,sys.sysobjects 被称为系统表。既然是系统视图,那么就不能正常查看其中存放的信息,必须通过 T-SQL 的相关命令才能进行查看。

使用 sys.sysobjects 查看触发器的相关信息,必须要给定其所在的数据库,因为任何一个数据库下都会存在一个名为 sys.sysobjects 的系统视图。sys.sysobjects 系统视图如图 10.16 所示。

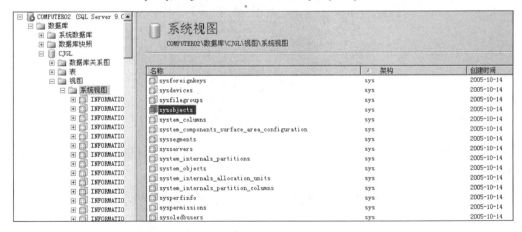

图 10.16　sys.sysobjects 系统视图

【例 10.13】　使用 sys.sysobjects 查看 CJGL 数据库上的触发器的名称。
在"新建查询"窗口中输入并执行以下命令:

```
use CJGL
go
select name from sysobjects        -- name 是 sysobjects 中的字段名
where type='tr'                    --where 子句是判断用户要查询的对象类型为 trigger
go
```

执行上述命令后的结果如图 10.17 所示。

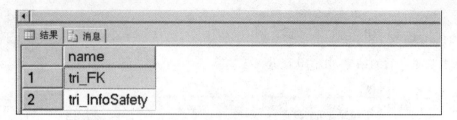

图 10.17 用 sys.sysobjects 系统视图查看触发器信息

（3）使用"对象资源管理器"查看触发器信息。

使用 SQL Server 的对象资源管理器并不能完成上面的所有查看功能。

【例 10.14】 用"对象资源管理器"查看【例 10.8】中的 tri_InfoSafety 触发器和表的依赖关系（依赖关系等同于用 sp_depends 系统存储过程查看引用表或触发器的信息）。

具体操作步骤如下：

① 在"对象资源管理器"中依次展开各项，找到触发器 tri_InfoSafety 所在的位置，并单击鼠标右键，如图 10.18 所示。

图 10.18 展开触发器所在项

② 在弹出的快捷菜单中单击"查看依赖关系"命令，弹出"对象依赖关系"窗口，可以看到相应的依赖信息，如图 10.19 所示。

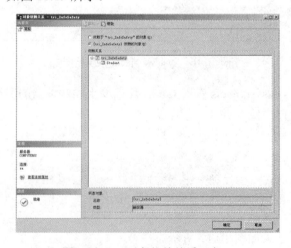

图 10.19 "对象依赖关系"窗口

2. 修改触发器

修改触发器包括修改触发器的名称和修改触发器的定义（正文）两种。修改触发器的名称只能用系统存储过程 sp_rename 进行，而修改触发器定义可以用 alter trigger 命令和"对象资源管理器"进行。同时，修改触发器也分为修改 DDL 触发器和修改 DML 触发器，以下分别进行说明。

（1）修改触发器名称。修改触发器的名称不能在对象资源管理器中进行，只能通过存储过程 sp_rename 进行，其基本语法格式为：

```
sp_renama oldname , newname
```

【例 10.15】 将 tri_InfoSafety 触发器的名称改为 tri_DleSafety。

在"新建查询"窗口中输入并执行以下代码：

```
use CJGL
go
sp_rename tri_InfoSafety , tri_DelSafety
```

上述命令执行成功后，在"对象资源管理器"中进行刷新就能看到已经改名的触发器。

【注意】 在修改后，利用系统存储过程 sp_helptext 查看触发器定义信息时，在查看结果中显示的仍然是创建时的名称。

（2）修改触发器定义信息。用"对象资源管理器"修改触发器定义信息。

【例 10.16】 将【例 10.8】中创建的触发器定义信息修改为"系统不允许删除 StuNo 为 2007230306 的学生信息"。

① 在"对象资源管理器"中依次展开各项，在触发器 tri_InfoSafety 上单击鼠标右键，在弹出的快捷菜单中单击"修改"命令，如图 10.20 所示。

图 10.20　修改 tri_InfoSafety 定义信息

② 弹出如图 10.21 所示的窗口，按照给出的提示进行修改。

图 10.21　修改 StuNo 信息

③ 修改后执行此代码就完成了对 tri_InfoSafety 触发器定义信息的修改。

用 alter trigger 命令修改触发器定义信息的基本语法和创建触发器大致相同，只是将创建时的 create trigger 语句改为 alter trigger 语句即可。

【例 10.17】 修改触发器 tri_InfoSafety，将其定义信息修改为"不允许删除任何信息"。

在"新建查询"窗口中输入并执行以下代码：

```
use CJGL
go
alter trigger tri_InfoSafety
on Student
for Delete
as
print '不许删除任何信息！'
rollback
```

执行此命令后，会显示"命令已成功完成"的信息，再用系统存储过程 sp_helptext 查看此触发器的定义信息时，发现已经进行了修改。

3. 禁止和启动触发器

在用户使用触发器时，可能用到禁止触发器的场合，比如，本书数据库 CJGL 中的 Student 表、Course 表和 Score 表存在外键约束，但并不强制外键约束。当要清空 Score 表中记录时，会建立 delete 触发器来同时删除 Student 表和 Course 表中的记录。如果只想删除 Score 表而不删除其他表中的记录，只能禁止 delete 触发器。被禁止后该触发器在表中依然存在，只是不能再被触发，直到下次启用时为止。

禁止和启动触发器的操作很简单，用 SQL 命令和"对象资源管理器"同样也可以实现，这里只用简单的例子进行说明。

（1）用 SQL 命令禁止和启用触发器。

```
alter table   Student    disable all --禁止 Student 表上的所有触发器
alter table   Student    disable all --启用 Student 表上的所有触发器
```

（2）用"对象资源管理器"禁止和启用触发器。

在"对象资源管理器"中选择需要禁止或启用的触发器，单击鼠标右键，在弹出的快捷菜单中单击"禁止"或"启用"命令即可。

4. 删除触发器

删除触发器可以使用 drop trigger 命令，同样，也可以在"对象资源管理器"中进行操作。当然，只有存储某触发器时此触发器才能被删除。当删除表时，其中的所有触发器也同时被删除。

用 drop trigger 命令删除触发器。其基本语法格式为：

```
drop trigger trigger_name
```

如删除名为 tri_InfoSafety 的触发器，使用的语句如下：

```
use CJGL
go
drop trigger tri_InfoSafety
```

但在删除某一触发器时应该先检查该触发器是否存在，当执行 drop trigger 命令删除不存在的触发器时，系统会给出错误警告。所以建议上例使用下面的语句：

```
use CJGL
go
if exists(Select name
from sysobjects
where name='tri_InfoSafety' AND type='tr')
drop trigger    tri_InfoSafety
```

10.3 本章小结

触发器在数据库管理中非常有用，通过对表或视图等对象的操作能触发相应的操作，类似于面向对象编程里面的事件，使用触发器能完善表和表之间的外键约束、限制用户对表的误操作、提示用户的更改信息等功能。

本章主要介绍了触发器的作用和功能，并通过实例详细介绍了 SQL Server 中不同类型的触发器的创建、修改、重定义等操作，希望读者能掌握。

10.4 思考与练习

一、填空题

1. 触发器是一种特殊的_____，它是一种在基本表被修改时自动执行的内嵌过程，主要通过_____进行触发而被执行；它不能通过名称被直接调用。

2. 当数据库中发生数据操作语言（DML）事件时将调用 DML 触发器。DML 事件包括在指定表或视图中修改数据的_____语句、_____语句或_____语句。

3. 在 Score 表上建立名为 NoUpdate 的触发器，该触发器不允许用户修改学生的成绩。请完成以下 T-SQL 代码：

```
use CJGL
go
create trigger NoUpdate
for update
as
if _____
begin
print '成绩不许被修改！'
_____
end
go
```

二、设计题

删除 Score 表中的某一成绩信息，使用触发器 tri_InfoSafty 检查删除的成绩是否为及格。如果成绩不及格就阻止删除，并提示相应安全信息，否则就提示删除成功的信息。

提示：用 deleted 虚表设计该程序。

三、思考题

SQL Server 中触发器和存储过程的区别与联系。

10.5 实训项目

一、实验目的

完成本实验后，读者将掌握以下内容：
（1）为表创建触发器的方法。
（2）为数据库创建触发器的方法。
（3）修改触发器的定义信息。
（4）查看触发器的定义信息。

二、准备工作

在进行本实验前，必须具备以下条件：
（1）已安装 SQL Server 系统。
（2）已建立人力资源管理 HR 数据库。
（3）各张表中已经存在示例数据，并且表上已经存在相关的约束。

三、实验相关

（1）参考网上下载内容中第 10 章的实训项目。
（2）实验预估时间：60 分钟。

四、实验设置

无。

五、实验方案

在数据库 HR 中的基本表上进行以下实训练习：

（1）为考勤表创建一个名为 tri_AttendSafety 的触发器，用来保护考勤表中的所有数据都不被删除。

（2）为数据库 HR 创建一个名为 tri_Safety 的触发器，用来防止本数据库中的任一表被修改或删除。

（3）修改（1）题中创建的触发器的定义信息为"当删除的记录中的考勤类型为'正常'时，系统提示可以删除，否则系统发出不允许删除的警告"，要求使用 deleted 虚表进行操作。

（4）用系统存储过程查看（3）题中的触发器定义信息。

（5）禁止使用（3）题中创建的触发器。

第11章 SQL Server 安全管理

学习目标

1. 了解数据库的安全性及 SQL Server 安全机制。
2. 掌握 SQL Server 创建登录和数据库用户的方法。
3. 了解 SQL Server 数据库的权限管理。

知识框架

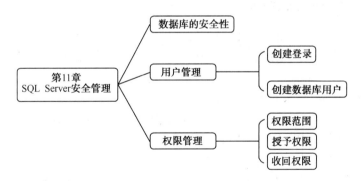

任务引入

数据库是数据管理的最新技术,是计算机科学的重要分支。今天,信息资源已成为各个部门的重要财富和资源。建立一个满足各级部门信息处理要求的行之有效的信息系统,也自然地成为一个企业或组织生存和发展的重要条件。

11.1 数据库的安全性

11.1.1 安全性概述

数据库的安全性是指保护数据库,以防止不合法的使用造成的数据泄密、更改或破坏。数据库管理系统的安全性保护,就是通过种种防范措施以防止用户越权使用数据库。安全保护措施是否有效是衡量数据库系统的主要性能指标之一。

数据库的完整性尽可能避免对数据库的无意滥用。数据库的安全性尽可能避免对数据库的恶意滥用。

为了防止数据库的恶意滥用,可以在下述不同的安全级别上设置各种安全措施。

(1)环境级:对计算机系统的机房和设备加以保护,防止物理破坏。

(2)职员级:对数据库系统工作人员,加强劳动纪律和职业道德教育,并正确授予其访问数据库的权限。

(3)操作系统级:防止未经授权用户从操作系统层中访问数据库。

(4)网络级:由于数据库系统允许用户通过网络访问,因此,网络软件内部的安全性对数据库的安全很重要。

(5)数据库系统级:检验用户的身份是否合法,检验用户数据库操作权限是否正确。

本章主要讨论数据库系统级的安全性问题。

11.1.2 SQL Server 安全机制

SQL Server 在数据库平台的安全模型上有了显著的增强,由于提供了更为精确和灵活的控制,数据安全更为严格。为了给企业数据提供更高级别的安全机制,微软做了相当多的投资,实现了很多特性。

(1)在认证空间中强制 SQL Server login 密码策略。

(2)在认证空间中可根据不同的范围指定的权限来提供更细的粒度。

(3)在安全管理空间中允许分离所有者和模式。

安全认证是指数据库系统对用户访问数据库系统时所输入的账号和口令进行确认的过程。安全性认证模式是指系统确认用户身份的方式。SQL Server 有两种安全认证模式,即 Windows 安全认证模式和 SQL Server 安全认证模式。

1. Windows 安全认证模式

Windows 安全认证模式是指 SQL Server 服务器通过使用 Windows 网络用户的安全性来控制用户对 SQL Server 服务器的登录和访问。

2. SQL Server 安全认证模式

SQL Server 安全认证模式要求用户必须输入有效的 SQL Server 登录账号及口令。这个登录账号是独立于操作系统的登录账号的,从而可以在一定程度上避免操作系统层上对数据库的非法访问。

11.2 用户管理

要使用一个数据库，必须先登录服务器，然后再创建该数据库的用户。如果要使用数据库中的某些表或者视图等数据库对象，还需要有该对象的操作权限。

SQL Server 的安全性管理包括以下几方面：数据库系统登录管理、数据库用户管理、数据库系统角色管理，以及数据库访问权限的管理。

11.2.1 创建登录

登录账号也称为登录用户或登录名，是服务器级用户访问数据库系统的标识。为了访问 SQL Server 系统，用户必须提供正确的登录账号，这些登录账号既可以是 Windows 登录账号，也可以是 SQL Server 登录账号。

【例 11.1】 查看当前服务器上的登录名 SA 的情况。

【分析】 查看登录名可以用系统存储过程 SP_HELPLOGINS 完成。

在查询窗口中执行如下 SQL 语句：

```
EXEC sp_helplogins 'sa'
GO
```

执行结果如图 11.1 所示。

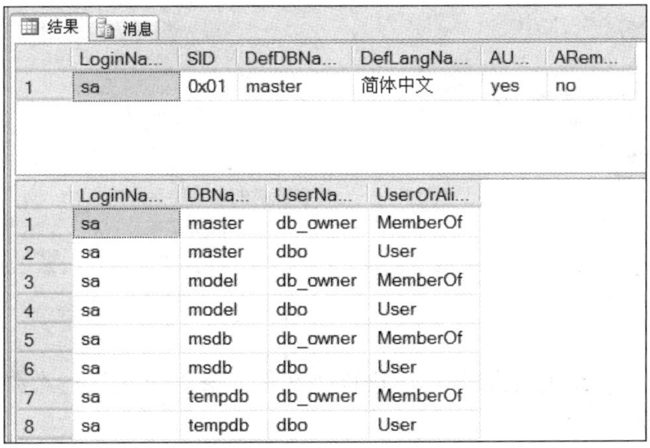

	LoginNa...	SID	DefDBNa...	DefLangNa...	AU...	ARem...
1	sa	0x01	master	简体中文	yes	no

	LoginNa...	DBNa...	UserNa...	UserOrAli...
1	sa	master	db_owner	MemberOf
2	sa	master	dbo	User
3	sa	model	db_owner	MemberOf
4	sa	model	dbo	User
5	sa	msdb	db_owner	MemberOf
6	sa	msdb	dbo	User
7	sa	tempdb	db_owner	MemberOf
8	sa	tempdb	dbo	User

图 11.1 查看登录名 SA

【注意】 登录名 SA 是系统默认的最高权限的用户，类似于 Windows 操作系统下的 Administrator 用户名。

【例 11.2】 使用 Management Studio 创建登录名 jobs。

（1）打开 SQL Server Management Studio 左侧窗口的“对象资源管理器”。

（2）使用鼠标右键单击“安全性”下的“登录名”选项，在打开的快捷菜单中单击“新建登录名”命令，如图 11.2 所示。

图 11.2　新建登录名

（3）输入登录名 jobs，密码为 jobs0123，其他选项都采用默认值，单击"确定"按钮退出，如图 11.3 所示。

图 11.3　创建登录

（4）此时，可以用 jobs 登录服务器，执行"文件"→"新建"→"数据库引擎查询"菜单命令，如图 11.4 所示。

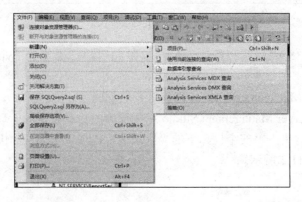

图 11.4　执行"数据库引擎查询"命令

(5)弹出"连接到数据库引擎"对话框,如图 11.5 所示。

图 11.5 "连接到数据库引擎"对话框

(6)出现错误提示,如图 11.6 所示。

图 11.6 错误提示信息

(7)使用鼠标右键单击"对象资源管理器"中的服务器名,在弹出的快捷菜单中单击"属性"命令,打开如图 11.7 所示窗口。具体设置如图中所示。单击"确定"按钮后退出,然后重启服务器。

图 11.7 "服务器属性"窗口

11.2.2 创建数据库用户

在 11.2.1 节中创建了登录名 jobs，但还不能使用数据库 CJGL。在查询窗口中输入以下语句：

USE CJGL
GO

出现如图 11.8 所示的出错提示信息，这是因为 jobs 还不是数据库 CJGL 的用户。

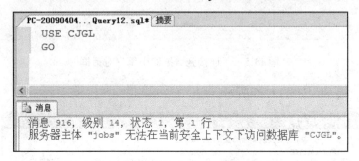

图 11.8 出错提示信息

【例 11.3】 使用登录名 jobs 创建数据库 CJGL 的用户 test。

（1）打开"对象资源管理器"窗口，依次单击"数据库"→CJGL→"安全性"→"用户"，使用鼠标右键单击 dbo，在弹出的快捷菜单中单击"新建用户"命令，如图 11.9 所示。

图 11.9 新建用户

（2）弹出"数据库用户-新建"窗口，如图 11.10 所示，"登录名"选择 jobs。

第11章　SQL Server安全管理

图 11.10　"数据库用户-新建"窗口

（3）创建完成后，再次执行以下语句：

USE CJGL
GO

执行结果如图 11.11 所示。

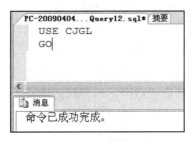

图 11.11　用户创建完成

11.3　权限管理

在 11.2 节中我们创建了登录名和数据库用户，现在来执行如下的 SQL 语句：

USE CJGL
GO
select * from Student
GO

执行的结果如图 11.12 所示，此时出现出错提示信息。

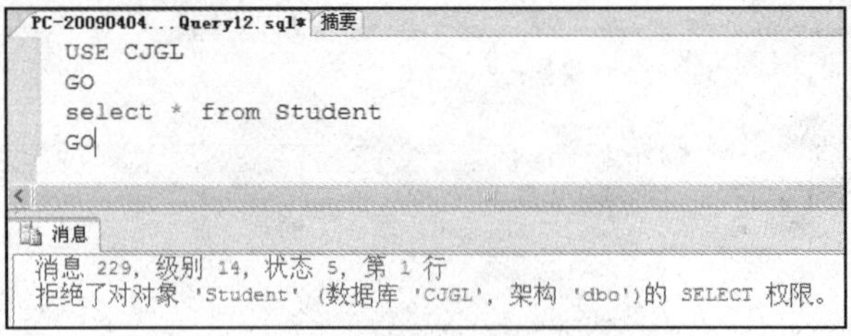

```
PC-20090404...Query12.sql* 摘要
    USE CJGL
    GO
    select * from Student
    GO
```

消息
消息 229，级别 14，状态 5，第 1 行
拒绝了对对象 'Student'（数据库 'CJGL'，架构 'dbo'）的 SELECT 权限。

图 11.12　出错提示信息

11.3.1　权限范围

SQL Server 使用权限来加强系统的安全性，通常权限可以分为 3 种类型：对象权限、语句权限和隐含权限。

对象权限是用于控制用户对数据库对象执行某些操作的权限。数据库对象通常包括表、视图、存储过程。对象权限是针对数据库对象设置的，它由数据库对象所有者授予、禁止或撤销。对象权限适用的语句和对象，如表 11.1 所示。

表 11.1　对象权限适用的语句和对象

T-SQL 语句	数据库对象
SELECT（查询）	表、视图、表和视图中的列
UPDATE（修改）	表、视图、表的列
INSERT（插入）	表、视图
DELETE（删除）	表、视图
EXECUTE（调用过程）	存储过程
DRI（声明参照完整性）	表、表中的列

语句权限是用于控制数据库操作或创建数据库中的对象操作的权限。语句权限用于语句本身，它只能由 SA 或 dbo 授予、禁止或撤销。语句权限的授予对象一般为数据库角色或数据库用户，语句权限适用的语句和权限说明如表 11.2 所示。

表 11.2　语句权限适用的语句和权限说明

T-SQL 语句	权限说明
CREATE DATABASE	创建数据库，只能由 SA 授予 SQL 服务器用户或角色
CREATE DEFAULT	创建默认
CREATE PROCEDURE	创建存储过程
CREATE RULE	创建规则
CREATE TABLE	创建表
CREATE VIEW	创建视图
BACKUP DATABASE	备份数据库

隐含权限是指系统预定义而不需要授权就有的权限，包括固定服务器角色成员、固定数据库角色成员、数据库所有者（dbo）和数据库对象所有者（dbo）所拥有的权限。

11.3.2 授予权限

【例 11.4】 为用户 test 创建权限，让其具有查询 Student 表的权限。

（1）使用鼠标右键单击用户 test，在弹出的菜单中单击"属性"命令，打开如图 11.13 所示窗口。

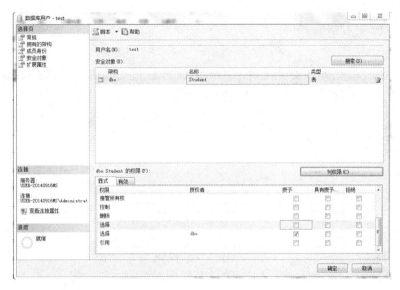

图 11.13 设置列权限

（2）选中"安全对象"，单击"添加"按钮，添加"对象类型"为表，选中学生表 Student。

（3）选中 Select 列的"授予"复选框，如果希望 test 用户该权限授予其他用户，可以将后面的"具有授予权限"一并选中。

（4）可以进一步细化权限设置"列权限"，这里不再细化设置，读者可以多练习设置权限。

（5）单击"确定"按钮后，该用户 test 便具有了查询 Student 表的权限。在查询窗口进行验证，如图 11.14 所示。

图 11.14 test 用户具有查询权限

【练习】 让 test 用户对课程表 Course 具有修改 ALTER 和查询 SELECT 的权限。

11.3.3 收回权限

收回权限实际上是授予权限的一个逆过程，读者可以自行进行操作和练习，这里不再赘述。

11.4 本章小结

本章主要介绍了数据库的安全性和 SQL Server 安全性的实现。讲解了如何创建合法的登录名和用户，以及如何授予用户权限和收回用户权限。

11.5 思考与练习

一、选择题

1. SQL 语言集数据查询、数据操作、数据定义和数据控制功能于一体，语句 INSERT、DELETE、UPDATA 实现（   ）功能。
   A. 数据查询 　　　　　　　　　B. 数据操纵
   C. 数据定义 　　　　　　　　　D. 数据控制
2. 对表的操作权限不包括（   ）。
   A. SELECT UPDATE 　　　　　B. DELETE INSERT
   C. ALTER DROP 　　　　　　　D. EXECUTE DRI

二、填空题

1. 安全性认证模式是指系统确认用户身份的方式。SQL Server 有两种安全认证模式，即_____模式和_____模式。
2. SQL Server 安全认证模式要求用户必须输入有效的 SQL Server 登录账号及口令，系统默认的管理员登录账号是_____。
3. 除了在 Management Studio 中创建权限，还可以用_____和_____关键字授予和收回权限。

三、思考题

数据库的安全性与操作系统的安全性有何关系？

11.6 实训项目

一、实验目的

完成本实验后，将掌握以下内容：
（1）创建服务器登录名。
（2）创建数据库 HR 的用户。
（3）给 HR 的用户授予权限。

二、准备工作

在进行本实验前，必须要具备以下条件：

（1）已安装 SQL Server 系统。

（2）已建立人力资源管理 HR 数据库。

三、相关实验

（1）参考网上下载内容中第 11 章的实训项目。

（2）实验预估时间：60 分钟。

四、实验设置

无。

五、实验方案

（1）为人力资源管理数据库 HR 创建登录名 HR。

（2）以登录名 HR 创建数据库用户 hr_user。

（3）为用户 hr_user 授予权限查询及修改所有的用户表，然后进行测试。

（4）收回赋予用户 hr_user 的所有权限。

第12章 数据库并发控制及实现

学习目标

1. 了解事务的概念和特性。
2. 掌握事务创建和提交的简单方法。
3. 理解并发操作及并发操作引发的问题。
4. 理解数据库中各种锁如何实现控制并发引出的问题。

知识框架

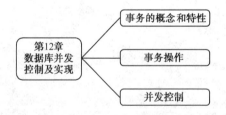

任务引入

在多用户和网络环境下,数据库是一个共享资源,多个用户或应用程序同时对数据库的同一数据对象进行读/写操作,这种现象称为对数据库的并发操作。显然并发操作可以充分利用系统资源,提高系统效率。但是,如果对并发操作不进行控制,肯定会造成一些错误。

对并发操作进行的控制称为并发控制。并发控制机制是衡量 DBMS 的重要性能指标之一。

12.1 事务

12.1.1 事务的概念和特性

事务（Transaction）是数据库的逻辑工作单位，它是用户定义的一组操作序列。一个事务可以是一组 SQL 语句、一条 SQL 语句或整个程序。

事务的开始和结束都可以由用户显式控制，如果用户没有显式定义事务，则由数据库系统按默认规定自动划分事务。

事务应该具有 4 种属性：原子性、一致性、隔离性和持久性。

（1）原子性。事务的原子性保证事务包含的一组更新操作是原子不可分的，也就是说，这些操作是一个整体。这一性质在系统崩溃之后仍能得到保证，并将进行数据库恢复，恢复和撤销系统崩溃处于活动状态的事务对数据库的影响，从而保证事务的原子性。

（2）一致性。一致性要求事务执行完成后，将数据库从一个一致状态转变到另一个一致状态。它是一种以一致性规则为基础的逻辑属性，例如，在转账的操作中，各账户金额必须平衡。

（3）隔离性。隔离性意味着一个事务的执行不能被其他事务干扰。即一个事务内部的操作及使用的数据对并发的其他事务是隔离的，并发执行的各个事务之间不能互相干扰。

（4）持久性。系统提供的持久性要求一旦事务提交，那么对数据库所做的修改将是持久的，无论发生何种系统故障都不应该对其有任何影响。例如，自动柜员机（ATM）在向客户支付一笔钱时，就不用担心丢失客户的取款记录。

12.1.2 事务操作

1. 事务类型

SQL Server 中的事务有 3 种运行模式，分别如下：

（1）自动提交事务，每条单独的 T-SQL 语句都是一个事务。

（2）显式事务，在显式事务中，事务在语句 BEGIN TRANSACTION 和 COMMIT 子句间组成一组。

（3）隐式事务，在隐式事务中，无须使用 BEGIN TRANSACTION 标记事务的开始，每个 T-SQL 语句（如 INSERT 语句，UPDATE 语句，DELETE 语句）都作为一个事务执行。

2. 定义事务

【例 12.1】 从学生表 Student 中删除一个学生记录时要启动一个事务，删除这个学生在 Student 表和 Score 表中的所有相关记录。

在查询窗口中执行如下的 SQL 语句：

```
USE CJGL
GO
BEGIN TRANSACTION
--开始事务
delete from Student
where StuNo='2007230317'
```

```
delete from Score
where StuNo='2007230317'
COMMIT TRANSACTION
--提交事务
GO
```

执行结果如图 12.1 所示。

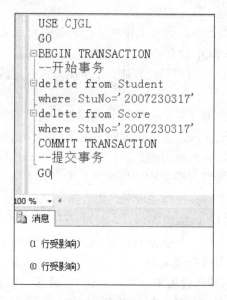

图 12.1 执行结果

【例 12.2】 从 Employee 表中删除一个员工记录要启动一个事务，删除这个员工在 Employee 表、EmployeeAddress 表、EmployeeDepartmentHistory 表和 EmployeePayHistory 表中的相关记录。

【分析】 这里用到了示例数据库 AdventureWorks，其中有多张表保存同一个员工的相关记录，这里删除员工号为 2 的记录，使用的语句如下：

```
USE AdventureWorks
GO
BEGIN TRANSACTION
DELETE FROM HumanResources.Employee
WHERE EmployeeID=2
DELETE FROM HumanResources.EmployeeAddress
WHERE EmployeeID=2
DELETE FROM HumanResources.EmployeeDepartmentHistory
WHERE EmployeeID=2
DELETE FROM HumanResources.EmployeePayHistory
WHERE EmployeeID=2
COMMIT TRANSACTION
GO
```

12.2 并发控制

12.2.1 并发操作与数据的不一致性

如果没有锁定且多个用户同时访问一个数据库,则当他们的事务同时使用相同的数据时可能会发生问题,导致数据库中的数据产生不一致性。

一个最常见的并发操作的例子是火车/飞机订票系统中的订票操作。例如,在该系统中的一个活动序列:

(1)甲售票员读出某航班的机票张数余额 A,设 A=16。
(2)乙售票员读出同一航班的机票张数余额 A,也是 16。
(3)甲售票员卖出一张机票,修改机票张数余额 A=A-1=15,把 A 写回数据库。
(4)乙售票员也卖出一张机票,修改机票张数余额 A=A-1=15,把 A 写回数据库。
结果卖出两张机票,数据库中机票余额只减少了 1 张。

这种情况称为数据库的不一致性。这种不一致性是由甲、乙两个售票员并发操作引起的。在并发操作情况下,对甲、乙两个事务操作序列的调度是随机的。若按上面的调度序列,甲事务的修改就会被丢失。这是由于(4)中乙事务修改 A 并回写覆盖了甲事务的修改。

并发操作带来的数据库不一致性可以分为 4 类:丢失更新、读"脏数据"、不可重复读和幻像读。上例只是并发问题的一种。

1. 丢失更新

假设某产品库存量为 50 个,现在购入该产品 100 个,执行入库操作,库存量加 100 个;用掉 40 个,执行出库操作,库存量减少 40 个。分别用 T1 和 T2 表示入库和出库操作任务。

例如,同时发生入库(T1)和出库(T2)操作,这就形成并发操作。T1 读取库存后,T2 也读取了同一个库存;T1 修改库存,回写更新后的值;T2 修改库存,也回写更新后的值。此时库存为 T2 回写的值,T1 对库存的更新丢失,如表 12.1 所示。

表 12.1 发生丢失更新的过程

顺 序	任 务	操 作	库 存 量
1	T1	读库存量	50
2	T2	读库存量	50
3	T1	库存量=50+100	
4	T2	库存量=50-40	
5	T1	写库存量	150
6	T2	写库存量	10

2. 读"脏数据"

当 T1 和 T2 并发执行时,在 T1 对数据库更新的结果没有提交之前,T2 使用了 T1 的结果,而在 T2 操作之后 T1 又回滚,这时引起的错误是 T2 读取了 T1 的"脏数据",如表 12.2 所示。

表 12.2　T2 读取 T1 的"脏数据"的过程

顺　序	任　务	操　作	库　存　量
1	T1	读库存量	50
2	T1	库存量=50+100	
3	T1	写库存量	150
4	T2	读库存量	150
5	T2	库存量=150-40	
6	T1	ROLLBACK	50
7	T2	写库存量	110

3. 不可重复读

当 T1 读取数据 A 后，T2 执行了对 A 的更新，当 T1 再次读取数据 A（希望与第一次是相同的值）时，得到的数据与前一次不同，这时引起的错误称为"不可重复读"，如表 12.3 所示。

表 12.3　T1 事物不可重复读

顺　序	任　务	操　作	库存量 A	入库量 B
1	T1	读 A=50	50	100
2	T1	读 B=100		
3	T1	求和=50+100		
4	T2	读 B=100	50	
5	T2	B←B×4		
6	T2	回写 B=400	50	400
7	T1	读 A=50	50	
8	T1	读 B=400		
9	T1	和=450 （验算不对）		

4. 幻像读

如果一个事务在提交查询结果之前，另一个事务可以更改该结果，就会发生这种情况。这句话也可以这样解释，事务 T1 按一定条件从数据库中读取某些数据记录后未提交查询结果，事务 T2 删除了其中部分记录，事务 T1 再次按相同条件读取数据时，发现某些记录神秘地消失了。

例如，一个编辑人员更改作者提交的文档，但当生产部门将其更改内容合并到该文档的主本时，发现作者已将未编辑的新材料添加到该文档中。如果在编辑人员和生产部门完成对原始文档的处理之前，任何人都不能将新材料添加到文档中，则可以避免该问题。

分析以上错误的原因不难看出，上述操作序列违背了事务的 4 个特性。在产生并发操作时如何确保事务的特性不被破坏，避免上述错误的发生呢？这就是并发控制要解决的问题。

12.2.2　SQL Server 中的锁

封锁机制是并发控制的主要手段。封锁是使事务对它要操作的数据有一定的控制能力。封锁具有 3 个环节：第一个环节是申请加锁，即事务在操作前要对它欲使用的数据提出加锁请求；第二个环节是获得锁，即当条件成熟时，系统允许事务对数据加锁，从而使事务获得数据的控制权；第三个环节是释放锁，即完成操作后事务放弃数据的控制权。

基本的封锁类型有两种：排他锁（Exclusive Locks，简称 X 锁）和共享锁（Share Locks，简称 S 锁）。

（1）排他锁。排他锁又称独占锁或写锁。一旦事务 T 对数据对象 A 加上排他锁（X 锁），则只允许 T 读取和修改 A，其他任何事务既不能读取和修改 A，也不能再对 A 加任何类型的锁，直到 T 释放 A 上的锁为止。

（2）共享锁。共享锁又称读锁。如果事务 T 对数据对象 A 加上共享锁（S 锁），则其他事务对 A 只能再加 S 锁，不能加 X 锁，直到事务 T 释放 A 上的 S 锁为止。

1. 一级封锁协议

一级封锁协议：事务 T 在修改数据之前必须先对其加 X 锁，直到事务结束才释放。一级封锁协议可有效地防止"丢失更新"，并能够保证事务 T 的可恢复性。

2. 二级封锁协议

二级封锁协议：事务 T 对要修改的数据必须先加 X 锁，直到事务结束才释放 X 锁；对要读取的数据必须先加 S 锁，读完后即可释放 S 锁。

二级封锁协议不但能够防止丢失修改，还可进一步防止读"脏数据"。

3. 三级封锁协议

三级封锁协议：事务 T 在读取数据之前必须先对其加 S 锁，在要修改数据之前必须先对其加 X 锁，直到事务结束后才释放所有锁。

由于三级封锁协议强调即使事务读完数据 A 之后也不释放 S 锁，从而使得别的事务无法更改数据 A。三级封锁协议不但防止了丢失修改和不读"脏数据"，而且防止了不可重复读。

12.3　本章小结

本章介绍数据库的并发控制和 SQL Server 的锁实现。首先读者要理解数据库中事务的概念和特性，可以自己练习定义简单的事务。了解并发问题引起的数据不一致性，出现了丢失更新、读"脏数据"、可重复读、幻像读等问题。学会在 SQL Server 中如何用锁解决这些问题。

12.4　思考与练习

一、填空题

1. _____是数据库的逻辑工作单位，它是用户定义的一组操作序列。一个事务可以是一组 SQL 语句、一条 SQL 语句或整个程序。

2．事务应该具有 4 种属性：_____、_____、隔离性和_____。

3．一个事务内部的操作及使用的数据对并发的其他事务是隔离的，并发执行的各个事务之间不能互相干扰，这是事物的_____特性。

4．在显式事务中，事务在语句_____和_____子句间组成一组。

5．并发操作带来的数据库不一致性可以分为 4 类：_____、_____、不可重复读和幻像读。

6．封锁机制是并发控制的主要手段，基本的封锁类型有两种：排他锁（Exclusive Locks，简称_____）和_____（Share Locks，简称 S 锁）。

7．一级封锁协议可有效地防止_____，并能够保证事务 T 的可恢复性。

8．事务 T 对数据对象 A 加_____锁，则只允许 T 读取和修改 A，其他任何事务既不能读取和修改 A，也不能再对 A 加任何类型的锁，直到 T 释放 A 上的锁为止。

12.5 实训项目

一、实验目的

完成本实验后，读者能学会在 SQL Server 中定义执行事务。

二、准备工作

在进行本实验前，必须要具备以下条件：

（1）已安装 SQL Server 系统。

（2）已建立人力资源管理 HR 数据库和示例数据库 AdventureWorks。

三、实验相关

（1）参考网上下载内容中第 12 章的实训项目。

（2）实验预估时间：40 分钟。

四、实验设置

无。

五、实验方案

（1）定义一个事务，完成对某个员工信息的删除，同时要求删除该员工在其他表中的相关记录。

（2）定义事务，完成对示例数据库 AdventureWorks 中表 HumanResources.JobCandidate 中某个工作岗位记录的删除操作。

第13章 微软云计算数据库 SQL Azure

学习目标

1. 了解 SQL Azure 架构。
2. 了解 SQL Azure 的特点及优势。
3. 使用 SQL Azure 与 SQL Server 比较得出异同。
4. 掌握 SQL Azure 的关键技术。
5. 掌握在应用程序中使用 SQL Azure 的方法。

任务引入

在前面章节中我们学会了建立和使用本地数据库,那么微软公司的云数据库及其在云计算中的作用是什么呢?何为其特点及优势?其在使用中与 SQL Server 有什么不同?何为其关键技术?如何掌握在应用程序中使用微软云数据库的方法?

微软公司的云数据库 SQL Azure 是微软基于 Microsoft SQL Server Denali,也就是 SQL Server 2012 构建的云端关系数据库服务。SQL Azure 是 SQL Server 的一个大子集,能够实现 SQL Server 的绝大部分功能,并且将它们作为云端的服务来扩展。SQL Azure Database 提供内置的高精准、可用性、功效与其他功能。

一般情况下,如果企业内部要新建一个数据库服务,需要经历采购硬件、网络布线、安装操作系统、安装驱动程序、安装数据库软件等过程,整个过程漫长而烦琐,并且后期需要 IT 技术人员来维护数据库服务器。

但那些订阅 SQL Azure 服务的用户可以方便快速地使用 SQL Azure 服务而无须采购任何硬件和安装软件。对于用户来说,SQL Azure 就像是一个在 Internet 上已经创建好的 SQL Server 服务器,由微软托管和运维,并且部署在微软的 6 大数据中心,用户只要简单地选择离自己物理位置最近的数据中心,就能立刻快速地享受到 SQL Azure。

SQL Azure 能提供以下功能:

- 传统 SQL Server 的功能,如表、视图、函数、存储过程和触发器等。

- 数据同步，即提供数据同步和聚合功能。
- 管理。为 SQL Azure 提供自动配置、计量、计费、负载均衡、容错和安全功能。
- 数据访问。定义访问 SQL Azure 的不同编程方法，目前 SQL Azure 支持 TDS，包括 ADO.NET、实体框架、ADO.NET Data Server、ODBC、JDBC 和 LINQ 客户端。

13.1 SQL Azure 架构

SQL Azure 架构在数据中心可分为以下 3 部分。

1. 服务提供层（Service Layer）

服务提供层是 SQL Azure 显露在客户端前面的服务接口（Facade 模式），负责接取所有 SQL Azure 提交要求的 TDS over SSL 连接与指令，当连接进入 SQL Azure 时，SQL Azure、SQL Azure Load Balancer 会分派连接到不同的 SQL Azure Gateway，负责处理 TDS 连接，管理连接层安全性（Connection-Level Security），以及解析指令是否内含潜在威胁的指令，再交由连接管理员（Connection Manager）将连接分派到位于平台提供层内不同的 SQL Azure 数据库服务器中进行处理，SQL Azure Gateway 也会管理对 SQL Azure 的连接，以避免封锁服务器的连接（如过长的查询或过长的数据库交易等）。

2. 平台提供层（Platform Layer）

平台提供层是以 Windows Azure Computes 的虚拟机簇（Cluster），每台虚拟机都安装有 SQL Server 及管理一定数量的数据库。通常，一份数据库会分散到 3～5 台 SQL Server VM（虚拟机）中，而每台 SQL Server VM 都安装了 SQL Azure Fabric 中控软件，并在 SQL Azure Fabric 与 AQL Azure Gateway 的管控下，所有对单一数据库的连接都不一定会持续连入同一台 SQL Server VM 中。SQL Server VM 内也安装了 SQL Azure Management Service，负责每个数据库间的数据复写工作，以保障 SQL Azure 的基本高可用性要求。每台 SQL Server VM 内的 SQL Azure Fabric 和 Management Server 都会彼此交换健康与监控信息等，以保持整体服务的健康与可监控性。

3. 基础建设层（Infrastructure Layer）

基础建设层由 Windows Azure Computes 及其高度可扩充性的运算与网络基础架构组成，以支持 SQL Azure 所需的高可用性及高扩充性等云特色。

13.2 SQL Azure 的特点及优势

13.2.1 使用 SQL Azure 的理由

使用 SQL Azure 有以下 6 大理由。

理由一：自主管理

SQL Azure 提供了企业级数据中心的规模和能力，省去了日常管理本地 SQL Server 实例的时间成本。自主管理的能力使得企业在维护部门的数据库应用时既不用增加本地 IT 部门的支持负荷，也不用消耗职员的精力，还能够在整个企业内为应用程序提供数据服务。有了 SQL Azure，可以在极短的时间内准备好数据库存储，订阅所需的存储服务，从而减少部署和运维数控的初始投资。当需求变化时，还可以快速地减少或者增多数据库服务来满足需求。

理由二：高可用性

SQL Azure 构建于久经考验的 Windows Server 和 SQL Server 技术之上，拥有足够的特性来处理所有的负载变化。服务会在多台物理服务器上复制多份冗余，以维持数据的可用性和业务持续性。如果一个硬件出故障，SQL Azure 提供的自动执行故障转移功能可以确保应用程序的可用性。

理由三：可扩展性

SQL Azure 的一大关键优势在于能够轻松扩展解决方案。随着数据增长，数据库也需要纵向扩展和横向扩展。纵向扩展往往会有一个上限，而横向扩展并没有实际的限制。通常横向扩展的方法是数据分割。在分割数据之后，服务随着数据增长而扩展。一个按使用付费（Pay as You GO）的计价模式，确保了所使用的存储付费，所以，当不需要时可以随时缩减服务的规模。

理由四：熟悉的开发模式

当开发创建使用 SQL Server 的本地应用程序时，一般使用客户端库，如 ADD.NET、ODBC。它们使用 TDS 协议在客户端与服务器之间通信。SQL Azure 提供了与 SQL Server 一致的 TDS 接口，所以，可以使用相同工具和类库构建应用程序来访问 SQL Azure 中的数据。

【注意】 客户端和数据库服务器之间传输数据时，数据包是有格式的。在 SQL Server 中被称为 TDS（Tabular Data Stream），TDS 是一种应用程序层的协议，用来在数据库服务器和客户端之间交换数据。最初，这个协议是在 1984 年由 Sybase 公司为自己的产品 Sybase SQL Server 的关系数据库引擎开发的，后来被微软应用在 Microsoft SQL Server 中。

理由五：关系型数据模型

SQL Azure 对开发者和管理员来说应该很容易上手，因为 SQL Azure 使用相似的关系型数据模型，数据存储于 SQL Azure 就和存储于 SQL Server 中一样，在概念上类似于一个本地 SQL Server 实例。一个 SQL Azure 服务器就是一组数据库的逻辑组合，是一个独立的授权单位。

在每个 SQL Azure 服务器内，可以创建多个数据库，每个数据库可以拥有多个表、视图、存储过程、索引和其他熟悉的数据库对象。该数据模型可以很好地重用现有的关系型数据库设计和 Transact-SQL 编程技能与经验，简化迁移现有本地数据库应用程序至 SQL Azure 的过程。

SQL Server 服务器和数据库都是逻辑对象，并不对应于物理服务器和数据库。通过用户与物理实现的隔离，SQL Azure 使得用户可以将时间专用于数据库设计和业务逻辑上。

理由六：灵活的数据库版本

SQL Azure 数据库提供了两个不同的版本：Web 版本和商业版本。两个版本都提供可扩展性、自动化的高可用性和自动配置等功能。

Web 版本的数据库服务适用于小型的 Web 应用。这个版本的数据库最大支持 5GB 的容量。

商业版本的数据库服务适用于软件企业开发的业务应用程序。这个版本的数据库支持最大 10GB 和 50GB 的容量。

13.2.2 使用 SQL Azure Database 的好处

使用 SQL Azure Database 可带来以下几个好处。

1. 降低了总体拥有成本（TCO）

因为 SQL Azure Database 是云端的关系型数据库，无须安装硬件、操作系统和数据库软件等过程，所以不需要 IT 人员来管理数据库，也不会产生 License 等费用；SQL Azure Database 的费用是按创建个人和数据库大小来进行收费的，在不需要的情况下也可以删除数据库，这样就不会产生任何费用。

2. 提高了可用性

因为 SQL Azure Database 支持三重备份，无须部署集群（Cluster）和心跳网等过程。

3. 多用户

对于独立软件研发商（ISV）来说，他们可以在构建一套 Web Site 的情况下，使用 SQL Azure。把用户的数据和配置放在相同（不同）的数据库（数据表）中进行隔离，可以让多个用户（租户）使用同一套系统，而且该租户只看到自己的数据，不能看到其他租户的数据（也可以通过加密的方式，即使其他用户看到该数据也无法解析）。

13.2.3 使用 SQL Azure 与 SQL Server 比较

表 13.1 所示是 SQL Azure 服务器与 SQL Server 特性比较。

表 13.1 SQL Azure 服务器与 SQL Server 特性比较

特 性	SQL Azure	SQL Server（本地）	变 通 方 法
数据存储（Data Storage）	● Web 版本 ● Bussiness 版本 注意：当你的使用到达分配的大小（1GB 或 10GB）时，只有 SELECT 和 DELETE 语句被执行，UPDATE 和 INSERT 语句会抛出错误	无大小限制	当旧数据可以被移植至另一个 SQL Azure 或本地的数据库时，一个存档过程可被创建。 因为上述的大小约束，建议对数据进行跨数据库分割。创建多个数据库能够充分利用多个节点的计算能力。Azure 模式的最大价值在于其灵活性，需求在最高点时可以按需创建任意多的数据库，在需求降低时删除数据库。最大难题在于编写应用程序能够跨数据库的扩展。一旦该功能被实现，便可扩展至任意数据库
Edition 版本		示例 ● Workgroup ● Standard ● Enterprise ● Enterprise 版本	

续表

特 性	SQL Azure	SQL Server（本地）	变 通 方 法
连接性 Connectivity		● SQL Server Management Studio ● SQLCMD ● SQL Server 2008 R2 Management Studio 提供了对 SQL Azure 完整的连接性。先前版本的支持有限。 ● SQLCMD	
数据移植 DataMigration	SQL Server Integration Services，BCP 和 sqlBulkCopyAPI		
验证 Authentication		● SQL 验证 ● Windows 验证 ● QL Server 验证	使用 SQL Server 验证
Schema	SQL Azure 并不支持堆表。所有表必须拥有一个聚集索引才能插入数据库	没有限制	检查所有脚本，确保所有的表都有一个聚集索引
TSQL 支持 TSQL Supportability	某些 TSQL 命令完全支持。一个部分支持，另一些不支持： ● 支持的 TSQL ● 部分支持 TSQL ● 不支持的 TSQL		
"USE"命令 "USE"command	不支持	支持	不支持 USE 命令。因为，每一个用户创建的数据库可能并不在同一个物理服务器上。所以，应用程序必须从多个数据库上取回数据，并在应用程序层面结合这些数据
事务复制 Transactional Replication	不支持	支持	可以使用 BCP 或 SS。IS 按需获得流入本地 SQL Server 的数据。也可以使用 SQL DataSync tool 来保持本地 SQL Server 和 SQL Azure 的同步
日志传输 Log Shipping	不支持	支持	
数据镜像 Database Mirroring	不支持	支持	

续表

特　性	SQL Azure	SQL Server（本地）	变 通 方 法
SQL Agent	在 SQL Azure 上无法运行 SQL agent/jobs	支持	可以在本地 SQL Server 上运行 SQL agent 并连接至 SQL Azure
服务器选择项 Server options		支持一些系统视图	
连接限制 Connection Limitations	为了给在节点上的租户提供公平的使用体验，有如下情况的连接可能被关闭： ● 过度资源使用。 ● 长时间运行查询（超过 5 分钟）。 ● 在 BEGIN TRAN 和 END TRAN 内长时间运行的单个事务（超过 5 分钟）。 ● 空闲连接（超过 30 分钟）	无	大多数系统层面的元数据都被禁用了，因为在云端提供服务器的信息无意义
SSIS	无法在 SQL Azure 内运行 SSIS	可以在本地运行 SSIS	本地运行 SSIS，并以 ADO.NET provider 连接至 SQL Azure

13.3　SQL Azure 的关键技术

在本地数据库中，DBMS 起了十分重要的作用。对于用户而言，管理功能在云中实现起来非常困难，微软通过 SQL Azure 数据库在云中实现了这一功能。在 SQL Azure 中，数据库规模的扩展也由 SQL Azure 数据库完成。SQL Azure 除了提供 SQL Azure 数据库服务外，还提供报表服务和数据同步服务。

1. SQL Azure 数据库

SQL Azure 数据库是 SQL Azure 的一种云服务，提供了核心的 SQL Server 数据库功能，基本构架如图 13.1 所示。SQL Azure 数据库支持 TDS 和 Transact-SQL（T-SQL），用户可以使用现有技术在 T-SQL 上进行开发，还可以使用与现有的本地数据库软件相对应的关系型数据模型。SQL Azure 数据库提供的是一个基于云的数据库管理系统，能够整合现有工具集并对应用户的本地软件。

由图 13.1 可知，在 Windows Azure 的应用中创建一个部署时，用户使用了 SQL Azure 数据库，这个应用可以运行在企业数据中心或移动设备上。上述应用程序通常使用 TDS（Tabular Data Stream，表型数据流）或 Odata 协议来访问本地的 SQL Server 数据库，因而，SQL Azure 数据库应用能够使用任何现有的 SQL Server 客户端，这些客户端包括 Entity Framework、ADO.NET、ODBC 和 PHP 等。SQL Azure 和 SQL Server 看起来没有太大的差别，也可使用 SQL Server 中的大量工具，如 SQL Server Management Studio、SQL Server Integration Services 和大量数据副本备份的 BCP。

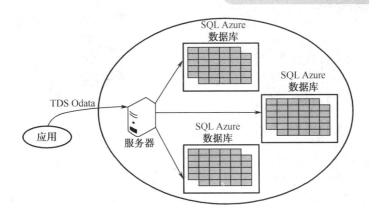

图 13.1　SQL Azure 数据库图

每个 SQL Azure 账户都拥有一个或多个逻辑服务器,这些逻辑服务器可以组织账户数据和账单,但这些服务器并不是真正意义上的 SQL Server 实例。每台服务器都拥有多个 SQL Azure 数据库,每个 SQL Azure 数据库均可达到 50GB。用户可以自由地使用 SQL Azure 数据库,能够在某个 SQL Azure 数据库中存放另一个数据库的快照以实现整个数据库的备份。

2. SQL Azure 报表服务

用户使用 SQL Azure 数据库存储数据时,通常需要 SQL Azure 数据库支持报表功能。在 SQL Azure 中,SQL Azure 报表服务实现了这一功能,它是基于 SQL Server 报表服务(SQL Server Reporting Services,SSRS)实现的。

现在 SQL Azure Reporting 主要有两个使用场景。

第一,SQL Azure 报表创建的报表可以发布在某一个门户上,云端用户可以访问这个门户的报表,也可以通过 URL 地址直接访问报表。

第二,独立软件开发商(Independent Software Vendors,ISV)能够嵌入发布到 SQL Azure 报表门户的报表,这些门户来自于不同的应用,包括 Windows Azure 应用。ISV 可以使用 Visual Studio 标准的 ReportViewer 控制,这与将本地报表嵌入到应用中没有任何差别。

SQL Azure 报表与服务于存储在 SQL Azure 数据库中的数据相互作用。SQL Azure 使用的报表可以通过 Business Intelligence Developer Studio 创建。SQL Azure Reporting 与 SSRS 的报表格式是相同的,都使用微软定义的 RDL(Report Definition Language)。

值得注意的是,SQL Azure Reporting 并没有实现本地 SSRS 提供的所有功能。例如,当前的 SQL Azure Reporting 并不支持调度和订阅功能,这使得报表每隔一定时间将会运行和分发一次。

3. SQL Azure 数据同步

Internet 上的应用可以访问 SQL Azure 数据库中存储的数据。为了提高存储数据的访问性能,同时确保网络发生故障时应用仍然能够访问数据库,需要在本地拥有 SQL Azure 的数据库副本,微软使用 SQL Azure 数据同步技术,如图 13.2 所示。

该技术主要包括以下两个方面。

(1) SQL Azure 数据库与 SQL Server 数据库之间的数据同步。用户选择这类同步的原因有很多,除了前面提到的网络故障等因素外,数据调度也需要数据副本在某一区域范围内进行,同时,需要防止某些操作失误所带来的数据丢失。这时,用户可以通过 SQL Azure 数据库与 SQL Server 数据库的信息同步在本地数据库保存副本。

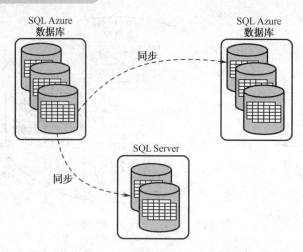

图 13.2　SQL Azure 数据同步

（2）SQL Azure 数据库之间的同步。某些 ISVs（独立的软件开发商）或全球化的企业需要创建一个应用，为了满足性能的需求，应用的创建者也许会选择在 3 个不同的 Windows Azure 数据中心（如北美数据中心、欧洲数据中心、亚洲数据中心）运行这个应用。如果这个应用将数据存放在 SQL Azure 数据中，需要使用 SQL Azure 数据同步服务保持 3 个数据中心之间的信息同步。

SQL Azure 数据同步服务使用"轮辐式（hub-and-spoke）"模型，所有的变化将会首先被复制到 SQL Azure 数据库 Hub 上，然后再传送到其他 spoke 上。这些 spoke 成员可以是一个 SQL Azure 数据库，也可以是本地 SQL Server 数据库。上述的同步过程可以同步整个数据库，也可以只同步有更新的数据库表格。

SQL Azure 数据同步应用实现步骤如下。

第一步：准备工作。

1．使用 SQL Server Management Studio 在本地 SQL Server 创建数据库，名称为 employeeinfo。创建表 Student，T-SQL 代码如下：

```
Create table dbo.Student
(
Unikey nvarchar（100）not null
Primary key clustered，
Value nvarchar（100）not null）
GO
Insert into Student（unikey，value）values
（'FEFC201F-67E8-484F-A931-E620DCDA9D08'，N'小赵'），
（'6A987D4F-C9BF-4804-B5B5-E5223FC7DED7'，N'小钱'），
（'0E467495-D139-4550-BBC-610CD8305CD0'，N'小孙'），
（'B7BE884D-5650-460D-BE60-C1585D3CE1DE'，N'小李'）
```

2．在 SQL Azure 上创建新的服务器，位于 East Asia，其操作如下：

（1）创建数据库名称为 HubDB，类型为 Web，最大为 1GB。

（2）这个数据库作为 Data Sync 的 Hub Database。

3．在同一个 SQL Azure 的服务器上创建数据库，其操作如下：

（1）数据库名称为 AzureEmployeeDB，类型为 Web，最大为 1GB。

（2）这个数据库作为 on Cloud Database。

第二步：开始 Data Sync。

实现 Data Sync 的步骤如下：

（1）登录到 Windows Azure 平台。

（2）在 Windows Azure 平台中选择"数据同步"→"选择"→"订阅"选项，并单击"设置"按钮。

（3）弹出如图 13.3 所示的同意使用条款框。

（4）单击图 13.3 中的"下一步"按钮，弹出订阅窗口。

（5）单击订阅窗口的"下一步"按钮，弹出选择区域窗口，在窗口中选择 East Asia，效果如图 13.4 所示。

图 13.3　协议窗口

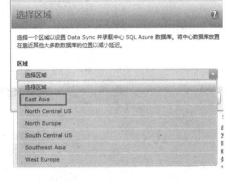

图 13.4　选择区域窗口

（6）选择好区域后，单击"下一步"按钮，在弹出的窗口中选择订阅下的"同步按钮"选项，然后单击"创建"按钮。

（7）将创建的同步组命名为 **MyFirstGroup**，效果如图 13.5 所示。在同步组窗口中单击"内部部署"的"单击此项可添加 SQL Server 数据库"，如图 13.6 所示。

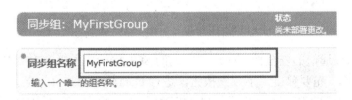

图 13.5　同步组命名效果

图 13.6　内部部署效果

（8）弹出"将数据库添加到同步组"窗口，因为此处是第一次使用，所以选中"将一个新的 SQL Server 数据库添加到同步组"单选按钮，同步方向选择"双向"，如图 13.7 所示。

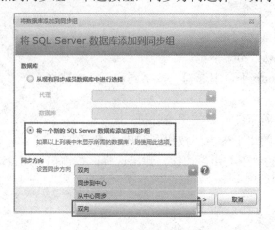

图 13.7　数据同步添加效果

（9）出现新增数据库的窗口，可以将本地的 SQL Server 与 Hub DB 进行通信，如图 13.8 所示。

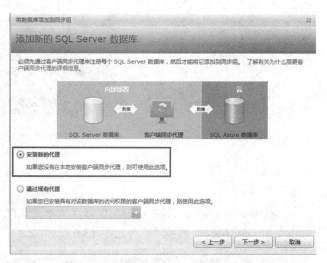

图 13.8　添加新的 SQL Server 数据库

（10）为了保证通信的安全性，必须在本地的 SQL Server 主机上安装 Data Sync Agent，如果之前没有安装过，先要单击"下载"按钮，进行 Data Sync Agent 下载，如图 13.9 所示。

（11）弹出一个新的 IE 窗口，然后转向 MSDN 的下载页面，选择比较大的文件，如图 13.10 所示。

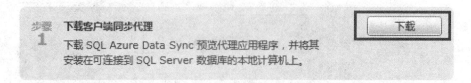

图 13.9　下载 Data Sync Agent 询问窗口

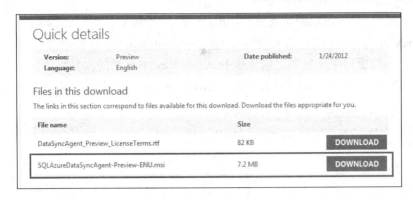

图 13.10　MSDN 的下载页面

（12）下载完毕后，安装 Microsoft SQL Azure Data Sync Agent Preview。在 User Name 处输入登录 Windows 用户名（域\用户名），在 Password 数据登录 Windows 的密码。

【注意】　本操作在有网络的前提下进行。

（13）完成 Agent 的安装后，给本地的 Agent 命名，命名为 LocalToCloudAgent，如图 13.11 所示。

图 13.11　Agent 命名效果

（14）如果步骤（3）中选择了"生成代理密钥"项，此时会产生一组随机的密钥，这个密钥以后需要使用。选择"复制"命令，将密钥内容复制到剪切板上。

（15）进入"将数据库添加到同步组"窗口，如图 13.12 所示。

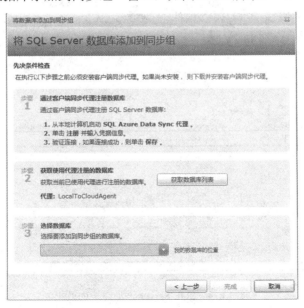

图 13.12　"将数据库添加到同步组"窗口

(16)先按照图 13.12 所示的步骤操作：单击"保存"按钮后，进入 Microsoft SQL Azure Data Sync Agent Preview 窗口，如图 13.13 所示。接着单击 Submit Agent Key 按钮。

(17)在弹出的窗口中，复制之前生成的 Agent Key 中复制的内容。然后单击 OK 按钮。

(18)在 Microsoft SQL Azure Data Sync Agent Preview 窗口中单击 Register 按钮。

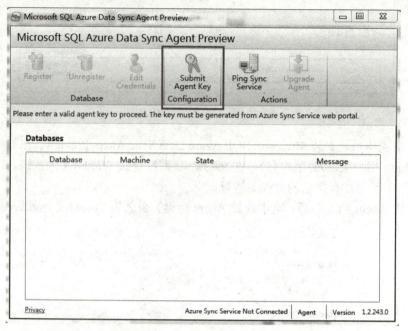

图 13.13　单击 Submit Agent Key 按钮

(19)在弹出的窗口中选择 Windows 选项，对 SQL Server 进行访问。

(20)可以看到本机的 SQL Server 已经添加完毕，效果如图 13.14 所示。

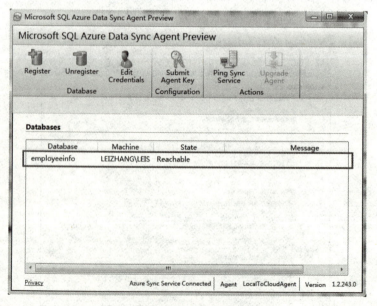

图 13.14　SQL Server 添加完毕的效果

(21)进入步骤(2),单击"获取数据库列表"按钮,效果如图 13.15 所示。然后选择本地的 SQL Server 数据库,最后单击"完成"按钮即可。

图 13.15　获取数据库列表框

(22)这样即可将本机的 SQL Server 部署到"内部部署"的工作完成了,效果如图 13.16 所示。

图 13.16　内部部署完成效果图

(23)添加 Hub Database(同步中心),如图 13.17 所示。

图 13.17　同步中心效果图

(24)添加在 SQL Azure 中已经创建的 Hub DB,并单击"添加"按钮编辑数据集窗口,如图 13.18 所示。

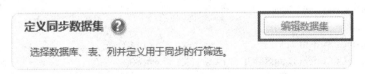

图 13.18　编辑数据集窗口

(25)在编辑数据集窗口中单击右侧的"编辑数据集"按钮。

(26)浏览到本地 SQL Server 的 Database,选择要同步的数据库表名和字段,如图 13.19

所示。

（27）在配置中可以选择执行一次数据同步的间隔时长，在此选择 5 分钟，如图 13.20 所示。

图 13.19　同步数据集窗口　　　　　　　　图 13.20　配置参数设置

（28）将本地 SQL Server 的数据库内容同步到 Hub Database 中去。

（29）用相同的道理，通过 Hub Database 将本地的 SQL Server 同步到 Cloud Database 上

13.4　在应用程序中使用 SQL Azure

在 SQL Azure 实现了 TDS 协议数据传输，只要数据访问代码基于 TDS，就可以使用 SQL Azure，例如 ADO.NET 和 ODBC。

先来看一下基于本地控制台程序如何通过 ADO.NET 访问 SQL Azure 数据库。在 Visual Studio 中创建一个控制台项目，程序启动后先显示在本地 Aurora 数据库内的照片信息。

【例 13.1】　显示在本地 Aurora 数据库内的照片信息。代码如下：

```
usings System;
usings System.Collections.Generic;
usings System.Linq;
usings System.Text;
usings System.Data.SqlClient;
usings System.Data;

namespace SqlAzureAdoNetApp
{
    Calss Program
    {
```

```csharp
Static void Main(strings[]args)
{
    var connectionString="Data Source=.; Initial Catalog=aurora; Integrated Security=Ture";
    var ds=new DataSet();
    //在 SQL Azure 数据库选择照片
    Using(var conn=new SqlConnection(connectionString))
    {
        var cmd=conn.CreateCommand();
        cmd.CommandText= " SELECT*FROMPhoto " ;
        cmd.commandType=System.Data.CommandType.Text;
        var adp=new SqlDataAdapter(cmd);
        conn.Open();
        adp.Fill（ds）;
    }
    //显示结果
    var dt=ds.Tables[0];
    Foreach(DataColumn column in dt.Columns)
        Console.Write( " {0}\t " ,column,ColumnName);
    Console.WriteLine();
    Foreach(DataRow row in dt.Rows)
    {
        Row.ItemArray.ALL(item)=>
        {
            Console.Write( " {0}\T " ,item.ToString());
            Return true;
        });
        Console.WriteLine();
    }
    //完成
    Consloe.WriteLine( " Done! Press any key to exit. " );
    Console.ReadKey();
    }
}
```

接着，让应用程序连接 SQL Azure 数据库。由于同样使用 TDS 协议，所以，只要把连接字符串改为连接 SQL Azure 数据库，剩余的代码就不需要修改。获取 SQL Azure 连接字符串也很方便，登录到 Developer Protal 的 SQL Azure 部分，选择要连接的数据库，在右侧属性栏中可看到 Connection Strings 项目。单击 View 按钮可得到这个数据库的 ADO.NET、ODBC，以及 PHP 的连接字符串。

【注意】 密码部分需要用户自行替换成真正的密码。

将 ADO.NET 的连接字符串复制到程序中并修改密码部分，然后再次执行。即照片保存在 SQL Azure 数据库的信息。

下面将以 Entity Framework 为例展示如何使用 SQL Azure 数据库。

由于 SQL Azure 对一些系统表和存储过程不对外开放，所以开发人员无法在 SQL Azure 数据库上直接生产 Entity Framework 项目。

接着在程序中通过 Entity Framework 获取并显示所有的照片信息。

【例 13.2】 通过 Entity Framework 获取并显示所有的照片信息。其代码如下：

```
usings System;
usings System.Collections.Generic;
usings System.Linq;
usings System.Text;
usings System.Data.SqlClient;
usings System.Data;

namespace SqlAzureAdoNetApp
{
    class Program
    {
        static void Main(string[]args)
        {
            IList<Photo>photos=null;
            //检索所有照片
            using(var ctx=new AuroraEntities())
            {
                Photos=ctx.photo.ToList();
            }
            //显示结果
            ...
            //完成
            ...
        }
    }
}
```

接着，修改数据库的连接字符串来访问 SQL Azure 数据库。由于 Entity Framework 将连接字符串保存在 app.config 文件中，所以，需要修改其中的 Connection String 部分。修改前的信息如下：

```
<connectionStrings>
    <add name=" AuroraEntities " connectionString=" metadata=res://*?Aurora.cs dl | res://*/Aurora.ssdl | res://*/Aurora.msl; provider=System.Data.SqlClient;provider connection string=&quot; data source=.; initial catalog=aurora; integrated security=True; multipleactiveresultsets=True; App=EntityFramework& quto, " provider Name=" System.data.
EntityClient " />
</connectionStrings>
```

修改后的代码为：

```
<connectionStrings>
    <add name=" AuroraEntites " connectionString=  " metadata=res://*?Aurora.csdl | res://*/Aurora.ssdl | res://*/Aurora.msl; provider=System.Data.SqlClient;provider connection string=&quot; Server=tcp:uivfb7flul.database.windows.net,1433;Database=aurorasys;UserID=auror@uivfb7flul;Password=P@sswOrd123;Trusted_Connection=False;Encrypt=True&quot;
```

```
providerName=" System.Data.EntityClient " />
        </connectionStrings>
```

运行程序，可得到照片保存在 SQL Azure 数据库中的信息。

13.5　本章小结

本章主要介绍的是 SQL Azure 的基本知识，读者要了解 SQL Azure 的架构、特点及优势以及关键技术，熟练掌握其使用方法。

13.6　思考与练习

1．SQL Azure 是微软的_____，也是微软_____ Windows Azure 的一部分。它是在_____技术基础上发展出来的云端关系型数据库服务。目前除了_____数据库服务之外，还提供了_____报表服务以及 SQL Azure 数据同步服务。

2．SQL Azure 建立基于哪些重要原则？

3．SQL Azure 服务有哪 4 个层次？

13.7　实训项目

一、实验目的

使用户了解如何在 SQL 服务器中使用 ASP.NET 表单验证（ASP.NETFormsAuthentication）程序创建属于自己的 Windows Azure 项目。

二、准备工作

在进行项目前，熟练掌握本章内容。

三、实训相关

参照网上内容完成本章实训。

安装 SQL Server 2012

A.1 SQL Server 2012 版本

SQL Server 2012 包含企业版（Enterprise）、标准版（Standard），新增了商业智能版（Business Intelligence），还包含 Web 版、开发者版本以及精简版。

1. SQL Server 2012 企业版（SQL Server 2012 Enterprise Edition）

SQL Server 2012 企业版是一个全面的数据管理和业务智能平台，为关键业务应用提供了企业级的可扩展性、数据仓库、安全、高级分析和报表支持，这一版本将为用户提供更加坚固的服务器，帮助用户执行大规模在线事务处理。

2. SQL Server 2012 标准版（SQL Server 2012 Standard Edition）

SQL Server 2012 标准版是一个完整的数据管理和业务智能平台，为部门级应用提供了最佳的易用性和可管理特性。

3. SQL Server 2012 商业智能版（SQL Server 2012 Business Intelligence Edition）

SQL Server 2012 商业智能版提供了综合性平台，可支持组织构建和部署安全、可扩展且易于管理的 BI 解决方案。它提供基于浏览器的数据浏览、可见性等卓越功能，拥有强大的数据集成功能及增强的集成管理功能。

4. SQL Server 2012 Web 版

对于为从小规模至大规模 Web 资产提供可伸缩性、经济性和可管理性功能的 Web 宿主和 Web VAP 来说，SQL Server 2012 Web 版本是一项拥有总成本较低的选择。

5. SQL Server 2012 Web 开发版（SQL Server 2012 Developer Edition）

SQL Server 2012 Web 开发版允许开发人员构建和测试基于 SQL Server 的任意类型应用。这一版本拥有企业版的特性，但只限于在开发、测试和演示中使用。基于这一版本开发的应用和数据库可以很方便地升级到企业版。

6. SQL Server 2012 精简版（SQL Server 2012 Express Edition）

SQL Server 2012 精简版是 SQL Server 2012 的一个免费版本，它拥有核心的数据库功能，其中包括 SQL Server 2012 中最新的数据类型，但它是 SQL Server 2012 的一个微型版本。这一版本是为了学习、创建桌面应用和小型服务器应用而发布的，也可供 ISV 再发行使用。SQL Server 2012 Express with Tools 作为应用程序的嵌入部分，可以免费下载、部署和再分发，使用它可以快速轻松地开发和管理数据驱动应用程序。SQL Server 2012 精简版具备丰富的功能，能够保护数据，并且性能卓越。它是小型服务器应用程序和本地数据库存储区的理想选择。

A.2 安装 SQL Server 2012

A.2.1 安装 SQL Server 2012 的软件和硬件要求

软件环境：SQL Server 2012 支持包括 Windows 7、Windows Server 2008 R2、Windows Server 2008 Service Pack 2 和 Windows Vista Service Pack 2。

硬件环境：SQL Server 2012 支持 32 位操作系统，至少 1GHz 或同等性能的兼容处理器，建议使用 2GHz 及以上的处理器的计算机；支持 64 位操作系统，1.4GHz 或速度更快的处理器。最低支持 1GB RAM，建议使用 2GB 或更大的 RAM，至少 2.2GB 可用硬盘空间。

A.2.2 SQL Server 2012 的安装步骤

当系统打开"SQL Server 安装中心"时，便可以开始正常安装 SQL Server 2012 了。

（1）单击第二个"安装"程序，选择"全新 SQL Server 独立安装或向现有安装添加功能"选项，如图 A.1 所示。

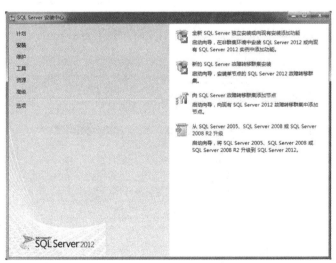

图 A.1　SQL Server 安装中心

（2）通过检测，单击"确定"按钮，进入产品密钥界面，选择 SQL Server 的安装密码，如图 A.2 所示。

图 A.2　产品密钥

（3）在产品更新这一页中，忽略 Windows Update 搜索更新服务，直接单击"下一步"按钮，如图 A.3 所示。

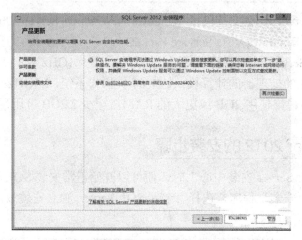

图 A.3　产品更新

（4）安装程序规则性检查，如图 A.4 所示。

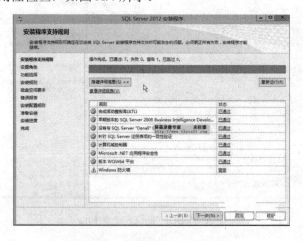

图 A.4　安装程序支持规则

(5)设置角色,选择第一项"SQL Server 功能安装",单击"下一步"按钮,如图 A.5 所示。

图 A.5　设置角色

(6)选择所需安装的数据库实例功能(尽量全选),单击"下一步"按钮,如图 A.6 所示。

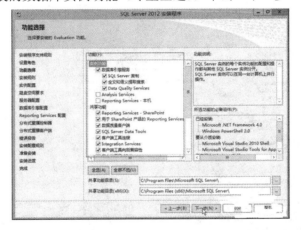

图 A.6　功能选择

(7)验证安装规则,如图 A.7 所示。

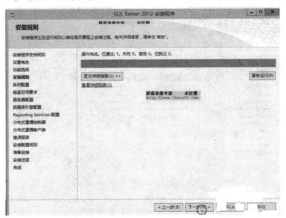

图 A.7　安装规则

（8）在实例配置中选择 SQL Server 的默认实例：MSSQLSERVER，单击"下一步"按钮，如图 A.8 所示。

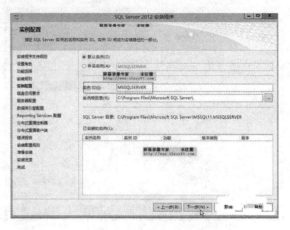

图 A.8　实例配置

（9）显示 SQL 功能安装所需磁盘空间要求摘要，单击"下一步"按钮，如图 A.9 所示。

图 A.9　磁盘空间要求

（10）使服务器配置保持默认，如图 A.10 所示。

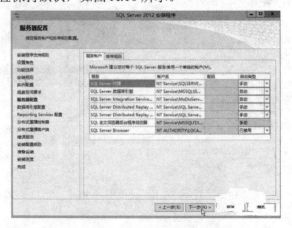

图 A.10　服务器配置

(11) 在数据库引擎配置中,指定 SQL Server 管理员,如图 A.11 所示。

图 A.11　数据库引擎配置

(12) 指定分布式重播服务的安装权限,如图 A.12 所示。

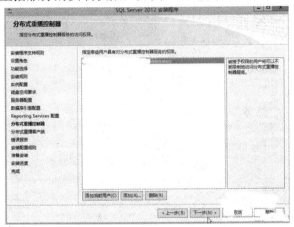

图 A.12　分布式重播控制器

(13) 在分布式重播客户端保持默认设置,如图 A.13 所示。

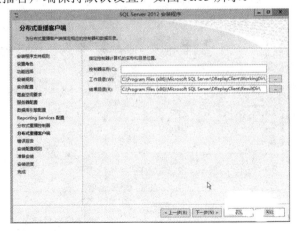

图 A.13　分布式重播客户端

(14) 验证安装配置规则,如图 A.14 所示。

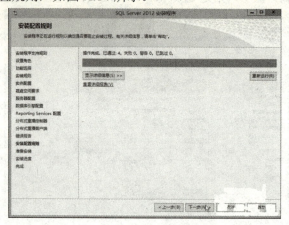

图 A.14　安装配置规则

(15) 验证要安装的 SQL Server 2012 的功能,如图 A.15 所示。

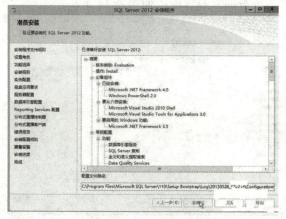

图 A.15　准备安装

(16) 单击"安装"按钮,进入安装过程,如图 A.16 所示。

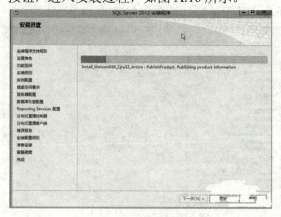

图 A.16　安装进度

(17) 安装完成。

附录 B

学校综合管理数据库系统示例

B.1 学校管理数据库系统的需求分析

本系统包括 5 个子系统：院系管理子系统、专业管理子系统、住宿管理子系统、选课管理子系统，以及图书借阅管理子系统。下面对各个子系统的需求进行详细说明。

1. 院系管理子系统

本系统主要用于学校各个院系的管理。假定部门在成立时提供了院系名称、院系编号、院系领导信息。每个院系都有一个唯一的院系号，院系名称不可以为空，院系领导可以为空。

2. 专业管理子系统

本系统主要用于学校的专业建设与管理。假定在专业成立时提供了专业号、专业名称及所属系。一个专业只能属于一个院系，一个院系可能拥有 1 个或多个专业。在学生进校前学校要为学生建立好班级，学生进校后每个学生都只属于一个班级，拥有一个唯一的学号，在该系统中要包含学生的姓名、性别、出生日期等。

3. 住宿管理子系统

本系统主要用于学生宿舍楼管理和学生住宿管理。进校后要住宿的学生便被分配到不同的宿舍楼和房间。

4. 选课管理子系统

本系统主要用于学生选课注册管理和学生成绩管理。假定学生在入学时提供了学号、姓名、性别、系别等基本信息，其中每个学生都有唯一的学号；学校里开设了许多门课程，每门课程都有课程号、课程名、任课教师等基本信息，每门课程都有唯一的课程号。在学期开始允许学生自行选课，在期末课程结束后，要求记录学生的成绩。

5. 图书借阅管理子系统

本系统主要用于图书管理和学生的借阅管理。假定学生在入学时提供了学号、姓名等基本信息，其中每个学生都有一个唯一的学号，用学号当作学生的借阅证号；图书馆的图书有书号、书名、出版社等基本信息，每本书都有唯一的书号。允许学生自由借书、还书，要求记录学生借书与还书的时间。

B.2 概念模型设计

根据前面的分析，我们可以得到以下的概念模型，如图 B.1 所示。

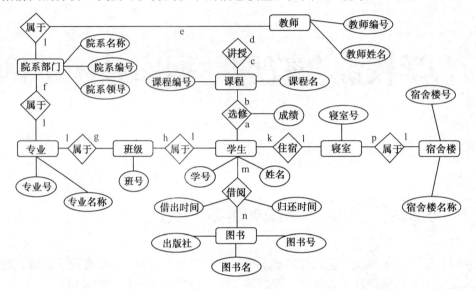

图 B.1　概念模型设计

B.3 逻辑模型

逻辑模型设计如表 B.1～表 B.11 所示。

表 B.1　学生档案表（学号、姓名、性别）

字段名	类型	字长	约束
学号	s_no	char	10	主键
姓名	s_name	char	10	
性别	sex	char	2	

表 B.2　宿舍楼管理表（宿舍楼号、宿舍楼名称、教师编号、备注）

	字段名	类型	字长	约束
宿舍楼号	dorm_id	char	2	主键
宿舍楼名称	dorm_name	char	12	
教师编号	Ter_id	char	4	外键
备注	note	char	100	

表 B.3 住宿表（学号、寝室号、宿舍楼号）

字 段 名	类 型	字 长	约 束	
学号	s_no	char	10	外键	主键
寝室号	dorm_id	char	2	
宿舍楼号	room_id	char	4	外键

表 B.4 班级表（班号、专业号）

字 段 名	类 型	字 长	约 束
班号	c_no	char	8	主键
专业号	sub_id	char	2	

表 B.5 专业目录表（专业号、专业名称、所属系编号）

字 段 名	类 型	字 长	约 束
专业号	sub_id	char	2	主键
专业名称	sub_name	char	30	
所属系编号	dep_id	char	2	外键

表 B.6 院系部门结构表（院系部门编号、院系部门名称、负责人）

字 段 名	类 型	字 长	约 束
院系部门编号	dep_id	char	2	主键
院系部门名称	dep_name	char	20	
负责人	leader	char	4	

表 B.7 教工表（教工编号、教工姓名、所属系、职称）

字 段 名	类 型	字 长	约 束
教工编号	tea_id	char	4	主键
教工姓名	tea_name	char	10	非空
所属系	dep_id	char	2	外键
职称	rank	char	10	

表 B.8 课程表（课程编号、课程名称、授课教师编号）

字 段 名	类 型	字 长	约 束
课程编号	course_id	char	6	主键
课程名称	course_name	char	20	
授课教师编号	tea_id	char	4	外键

表 B.9 选课表(学号、课程号、成绩、学期)

字 段 名		类 型	字 长	约 束	
学号	s_no	char	10	外键	主键
课程号	course_id	char	6	外键	
成绩	grade	int	4		
学期	term	char	1		

表 B.10 图书表(书号、书名、作者、出版社)

字 段 名		类 型	字 长	约 束
书号	book_id	char	11	主键
书名	book_name	char	40	
作者	author	char	10	
出版社	publish	char	20	

表 B.11 借阅表(学号、书号、借书时间、还书时间)

字 段 名		类 型	字 长	约 束	
学号	s_no	char	10	外键	主键
书号	book_id	char	11	外键	
借书时间	borrow	datetime	8		
还书时间	back	datetime	8		

B.4 创建 College 数据库的脚本文件

创建 College 数据库的脚本文件如下:

```
Use    master
/*drop  the  database  if  it  already  exits */
If  db_id  ('College')  is not null
Begin
    Drop  database  College
End
/*create  the  database*/
Create  database  College
On promary
(name=College_data,
File name='d:qlshooldb_data.mdf');
Size=5mb,
Maxsize=30mb,
Filegrowth=10%)
Log on
(name=College_log;
File name='d:qlchooldb_log.ldf',
```

```
Size=4mb,
Maxsize=10mb,
Filegrowth=1mb)
go
```

B.5 创建 College 中表的脚本文件

创建 College 中表的脚本文件如下:

```
use   Collegedb
if object_id('dbo.stu_info') is not null
drop table dbo.stu_info
if object_id('dbo.dorm') is not null
drop table dbo.dorm
if object_id('dbo.room') is not null
drop table dbo.room
if object_id('dbo.class') is not null
drop table dbo.class
if object_id('dbo.subject') is not null
drop table dbo.subject
if object_id('dbo.department') is not null
drop table dbo.department
if object_id('dbo.teacher') is not null
drop table dbo.teacher
if object_id('dbo.course') is not null
drop table dbo.course
if object_id('dbo.book') is not null
drop table dbo.book
if object_id('dbo.lend') is not null
drop table dbo.lend
go

create table department
(
dep_id    char   (2),
dep_name  char   (20),
tea_id    char   (4),
constraint pk_department primary key(dep_id)
)

create table subject
(
sub_id    char   (2),
sub_name  char   (30) not  null,
dep_id    char   (2),
constraint  pk_subject primary  key(sub_id),
```

```sql
constraint fk_subject foreign key(dep_id) references department(dep_id)
)

create table teacher
(
tea_id char (4),
tea_name char (10),
dep_id char (2),
rank char (10),
constraint pk_teacher primary key(tea_id),
constraint fk_teacher foreign key(dep_id) references department(dep_id)
)

create table class
(
c_no char (8),
sub_id char (2),
constraint pk_class primary key(c_no),
constraint fk_class foreign key(sub_id) references subject(sub_id)
)
create table dorm
(
dorm_id char (2),
dorm_name char (12),
tea_id char (4),
note char (50),
constraint pk_dorm primary key(dorm_id),
constraint fk_dorm foreign key(tea_id) references teacher(tea_id)
)

create table course
(
course_id char (6),
course_name char (20),
tea_id char (4),
constraint pk_course primary key(course_id),
constraint fk_course foreign key(tea_id) references teacher(tea_id)
)

create table book
(
book_id char (11),
book_name char (40),
author char (10),
publish char (20),
constraint pk_book primary key(book_id)
)
```

```sql
create table stu_info
(
s_no    char  (10),
c_name    char  (10),
c_no    char  (8),
sex    char  (2),
country    char  (30),
bir    datetime,
constraint   pk_stuinfo   primary   key(s_no),
constraint   fk_stuinfo   foreign   key(c_no)   references   class(c_no)
)
create table course_select
(
s_no    char  (10),
course_id   char  (6),
grade    int,
constraint   pk_course_select   primary   key(s_no,course_id),
constraint   fk_ourse_select1   foreign   key(s_no)   references   stu_info  (s_no),
constraint   fk_ourse_select2   foreign   key(c_no)   references   sclass   (c_no),
)

create table room
(
s_no    char  (10)   not   null,
dorm_id   char  (2)   not   null,
room_id   char  (4),
constraint   pk_room   primary   key(s_no,dorm_id),
constraint   fk_room   foreign   key(s_no)   references   stu_info(s_no)
)
create table lend
(
s_no    char  (10),
book_id   char  (11),
borrow    datetime,
back    datetime,
constraint   pk_lend   primary   key(s_no,book_id),
constraint   fk_room1   foreign   key(s_no)   references   stu_info(s_no),
constraint   fk_room2   foreign   key(book_nid)   references   book(book_id)
)
go
```

B.6 各表的参考数据

各表的参考数据如表 B.12～表 B.22 所示。

表 B.12　院系部门建设表

院系部门编号	院系部门名称	负责人
11	计算机系	1101
12	化学工程系	1201
13	基础课部	1301
14	总务处	3101

表 B.13　专业建设

专业号	专业名称	所属系
11	计算机软件	11
12	计算机应用	12
21	应用化学	12
22	高分子材料	12

表 B.14　教工表

教工编号	教工姓名	所属系	职称
1101	武艳明	11	副教授
1102	肖平	11	教授
1201	徐志成	12	教授
1202	王荣华	12	讲师
1301	张译	13	教授
1302	张超	13	讲师
1304	邓国军	13	副教授
1305	李明	13	讲师
1306	刘军	13	讲师
3101	肖红	13	副教授
3102	方杰	31	工程师
3103	王梅	31	
3104	邓息	31	

表 B.15　班级表

班号	专业
20063111	11
20063112	11
20063121	12
20063122	12
20063211	21
20063221	31

表 B.16　宿舍楼管理表

宿舍楼编号	宿舍楼名称	管 理 员
e1	一号学生公寓	3102
e2	二号学生公寓	3103
w1	三号学生公寓	3104

表 B.17　课程表

课程号	课程名	讲授教师
C1	英语	1301
C2	英语	1302
C3	数学	1303
C4	数学	1304
C5	C 语言	1305
C6	软件工程	1306
C7	ADO.NET	3102
C8	数据结构	3104

表 B.18　图书表

书 号	书 名	作 者	出版社
A869485	计算机组成原理	王刚	机械工业出版社
A743830	C 语言	李杰	北京出版社
A4849583	ADO.NET	张海	高等教育出版社
A9039456	软件工程	魏国	清华大学出版社
A7349595	数据结构	杨琦	高等教育出版社
B3487485	大学英语	武一	北京出版社

表 B.19　学生信息表

学 号	班 号	姓 名	性 别	籍 贯	出生年月
20063110111	20063122	张海	男	成都	1986.2.3
20063455566	20063112	刘海淘	女	上海	1987.8.3
20063118939	20063111	王一	男	海南	1987.2.7
20063163736	20063221	李丽	女	河南	1988.6.5
20063179280	20063211	武军	男	北京	1987.4.3
20063839833	20063121	杨诗琦	女	浙江	1986.2.6
20063093948	20063111	王建	男	湖北	1987.9.5
20063113682	20063211	李梅	女	天津	1986.2.1
20065445454	20063121	杨国	男	大连	1988.2.8

表 B.20 宿舍表

学　号	宿 舍 楼 号	寝 室 号
20063455566	英语	101
20063179280	英语	102
20063093948	数学	103
20065445454	数学	104
20063113682	C语言	105
20063839833	软件工程	106
20063118939	ADO.NET	302
20063110111	数据结构	304

表 B.21 借阅表

学　号	书　名	借书时间	还书时间
20063110111	A869485	2008.2.3	2008.7.3
20063118939	B3487485	2008.3.3	2008.8.3
20063839833	A9039456	2008.4.7	2008.9.7
20063455566	A7349595	2008.5.5	2008.10.5
20065445454	A743830	2008.6.3	2008.11.3
20063179280	A7349595	2008.2.6	2008.7.6

表 B.22 选课表

学　号	课程号	成　绩
20063179280	C3	77
20065445454	C2	88
20063455566	C1	99
20063118939	C4	70
20063110111	C5	80
20063839833	C6	90

附录 C 常用函数和系统存储过程

C.1 常用函数列表

C.1.1 常用聚合函数

常用聚合函数如表 C.1 所示。

表 C.1 常用聚合函数

函数名称	功 能
Avg()	返回组中各值的平均值
Binary_checksum()	返回按照表的某一行或一组表达式计算出来的二进制校验和值
Checksum()	返回按照表的某一行或一组表达式计算出来的校验和值
Checksum_agg()	返回组中各值的校验和
Count()	返回组中的项数,返回类型为 int 型
Count_big()	返回组中的项数,返回类型为 bigint 型
Max()	返回指定表达式中的所有非空值中的最大值
Min()	返回指定表达式中的所有非空值中的最小值
Stdev()	返回表达式中的所有非空值的标准偏差
Stdevp()	返回表达式中的所有非空值的总体标准偏差
Sum()	返回表达式中所有值或权 DISTINCT 值的总和
Var()	返回指定表达式中所有值的方差
Varp()	返回指定表达式中所有值的总体方差

C.1.2 日期和时间函数

常用的日期和时间函数如表 C.2 所示。

表 C.2 常用的日期和时间函数

函 数 名 称	功 能
Dateadd()	返回指定日期添加间隔，返回新 datetime 值
Datediff()	返回两个日期时间差的日期部分
Datename(datepart,date)	返回表示指定日期部分的字符串
Datepart(datepart,date)	返回表示指定日期部分的整数
Day(date)	返回一个整数，表示日期中"日"的部分
Getdate()	返回当前系统日期和时间
Getutcdate()	返回以 UTC 时间表示的系统当前日期
Month(date)	返回一个表示日期中"月份"的整数
Year(date)	返回一个表示日期中"年份"的整数

C.1.3 数学函数

常用的数学函数如表 C.3 所示。

表 C.3 常用的数学函数

函 数 名 称	功 能
Abs(mum_expr)	返回给定表达式的绝对值
Acos(float_expr)	反余弦，返回单位为弧度
Asin(float_expr)	反正弦，返回单位为弧度
Atan(float_expr)	反正切，返回单位为弧度
Atn2(float_expr, float_expr)	反正切，正切值为两个表达式的商，单位为弧度
Ceiling(num_expr)	返回大于或小于给定数字表达式的最小整数
Cos(float_expr)	余弦函数
Cot(float_expr)	余切函数
Degrees(num_expr)	将弧度转换为度
Exp(float_expr)	返回给定表达式的指数值
Floor(num_expr)	返回小于或等于给定数字表达式的最大整数
Log(float_expr)	返回给定表达式的自然对数
Log10(float_expr)	返回给定表达式以 10 为底的对数
Pi()	返回数字常量的值
Power(num_expr,y)	返回给定表达式的指定幂的值
Radians(float_expr)	当输入以弧度表示的表达式时，返回弧度
Rand([seed])	返回介于 0~1 之间的随机 float 值

续表

函数名称	功 能
Round(num_expr,length[,function])	返回一个舍入到指定长度或精度的数字表达式
Sign(num_expr)	返回给定表达式的正号（+1）、零（0）或负号（-1）
Sin(float_expr)	正弦函数
Sqrt(float_expr)	返回给定表达式的平方根
Square(num_expr)	返回数值表达式的平方
Tan(float_expr)	正切函数

C.1.4 元数据函数

常用的元数据函数如表 C.4 所示。

表 C.4 常用的元数据函数

函数名称	功 能
Col_Length('table', 'column')	返回列定义的长度（以字节为单位）
Col_Name(table_id,column_id)	根据指定的对应表标识号和列标识号返回列的名称
Databaseproperty(database,property)	返回指定数据库和属性名的命名数据库属性值
Databasepropertyex(database,property)	返回指定数据库选项或属性的当前设置
Db_Id(['database_name'])	返回数据库标识（ID）号
Db_Name(['database_name'])	返回数据库名称
File_Id(file_name)	返回给定逻辑文件名的文件标识（ID）号
File_Name(file_id)	返回给定文件标识（ID）号的逻辑文件名
Filegroup_Id('filegroup_name')	返回指定文件组名称的文件组标识（ID）号
Filegroup_Name(filegroup_id)	返回指定文件组标识（ID）号的文件组名称
Filegroupproperty(filegroup,property)	返回指定文件组的属性值
Fileproperty(file_name,property)	返回指定的文件名属性值
Index_Col('table',index_id,key_id)	返回索引列名称
Indexkey_Property(参数省略)	返回有关索引键的信息
Indexproperty(参数省略)	返回已命名的索引或统计信息属性值
Object_Id('object_name')	返回数据库对象标识（ID）号
Object_Name(object_id)	返回数据库对象的名称
Objectproperty(id,property)	返回对象的有关信息
Objectpropertyex(id,property)	返回对象的有关信息，不能用于非结构范围内的对象
Typeproperty(type,property)	返回有关数据类型的信息

C.1.5 行集函数

常用的行集函数如表 C.5 所示。

表 C.5　常用的行集函数

函数名称	功能
Containstable()	指定对每一行返回一个适当排名值（RANK）和全文键（KEY）的包含类型的全文查询
Freetexttable()	为符合条件的列返回行数为 0 或包含一行或多行的表
Opendatasource()	不使用连接服务器的名称，而提供特殊的连接信息，并将其作为 4 部分对象名的一部分
Openquery()	对给定的连接服务器执行指定的传递查询
Openrowset()	包括从 OLEDB 数据源访问远程数据所需的所有连接信息
Openxml()	提供 XML 文档的行集视图

C.1.6　安全函数

常用的安全函数如表 C.6 所示。

表 C.6　常用的安全函数

函数名称	功能
fn_Trace_Geteventinfo(trace_id)	返回有关所跟踪的事件的信息
fn_Trace_Getfilterinfo(trace_id)	返回有关应用于指定跟踪的筛选器的信息
fn_Trace_Getinfo(trace_id)	返回有关指定跟踪或全部现有跟踪的信息
Has_Dbaccess('database_name')	返回信息，说明用户是否可以访问指定的数据库
Is_Member({'group'|'role'})	指示当前用户是否为指定 Microsoft Windows 组或 Microsoft SQL Server 数据库角色的成员
Is_Srvrolemember('role'[,'login'])	指示 SQL Server 2005 登录名是否为指定固定服务器角色的成员
Suser_Sid(['login'])	返回指定登录名的安全标识号（SID）
Suser_Sname([server_user_sid])	返回与安全标识号（SID）关联的登录名
User	当未指定默认值时，允许将系统为当前用户的数据库用户名提供的值插入表内
User_Id(['user'])	返回数据库用户的标识号
User_Name([id])	基于指定的标识号返回数据库用户名

C.1.7　字符串函数

常用的字符串函数如表 C.7 所示。

表 C.7　常用的字符串函数

函数名称	功能
Ascii(char)	返回字符表达式中最左侧字符的 ASCII 码值
Char(int)	将 int ASCII 码转换为字符
Charindex(expr1,expr2[,start])	返回字符串中指定表达式的起始位置
Difference(char1,char2)	返回一个整数值，指示两个字符表达式的 SOUNDEX 值之间的差异
Left(char,int)	返回字符串中从左边开始指定个数的字符

续表

函 数 名 称	功 能
Len(string)	返回给定字符串表达式的字符数(不包括尾随空格),而不是返回字节数
Lower(char)	将大写字符数据转换成小写后返回字符表达式
Ltrim(char)	返回删除前导空格后的字符表达式
Nchar(int)	如 Unicode 标准所定义,按给定的整数代码返回 Unicode 字符
Patindex(str,expr)	返回指定表达式中模式第一次出现的起始位置
Quotename('str' [,'str'])	返回带有分隔符的 Unicode 字符串,分隔符的加入可使输入的字符串成为有效的 Microsoft SQL Server 2005 分隔标识符
Replace(str1,str2,str3)	将第一个字符串表达式中第二个给定字符表达式的所有实例都替换为第三个表达式
Replicate(char,int)	按指定次数重复字符表达式
Reverse(char)	按相反顺序返回字符表达式
Right(char,int)	返回字符表达式中从起始位置(从右端开始)到指定字符位置(从右端开始计数)的部分
Rtrim(char)	返回截断所有尾随空格后的字符串
Soundex(char)	返回一个由 4 个字符组成的代码(SOUNDEX),用于评估两个字符串的相似性
Str(float[,length[,decimal]])	返回从数字数据转换而成的字符数据
Stuff(char,start,length,char)	删除指定长度的字符并在指定的起始点插入另一组字符
Substring(expr,start,length)	返回字符、二进制、文本或图像表达式的一部分
Unicode('char')	如 Unicode 标准所定义,返回输入表达式的第一个字符的整数值
Upper(char)	返回将小写字符数据转换为大写的字符表达式

C.1.8 文本和图像函数

常用的文本和图像函数如表 C.8 所示。

表 C.8 常用的文本和图像函数

函 数 名 称	功 能
Patindex('char',expr)	返回指定表达式中模式第一次出现的开始位置
Textptr(column)	返回对应于 varbinary 格式的 text、ntex 或 image 列的文本指针值
Textvalid('table.column',text_ptr)	检查特定文本指针是否有效的 text、ntext 或 image 函数

C.1.9 其他系统函数

其他系统函数如表 C.9 所示。

表 C.9 其他系统函数

函数名称	功 能
Cast(expr)	将一种数据类型的表达式显式转换为另一种数据类型的表达式
Coalesce(expr[,…n])	返回其参数中的第一个非空表达式
Columns_Updated()	返回 varbinary 位模式,它指示表或视图中插入或更新了哪些列
Convert(expr)	将一种数据类型的表达式显式转换为另一种
Current_Timestamp	返回当前日期和时间。此函数等价于 GETDATE()
Current_User	返回当前用户的名称。此函数等价于 USER_NAME()
Datalength(expr)	返回用于表示任何表达式的字节数
Formatmessage(msg_number,[value,[,…n]])	根据 sys.messages 中现有的消息构造一条消息
Identity(data_type[,seed,increment])(select Into)	只用于在带有 INTO table 子句的 SELECT 语句中将标识列插入到新表中
Isdate(expr)	确定输入表达式是否为有效日期
Isnull(expr)	根据表达式是否为空,返回一个布尔值结果
Isnumeric(expr)	确定表达式是否为有效的数值类型
Nullif(expr1,expr1)	如果两个指定的表达式等价,则返回空值
Parsename('object_name',object_piece)	返回对象名称的指定部分
Rowcount_Big()	返回已执行的上一语句影响的行数
Session_User	返回当前数据库中当前上下文的用户名
Stats_Date(table_id,index_id)	返回上次更新指定索引的统计信息的日期
Update(column)	返回一个布尔值,指示是否对表或视图的指定列进行了 INSERT 或 UPDATE 尝试
User_Name([id])	基于指定的标识号返回数据库用户名

C.2 系统存储过程

常用的系统存储过程如表 C.10 所示。

表 C.10 常用的系统存储过程

系统存储过程名称	功 能
sp_add_alert	创建一个警报
sp_add_notification	设置警报通知
sp_addextendedproc	向 Microsoft SQL Server 注册新扩展存储过程的名称
sp_addextendedproperty	将新扩展属性添加到数据库对象中
sp_addgroup	在当前数据库中创建组
sp_addlinkedserver	创建连接服务器

续表

系统存储过程名称	功　能
sp_addlogin	创建新的 SQL Server 登录，该登录允许用户使用 SQL Server 身份验证连接到 SQL Server 实例
sp_addmessage	将新的用户定义错误消息存储在 SQL Server 数据库引擎实例中
sp_addremotelogin	在本地服务器上添加新的远程登录 ID，使远程服务器能够连接并执行远程过程调用
sp_addrole	在当前数据库中创建新的数据库角色
sp_addrolemember	为当前数据库中的数据库角色添加数据库用户、数据库角色、Windows 登录或 Windows 组
sp_addserver	定义 SQL Server 本地实例的名称及远程服务器
sp_addsrvrolemember	添加登录，使其成为固定服务器角色的成员
sp_addtype	创建用户自定义数据类型
sp_addumpdevice	将备份设备添加到 Microsoft SQL Server 2005 数据库引擎的实例中
sp_adduser	向当前数据库中添加新的用户
sp_approlepassword	更改当前数据库中应用程序角色的密码
sp_batch_params	返回一个行集，该行集包含有关 T-SQL 批处理中所含参数的信息
sp_bindefault	将默认值绑定到列或自定义数据类型
sp_bindrule	将规则绑定到列或自定义数据类型
sp_bindsession	将会话绑定到同一 SQL Server 数据库引擎实例中的其他会话，或取消它与这些会话的绑定
SP_CACHEINSERT	在创建用来监视并响应该数据库或服务器实例中的活动的事件通知时，可以指定相应事件类型或事件组
sp_can_tlog_be_applied	验证事务日志是否可应用于数据库
sp_catalogs	返回指定连接服务器中目录的列表
sp_change_users_login	将现有数据库用户映射到 SQL Server 登录名
sp_changedbowner	更改当前数据库的所有者
sp_changegroup	更改用户在当前数据库中的角色成员身份
sp_changeobjectowner	更改当前数据库中对象的所有者
sp_check_join_filter	用于验证两个表之间的连接筛选器以确定连接筛选子句是否有效
sp_check_subset_filter	用来对任何表检查筛选子句，以确定筛选子句对该表是否有效
sp_cleanup_log_shipping_history	此存储过程将根据保持期，清理本地和监视服务器上的历史记录
sp_columns	返回当前环境中可查询的指定表或视图的列信息
sp_columns_ex	返回指定连接服务器表的列信息，每列一行
sp_configure	显示或更改当前服务器的全局配置设置
sp_cursor_list	报告当前为连接打开的服务器游标的属性
sp_databases	列出驻留在 SQL Server 2005 数据库引擎实例中的数据库，或通过数据库网关访问的数据库
sp_datatype_info	返回有关当前环境所支持的数据类型的信息

续表

系统存储过程名称	功　能
sp_dbcmptlevel	将某些数据库行为设置为与指定的 SQL Server 版本兼容
sp_dbfixedrolepermission	显示固定数据库角色的权限
sp_dboption	显示或更改数据库选项
sp_dbremove	删除数据库及其所有相关文件
sp_defaultdb	更改 Microsoft SQL Server 登录名的默认数据库
sp_defaultlanguage	更改 SQL Server 登录的默认语言
sp_delete_alert	删除警报
sp_delete_backuphistory	通过删除早于指定日期的备份集条目，减小备份和还原历史记录表的大小
sp_delete_database_backuphistory	从备份和还原历史记录表中删除有关指定数据库的信息
sp_delete_job	删除作业
sp_delete_operator	删除一位操作员
sp_delete_proxy	删除指定代理
sp_delete_targetserver	从可用目标服务器列表中删除指定服务器
sp_delete_targetservergroup	删除指定的目标服务器组
sp_delete_targetsvrgrp_member	从目标服务器组中删除目标服务器
sp_depends	显示有关数据库对象依赖关系的信息
sp_describe_cursor	报告服务器游标的属性
sp_dropalias	删除将当前数据库中的用户链接到 SQL Server 登录名的别名
sp_dropgroup	从当前数据库中删除角色
sp_droprole	从当前数据库中删除数据库角色
sp_dropserver	从本地 SQL Server 实例中的已知远程服务器和连接服务器的列表中删除服务器
sp_droptype	删除自定义数据类型
sp_dropuser	从当前数据库中删除数据库用户
sp_foreignkeys	返回引用连接服务器中表的主键的外键
sp_help	报告有关数据库对象（sys.sysobjects 兼容视图中列出的所有对象）、用户定义数据类型或 SQL Server 2005 提供的数据类型的信息
sp_helpdb	报告有关指定数据库或所有数据库的信息
sp_helpfile	返回与当前数据库关联的文件的物理名称及属性
sp_helprole	返回当前数据库中有关角色的信息
sp_helptext	显示用户定义规则的定义、默认值、未加密的 T-SQL 存储过程、用户定义 T-SQL 函数、触发器、计算列、Check 约束、视图或系统对象
sp_lock	报告有关锁的信息
sp_password	为 Microsoft SQL Server 登录名添加或更改密码
sp_rename	在当前数据库中更改用户创建对象的名称

续表

系统存储过程名称	功　能
sp_renamedb	更改数据库的名称
sp_start_job	指示 SQL Server 代理立即执行作业
sp_statistics	返回针对指定的表或索引视图的所有索引和统计信息的列表
sp_stop_job	指示 SQL Server 代理停止执行作业
sp_stored_procedures	返回当前环境中的存储过程列表
sp_tables	返回可在当前环境中查询的对象列表

注：系统提供的函数和存储过程远不止表 C.10 所列，用户在学习和工作过程中如有需要请查阅相关资料或 SQL Server 2005 的联机帮助文件。